モサド・ファイル2

イスラエル最強の女スパイたち

マイケル・バー＝ゾウハー＆ニシム・ミシャル
上野元美 訳

THE MOSSAD AMAZONS

The Amazing Women in the Israeli Secret Service

Michael Bar-Zohar and Nissim Mishal

早川書房

シリアの原子炉。“三人組”の工作員が極秘に入手した秘密の写真により、イスラエルの安全は守られた（アメリカ政府）

「シリアの原子炉を爆撃してください！」オルメルト首相は頼んだが、ブッシュ大統領は拒絶した（イスラエル政府広報局、エリ・オハヨン）

セアラ・アーロンソン――パレスチナで最初の女工作員（アーロンソンハウス提供）

ヨランデ・ハルモル――敵の侵攻計画書は彼女の肩パッドに縫いつけられた（家族提供）

シューラ・コーヘン——“ムッシュー・シューラ”——絞首刑を宣告される（家族提供）

ヴァルトラウトとヴォルフガングのロッツ夫妻、カイロのナイトクラブにて（エジプシャンプレス、イェディオト・アハロノト・アーカイブ）

マーセル・ニニオ——過酷な拷問により自殺をはかる（エジプシャンプレス、イェディオト・アハロノト・アーカイブ）

イェフディット・ニシヤフ――モロッコではタタ・ジュリエット、ブエノスアイレスではフラメンコ、アントワープでは哀れな正統派ユダヤ教徒（シャウル・ゴラン）

イサベル・ペドロ――シルクのブラウスとハイヒールというでたちで危険に飛びこんだ（家族提供）

ヨルダンの王妃と子どもたちと一緒のパトリシア・ロクスバラ。本名はシルビア・ラファエル、モサドの工作員だった（ヨルダン王宮提供）

キブツ・ラマットハコベシュのシルビア（家族提供）

シルビアとノルウェー人の夫（家族提供）

ヤエル。ゴルダ・メイア首相は彼女にキスをして言った。「こんな若い女性がそれを全部したの?」（家族提供）

マイク・ハラリ――イスラエル最高の秘密諜報員（家族提供）

アライザ・マゲン——彼女はあらゆるガラスの天井を破ったが、そのことに誰も驚かなかった（ユバル・チェン）

シンディ——ハニーなしのハニートラップ（イェディオト・アハロノト・アーカイブ）

ヨラ——“ムディラ・カビラ”こと砂漠の女王。スーダンにて（家族提供）

ヨシ・コーヘン長官は女性がモサド長官になる日を待ち望んでいる（シャウル・ゴラン）

イラン核開発計画文書を盗み出したチームにイスラエル安全保障賞が授与された（チャイム・ツァッハ、イスラエル政府広報局）

核開発計画文書が保管されている場所を知っていたイラン人は五人だけだった。その五人と――モサド（アメリカ政府）

書類とディスクが保管されていた金庫（アメリカ政府）

モサド・ファイル２

――イスラエル最強の女スパイたち

THE MOSSAD AMAZONS
The Amazing Women in the Israeli Secret Service
by
Michael Bar-Zohar and Nissim Mishal

Translated by
Motomi Ueno
First published 2023 in Japan by
Hayakawa Publishing, Inc.
This book is published in Japan by
arrangement with
Writers House LLC
through Japan Uni Agency, Inc., Tokyo.

装幀／大滝謙一郎（k2）

アマゾン——ギリシア神話に登場する女戦士族
（メリアム‐ウェブスター辞典より）

目次

序文　リアットから著者へ
あるロヒーメットは語る

わたしは勇士《ロヒーメット》と呼ばれるモサドの女工作員で、名はリアットです。生まれはイスラエルのヨルダン渓谷です。これまで二十年間、モサドの一員としてやってきました。熱心に、そして真摯に仕事に取り組んでいます。モサドに属する一人ひとりが、国や家族や自分自身の安全は自分にかかっていると信じることが重要です。

ですが、心躍る刺激がないわけではありません。

わたしは世界各地で秘密諜報活動を行なってきました。その場に応じて身元や見かけをどう変えればいいかを知っています。外国で会ってもわたしだと気づかれないでしょう。注目を集めたいときは別として、こういう格好はしないのです（リアットは長身で、青い瞳とブロンドの巻き毛の美女である）。担当する班は作戦会議室へ集合せよという放送が流れるとわくわくします。それが始まりだからです。朝のコーヒーはテルアビブで飲むとしても、夕食を世界のどこでとることになるかはわかりません。

モサドの女たちはすべての任務をこなします。男とまったく同じようにです。ときには女が多数を占める任務もあります。男たちは軍の出身です。やり方を知っています。武器や情報や方法や手段を知っています。わたしは違います。わたしは中間の漠然とした領域にいます。女だから、レーダーの下をくぐり抜けられます。

新聞記事などで、モサドの女工作員《アマゾン》はいつも〝息をのむほど華やか〟と書かれます。そこには何の意味もありませんし、わたしたちは眉をひそめています。それ以上に重要なのは、わたしたちが男と完全に対等であることです。ところで、あなたから届いた文書に、女工作員の中にも〝技術者〟はいると書かれていました。〝サイバーの達人、エンジニア、コンピュータ専門家〟と書くべきでした。

待ち合わせのカフェの住所が書いてありました。どうか、わたしたちをなめないでください。バンコクの店の名さえわかれば、時間どおりにそこへ顔を出します。行き方は必要ありません。指定されたどんな場所でも見つけることができます。

詳細な計画に応じた考え方や行動方法を身につけておけば、状況が変化しても――数秒のうちに異なる決断を下せます。それをするためには多くの知識と経験を必要とします。もちろん、任務中に限らず、従うべき法則はあります。例えば、カフェで出入口に背を向けて座ることはありません。飲み物が出されたらすぐに料金を払って、いつでもそこを出られるようにしておきます。外国でわたしだと気づいた誰かから本名を呼ばれたとしても決して振り向きません。

任務が終われば、すぐに本当の自分に、母国の生活に戻れるようにしておきます。いちばん嬉しいのは、入国審査官にパスポートにスタンプを押してもらうときです。自宅までのタクシーの中では、もういつもの自分に戻っています。まるで別人です。イスラエルが開発した高性能の装置を手にする日があれば、その翌日、壊れた洗濯機の前で途方に暮れる自分がいるのです。

わたしは離婚歴があり、娘二人と息子一人の母親です。子どもたちはわたしの職業を知りません。娘がスパイのことを話してきたので「ママがそうだとしたら？」と言うと、三歳の娘は答えました。

「ママが？　ママが別の人になれるわけないよ……」

つきあっていた大金持ちの男性はわたしを感心させようとして、夢はモサドの工作員になることだと何度も言いました。「あの男たちはこんなふうに身元を変える」彼はぱちんと指を鳴らしました。

「鼻先に立たれても、ぼくには彼らの正体はわからないだろうね」

そのときわたしは彼を見ました。とても背の高い男性で、実質的にわたしは彼の鼻先に立っていました。

特別章　三人組
ニナ、マリリン、キラ

二〇〇七年三月七日。

イブラヒム・オスマンはホテルの四階でエレベーターをおりて部屋に向かったが、不審な光景を見て足を止めた。彼の隣の部屋の前で若い女が座り込み、身も世もなく泣いている。シルバーの大型スーツケースが置いてあった。女は頑丈なスーツケースをこぶしで叩いたり二個の留め金を押したりして開けようとしていた。開かなかった。

少しためらったもののオスマンは彼女に近づいた。「どうしました?」彼は英語で尋ねた。「力になりましょうか?」

女は涙で汚れた顔を上げた。「スーツケースが開かない」女は泣きじゃくった。「キーを失くしたの。どこで失くしたかわからない。どうすればいいの」

「フロントへ行けば」彼は言った。「ひょっとして何か……」

「そんなことしても意味はないわ!　身分証明書とか部屋のキーを入れたハンドバッグはこの中だから部屋に入れない。ああ……パスポートもお金も……」

「お手伝いしますよ」彼はもう一度もごもごと言った。

「いいえ、無理よ」

彼は女のそばに膝をついて、留め金を開けようとしたがびくともしなかった。

「フロントに電話してみては？」彼が再度言った。

「たぶんだめ」女は気が進まないふうだった。「待って、誰かが前に言ってたわ……ほかのキーとかねじ回しとか……ペンナイフを持ってます？」

彼は肩をすくめた。「持っていないな、すまない」彼はふと思いついた。「ぼくのルームキーでやってみては？」

「どうかしら」女は言った。「でも……やってみる」

彼はルームキーを渡した。女はスーツケースの上で身をかがめて彼に背を向け、手元を隠した。手のひらに隠した粘土のようなものにそのキーをすばやく押しつけた。

女はオスマンのキーを留め金の上の細い隙間に差し込み、留め金をもう一度ぐっと押した。カチリと音がした。「まあ！」女は仰天してスーツケースを見た。「開いたわ！」

「開いたね」彼はその言葉を繰り返した。彼女は満面の笑みを浮かべて彼を見た。

「ありがとう」女は言った。「なんとお礼を言っていいかわかりません。あなたは救いの神よ。ほんとうに！」

女はキーを返し、スーツケースをごそごそ探りはじめた。彼が見ていると、女は大きな茶色のバッグを取り出してそれを開けた。「あったわ、キーよ！」

彼は自室へと歩きだした。

「ありがとうございました」女は声をかけた。

彼は部屋へ入った。が、若い女が彼のルームキーを粘土に押しつけて型を取ったことは知らなかった。それから一時間とたたないうちに、泣いていた女ニナとモサドはキーを複製した。そして、モサドの作戦チームはシリア政府原子力委員会イブラヒム・オスマン委員長の部屋へ侵入できるようになった。

モサドはしばらく前からオスマンを尾行していたものの、収穫はなかった。さまざまな筋からの情報や、主としてアマン（軍情報部）所属のイスラエル国防軍《IDF》ヤコビ少佐の報告から、イランとイラクとリビアに続いてシリアの核兵器開発疑惑が持ち上がっていた。モサドの分析官の大半はヤコビの説を受けつけなかった。彼らは主に〝バッシャール（アサド）らしくないやり方だ〟と主張した。らしくないかどうかは別として、議論は続いた。だが最終的にモサドのメイール・ダガン長官は、ヤコビの仮説を検証することにした。モサドの幹部会議でダガンはあらゆる反論と疑念を頑なにはねつけ、可能な手段をすべて使ってシリアが核軍事施設を建設しているかどうか探れと命じた。国外での作戦の高度な情報収集に特化した〝ケシェット〟が動いた。

〝ケシェット〟はモサドで最も活動的な部局だった。配属の男女は一年間で数百の作戦を行なっていた。モサドでも群を抜いて個性的で型破りな工作員たちが、情報や資料や装置獲得のための巧妙な作戦を計画した。また、外国で活動する敵対する国家の高官たちにそれとなく接近する手段も考案した。調査や潜入の対象となるのは、敵対する国々からヨーロッパ、アジア、アフリカに派遣された人々のこともあれば、敵対する同盟国や供給業者、イスラエルの敵に協力する外国の軍人のこともあった。

核開発計画阻止は、モサドに課せられた任務リストの最上位にあった。そして、最大の危険性のある国がイランだった。しかしダガン長官は、イランが核兵器開発に深く関与しているとしても、またイラクも同様であるとしても、その他の敵国が極秘に核兵器を開発していないことを確認するのが自分の役目だと信じていた。それゆえ、シリア政府の〝ミスター原子力〟ことイブラヒム・オスマンの行動を正確に知る必要があると言って譲らなかった。

在外の情報源によれば、工作員を派遣してオスマンを尾行させたのは〝ケシェット〟のラム・ベンバラク局長だった。オスマンはあちこちを旅してまわっていた。「シリアに核兵器開発計画があるかどうかを探れとダガンから命じられた」何年もあとになって、ベンバラクはある記者に語った。「数カ月ものあいだ世界各地で多数の活動を行ないながら、幸運が舞い込むのを待つ。どこかで誰かがミスをする――ほかの場所で誰かが果実を手にする。メイール・ダガンは底知れぬ忍耐の持ち主だった。大勢が彼に言った。シリアに原子炉などあるはずがないと。これに費やす経費と時間は無駄だと。だが我々は彼の命令に従い、放置しなかった」

たしかに、多くの作戦は実を結ばなかった。オスマンの追跡のために大金をつぎこんで〝ケシェット〟のチームを各所へ派遣したが、結果はゼロだった。だが少し前にモサドは、オスマンが国際原子力機関の定例会議のためウィーンを訪問することを知った。オスマンはウィーンにアパートメントを所有していたが、今回彼はホテルに宿泊することにし、そこで泣いているモサド・アマゾンに出くわしたのだ。

オスマンの部屋のキーを入手することは、〝三人組〟――の三幕あるうちの第一幕だった。各幕で主役を務めるのは三人の若いアマゾンだ。

第二幕。翌朝、オスマンは朝食をとりにホテルのレストランへ入った。レストランは満員で、空いたテーブルはなかった。彼は知るよしもなかったが、テーブルについて朝食を注文していた客の大半はモサド工作員だった。たった一席だけ、彼のために空けてあった。若い女が座っているテーブルの一席だ。女はコーヒーを飲みながら携帯電話で話している。

「ここに座ってもいいですか?」彼は尋ねた。

「どうぞ」女は無関心に肩をすくめ、いらだちをつのらせながら電話で英語で話し続けた。何度か声を荒らげ、そのあとぷりぷりしながら周囲を気にしつつ電話をきって、テーブルに携帯電話を叩きつけるように置いた。「ろくでなし」女は口だけ動かして言った。「あたしにこんな仕打ちをして!」

彼女は視線を上げて、新しい同席者を見た。「ごめんなさい、かっとしてしまって。でもあのろくでなしはまた逃げたのよ!」

オスマンは同情するようにうなずき、怒り狂った女はぶつぶつ言い続けた。女はその恋人はまったく信用できないと話した。これまで何度も直前にデートをキャンセルされたのにまた? 今夜も?

二人は出会った記念日を祝おうと、ウィーンでロマンチックな週末を過ごすことにした。彼女は昨夜到着し、男は今日来るはずだった——なのにまたキャンセル! 今日になって!

オスマンは礼儀正しくうなずいていた。「その男性は自分の損失に気づいていないようですね」

女は彼を見た。「あなたはどなた?」

彼はオスマンと名乗っただけで、原子力委員会の地位には触れなかった。

「わたしはマリリンといいます」彼女は微笑んだ。いくつかくだけた質問をして、オスマンがウィーンに詳しく、世界を旅してきたことを知った。二人のあいだで会話が楽しく盛り上がってきた。オスマンは彼女に好感をいだき、若くて美しい女性とのおしゃべりを心から楽しんだ。

彼女は恋人とのだめになったデートの話に戻った。「とびきりの夜にしようとがんばったんです」彼女は言った。「〝シルヴィオ・ニコル〟を予約したの。ひと月前に予約しないとならないのよ。ウィーン一のレストランでね!」

「ええ、そう聞いています」

彼女はふと頭を上げて眉をひそめた。「ねえ、今夜のご予定は？」

彼は驚いた。「どうしてです？」

「予約をキャンセルするのは忍びないわ」彼女は言った。「もし……よかったら一緒にディナーに行きません？」

「二人で？　一緒に？　でも恋人がやってきて……」

「彼なら来ないし、来ても一緒に行く価値はないわ」彼女はそう言い切った。「だから、どうですか？　もちろん割り勘で」

彼は相手を見て微笑んだ。これほど華やかな女性にディナーに誘われることなどそうあることではない。「いいとも」彼はそう答える自分の声を聞いた。「楽しそうだ。時間は？」

午後八時、二人はホテルのロビーに集合して、タクシーでレストランに向かった。二人が去ったあと、〝ケシェット〟の班はロビーに散開した。アマゾン二名と男性工作員一名はエレベーターに近い肘掛椅子に腰をおろした。オスマンが急に気を変えて早めに戻ってきた場合に、部屋へ上がる時間を遅らせるためだ。班長のエイタンは、ホテルのそばに駐めた車の中にいた。数分後、イヤホンに部下の声が響いた。その部下は、二人がレストランに到着し、テーブルについたと暗号で知らせてきた。オスマンはむろん知らないが、予定通りにディナーを確実に進めさせると同時に、オスマンが不品行におよんだ場合に〝マリリン〟を守るため、まわりのテーブルはモサド工作員で占められていた。
作戦の第三幕――三人めのアマゾン――の準備は整った。エイタンは実働班――エヤルとキラ――をホテルの四階へ送り出した。二人はキーを使ってオスマンの部屋に簡単に侵入し、室内の捜索を開始した。デスクにオスマンの身の回り品がいくつか——と、なんと携帯電話が置いてあった。おそらく、マリリンとの食事を邪魔されたくなかったので、部屋に電話を置いていったのだろう。

携帯電話はパスワードが設定されていた。キラは数分でロックを解除してハッキングに成功した。スマートホン内部の大量のメッセージとドキュメントを確認し、そして……。

ついに、それらしい大きなファイルを発見した。驚くべき写真が次々と画面に現われた。巨大な建物、その内部で建設中の原子炉、炉心の大きな部品、そのそばに立つアジア人——中国か韓国の男たち。他の写真にはさびれた地域に建つ原子炉が写っていた。三十五枚ほどあった。二人は目を疑った。オスマンは秘密の原子炉とアジア人専門家を自分の携帯電話で撮影したのだ！

彼女たちは興奮を抑えて、任務を続行した。エヤルはデスクに広げられた書類を詳細に調べたが、重要なものは見つからなかった。キラは、自らが持ち込んだ装置で携帯電話の写真をコピーした。二人はデスク上のすべてを元通りにし、部屋をあとにした。

シルヴィオ・ニコルでの高級ディナーを終えてオスマンとマリリンはホテルへ帰ってきた。二人はロビーで別れ、マリリンは楽しい夜になったとオスマンに心から礼を述べた。

彼はその感謝に値することをしたのだ。


報告書にあるとおり、〝三人組〟こと三人のモサド・アマゾンは、モサド最大ともいえる業績をあげた。ニナ、マリリン、キラのおかげで入手できた驚くべき資料は、ただちにモサド長官と軍参謀長および首相に提出された。建物内で撮影された写真には、薄いが堅固に強化された壁を持つ大きな円柱状の建造物が写っていた。他の写真に、原子炉の外壁強化のための足場が写っていた。また石油ポンプを備えた小さな建物の写真も何枚かあった。その周囲にトラック数台が駐まっている。三棟めの建物は原子炉に水を供給する給水塔のようだった。ダガン長官は、モサドがウィーンから持ち帰った三十五枚の写真を入れた茶色の封筒をオルメルト首相のデスクに置いた。エフード・オルメルトは仰天した。「これはプルトジェニック（プルトニウム製造）原子炉です」とダガンはオルメルトに説明した。これ以上驚く発見など考えられなかった。イスラエルにとって見逃し難い危険だ。「疑問符の時期は終わりました」ダガンの補佐官はオルメルトに言った。「今あるのは感嘆符だけです！」ダガンはオルメルトに尋ねた。「首相、どうしましょう?」オルメルトは答えた。「破壊する！」

驚くべき手柄だったとはいえ、モサドをはじめとするイスラエル情報機関の重大な過失も明らかになった。モサドのウィーン作戦までの数年間、イスラエルのすぐそばで原子炉が建設されていたのに、だれも気づかなかったのだ。イブラヒム・オスマンのへまな行動がなければ、イスラエルは厳しい現実——冷酷無比な敵が保有する核兵器——に直面していたかもしれない。

ケシェットのアマゾンたちによって入手された写真は、モサドおよびアマンの研究所に送られた。分析の結果、原子炉の正確な位置が判明した。イラク国境およびユーフラテス川に近い、シリア東部はデリゾール県の孤立した砂漠地帯アルキバルである。高さ二十メートル、表面積は一万六千平方メートルの大きな立方体の建物だった。

写真が分析されると、調査をどこに絞ればよいかわかり、写真の背景が明確になった。原子炉の写真に写っていたアジア人は北朝鮮人だった。シリアと北朝鮮の協力関係は、北朝鮮の金日成《キムイルソン》主席がダマスカスを訪問した一九九〇年に始まった。訪問の際、金主席はシリアのハフェズ・アル・アサド大統領と軍事および技術協力に関する協定に署名した。原子力に関する項目も含まれてはいたものの、中心は北朝鮮からシリアへのスカッドミサイルの輸送だった。スカッドミサイルの第一便が到着したのは、一九九一年二月、アメリカの砂漠の嵐作戦の最中だった。

二〇〇〇年六月、ハフェズ・アル・アサド大統領の葬儀のため、北朝鮮代表団がダマスカスを訪問し、息子にして後継者のバッシャールと面会したとき、核開発が再び議題に上がった。シリアにおける原子力施設の建設に関する協議は実を結び、二年後に計画に参加したイランを含めた三者会談がダマスカスで開かれた。三国は、北朝鮮がシリアの原子炉を建設すること、イランが二十億ドルを負担することで合意した。アルキバル原子炉は、北朝鮮の寧辺《ニョンビョン》核施設と同一のものになるはずだった。建設が始まったにもかかわらず、アメリカとイスラエルの情報機関はそのことをまったく知らなかった。二〇〇六年にイランの核科学者グループがダマスカスを訪問したときさえ、警戒の目を向けなかった。

だが、ウィーンの三人組がもたらした新情報は、大胆な対処の必要性を意味していた。写真のコピーが急ぎＣＩＡに送られた。二〇〇七年六月、エフード・オルメルト首相はアメリカのブッシュ大統領に詳細を報告し、中東地域への深刻な危険となる原子力施設をアメリカの手で爆撃し破壊することを提案した。チェイニー副大統領ら数人は軍事攻撃を支持したが、ブッシュは躊躇した。コンドリーザ・ライス国務長官やその他補佐官の助言により、大統領は、原子力施設の爆撃は主権国家に対する攻撃であると主張し、行動を避けた。その代わりに外交手段を選んだのである。電話会議でオルメルトはブッシュに遠慮なく言った。「大統領のやり方は私には非常に不安に思われます。私は、イスラエルを守るために必要だと信じることをやるつもりです」

「この男はガッツがある」のちにブッシュは語った。「だから好きなんだ」

そのころ、アメリカとイスラエルの人工衛星が原子力施設の監視を行なっていた。監視報告によれば、シリア政府は注目を引かないために、原子力施設の周囲に対空砲を設置していなかった。まわりにがらくたを並べ、使用停止中の施設だという印象を与えようとしていた。だが人工衛星は、シリアが恐ろしいスピードで施設を建設していることも明らかにした。アメリカおよびイスラエル政府は、原子力施設は九月末には稼働を開始するだろうと考えた。稼働中の施設を攻撃すれば大量の放射能が放出され、一帯やシリア内外の人々に恐ろしい影響がおよぶ。

オルメルトは原子力施設の爆撃を決断した。作戦のコードネームは〝アウト・オブ・ザ・ボックス（破格）〟だ。

二〇〇七年九月四日。《ロンドン・サンデー・タイムズ》紙によれば、エリート部隊のシャルダグ（カワセミ）がヘリコプターでデリゾール地域へ送られ、原子力施設付近でほぼ一日身を潜めていた（特殊部隊のサエレトマトカルだったという話もある）。彼らの任務は、その次の夜、施設の外壁にレーザー光線を当てて、空軍機が目標をピンポイントで攻撃できるようにすることだった。

そして次の夜、空軍機はやってきた。午後十一時、F‐15四機がハゼリム航空基地から、F‐16六機がラモン空港から飛び立った。シリアとの戦争を回避するために、イスラエルが爆撃に関与していることは手を尽くして隠蔽された。空軍機はまず北へ向かい、地中海上空を飛行、シリア‐トルコ国境で南に旋回し、トルコ方面から飛んできたように見せかける。超低高度でデリゾールに接近する。地上および空中のＩＤＦ電子戦部隊がシリア軍レーダー基地の活動を混乱させ、空軍機の接近は探知されなかった。空軍機はアルキバルに達し、レーザー光線で照射された原子力施設にねらいを定めて爆弾を投下し、立方体形の建造物を完全に破壊した。

その後数日間、華々しい見出しのニュースが世間を驚かせ、当然ながら爆撃はイスラエルと関連づけられた。評論家たちは、シリアとイスラエルの戦争が差し迫っていると予想する記事を寄稿した。しかしアサド大統領は戦争回避の道を選んだ。イスラエルは完全な沈黙を守り、爆撃との関係をいっさい認めなかった。いうまでもなく、アサドとシリア軍参謀は、原子力施設を爆撃したのはイスラエル軍だと理解していた。だがイスラエルの沈黙のため報復にいたらなかった。なによりシリアは、破壊された施設は、あろうことか北朝鮮によって建設された原子炉であることを明かしたくなかった……長時間の沈黙と混乱ののち、シリア政府公認通信社はあいまいな声明を発表した。午前一時にイスラエル空軍機がシリア空域に侵入したという内容だ。「（彼らは）砂漠地帯に爆弾を投下したのち、わが空軍により撤退を余儀なくされた。死傷者はおらず、施設の損害もなかった」

この作戦には、劇的としかいえない最終章があった。シリアの核開発計画を率いていたのは、シリアの——国内最高の士官と軍事専門家からなる少人数の極秘部隊——〝影の軍〟のトップであるムハマド・スレイマン将軍だった。シリアで最も有力な一人であるスレイマンは、アサド大統領が頼りにする顧問でもあり、厚いベールの奥で活動し、メディアには決して出ない人物だった。デリゾールの原子力施設爆撃後、スレイマンは別の核施設の計画に着手した。だが、実行に移す前に、シリア北部のリマルアルザハビヤにある自宅で数日間の休養を取った。自宅は地中海の海辺にあった。スレイマンは招待した友人たちと、穏やかな海を見晴らすポーチでのんびりと夕食を楽しんでいた。メディアによると、人々の知らぬ間に二人の人影が波間に現われた。遠くに停泊する船から潜水してやってきた狙撃手だった。銃でスレイマンの頭部にねらいをつけ、同時に発砲した。スレイマンはテーブルの上で倒れ、狙撃した二人はまた海に潜って逃げた。

シリア政府は——いちおう——スレイマンは〝心臓発作〟で死亡したと発表した。

それが、若いアマゾン三人組のロマンあふれるウィーン旅行で始まった作戦の最後だった。

注記：メイール・ダガン、イブラヒム・オスマン、スレイマン将軍、ラム・ベンバラクおよび政治家をのぞいて、本章に登場する氏名はすべて仮名である。

第一部　先駆者たち

第一章　セアラ・アーロンソン

カルメル山の死

一九一七年十月五日、パレスチナ地方のカルメル山の緑豊かな中腹にあるジフロンヤアコブというユダヤ人の住む小村に、一発の銃声が響いた。アーロンソン宅に駆けつけたトルコ人警備兵は、バスルームのカラフルなタイルの床で血の海に横たわる若い女性セアラを発見した。小さな拳銃を口に入れて自殺をはかったのだ。だが弾は脊髄を逸れ、一命は取り留めた。

セアラはトルコの捕虜だった。当時、パレスチナはオスマン帝国の支配下にあった。第一次世界大戦でドイツやオーストリアと組んだトルコは、大英帝国やフランスやその同盟国と戦っていた。セアラと家族はパレスチナの小さなユダヤ人共同体に属していた。セアラの兄のアーロン・アーロンソンは、ガリラヤ地方で栽培種のコムギの原種であるエンマーコムギを発見した世界的に有名な科学者だった。アメリカとヨーロッパの財団は、地中海沿岸の港町アトリトにあるアーロンソンの研究所に資金を提供した。またアーロン・アーロンソンは、パレスチナで最初に自動車と自転車を所有した人物でもあった。アーロンソン家はパレスチナのトルコ支配に徹底的に抵抗した。パレスチナ（〝イスラエルの地〟）でユダヤ人が独立するには、戦争で大英帝国を勝たせるしかないと信じていたのだ。彼らは命の危険を冒して〝ニリ〟という諜報活動網を作り上げた。そこで得られたトルコ軍の動向に関する情報はイギリスに流された。アーロンと二十七歳の妹セアラが運営するスパイ網では、最盛期には四十人もの諜報員と情報提供者が活動していた。セアラの恋人のアブシャロムは、カイロのイギリス軍最高司令部に決定的な情報を運ぶ途中、シナイ半島の前線を馬で横断しようとしてアラブ系遊牧民ベドウィンに殺害された。

一九一七年九月末、セアラのイギリス向け最新報告を運ぶ伝書鳩がトルコに捕獲された。セアラと父親は逮捕された。四日間の拷問ののち、セアラはダマスカスに移送され、そこで裁判にかけられて絞首刑に処されることになった。セアラは着替える許可を求めた。自宅のバスルームで一人になった彼女はタイルをはずして小さな拳銃を取り出し、自分に向けて発砲した。

一九一七年十月九日、現代で最初のユダヤ人ロヒーメットである彼女は死んだ。彼女の犠牲は正しい大義のためだった。大英帝国とその同盟国が戦争に勝利し、大英帝国がパレスチナの支配者となれば、否が応でも国家イスラエル樹立への道が開ける。セアラの死から三十年後、国家イスラエルが生まれたとき、多くの女性が自国を守るために命を差し出し、のちのモサド・アマゾンとなった。

イスラエルの動乱の歴史の奥に、勇敢で大胆で個性的な女性たちが存在した。モサドか軍情報部に引き抜かれた者は多いが、その他はみずから志願し、誰からの指示も訓練も受けることなく、危険な作戦を考案しさえした。彼女たちの多くはモサド〝工作員〟（第一線で働く諜報員）として、それ以外は――モサドの職員としてさまざまな役割を果たした。この独特なコミュニティの一員とみなされて当然の人々だった。その多くが大きな代償を払った――逮捕されれば拷問または監禁され、仕事でも私生活でも孤独を強いられ、家庭や子どもを持つ夢をあきらめた。モサドに関するさまざまな文献は、誤解を招きかねないイメージを作り出す――映画やテレビドラマや安っぽい小説に出てくるジェイムズ・ボンドか名スパイのような、勇敢で屈強で利発な男たちの影の集団。そろそろ空想を現実に置き換えて、男と対等に活躍するモサドの女たちを見てみよう。

この秘密部隊で働く数百名の女性全員について書くことはできない。全員の名すら挙げられない。彼女たちがしたこと、そして今もしていることは今後数年間は機密のままだろうから一部始終を語ることはできない。とはいえ、本書で語る物語は、顧みられず見過ごされることもしばしばだった極秘任務に、男と同様に身を投じた女たちがいたことをはっきりと示している。

最初、女モサドは補佐――工作員の妻や恋人を演じる添えものだった。単独または複数の男よりもカップルのほうが怪しまれない。カップルやグループ内に女がいれば、うさん臭さはつねに減る。車の中で抱き合うカップルを誰も警戒しないし、そのカップルが見張り役だとか付近の秘密作戦の指揮官だとは思いもしないだろう。

初期のモサド工作員は、国家樹立以前に存在したパルマッハやイルグーンという地下組織に所属していた粘り強く大胆な男たちだった。中でも最強と言われたのがシャバック（国内秘密情報機関）の実働部隊で、創設されたばかりのモサドの手足となった。それはのちに、モサドの実働部隊〝カエサレア〟として引き継がれた。最初カエサレアは男しか使わなかった。だがモサドの指揮官たちは、女のほうが〝対象国〟（敵国を意味する）の入国審査を容易に通過し、疑いを持たれずに任務を遂行できることを知った。あるモサド・アマゾンは語った。「夜、通りの角に一人の男が立っていれば疑いの目で見ます。一人でいる女を見れば、その女を助けたいと思うのです」そして、だんだんと強者どものコミュニティに女が加わった。最初、女はホテルの部屋かアパートメントに一人きりで缶詰めにされ、一人ずつやってくる教官から訓練を受けた。しばらくのちに、男に混じってモサドの基礎訓練コースに参加するようになった。ときには男十五名から二十名に対し、女一人のことも多かった。粘り強く大胆な男たちが、すぐそばにいる女はただの補佐や電話交換手やお茶汲みではなく、募集も訓練も同じ条件で行なわれる一人の工作員であり、複雑で危険な任務を共にする仲間であると認識するまでに長い時間がかかった。また、初代のアマゾンたちの多くはひどい孤独に悩まされた。たった一人で何年も訓練を受け、ときには男たちの集団に加わって危ない任務に参加すると、ほぼいつも女は自分一人だった。現在はそうした方法は取られていない。とはいえ、引退したのちも、彼女たちは過去について話すことはできない。こうしたアマゾンの多くが人生で初めて互いにまみえた――本書で。

世界のメディアではしばしば、モサドのアマゾンたちは〝誘惑する女たち〟と書かれてきた。現実はまったく違う。モサドの創設者たちは鉄則を設けた――任務のために肉体を利用しろと女性に命じてはならない。モサドのロビーメットは任務の〝対象人物〟と寝よと命じられたり求められたりはしなかった。一度だけ、あるアマゾンが〝シンディ・バヌヌ〟作戦の対象だった男と部分的な身体的接触を指示されたことがある。その規則違反により広範囲にわたる影響が出た（第十八章参照）。

ごくまれなケースだが、性的接触が必要であれば、そのために売春婦が雇われた。有名フランス料理店のオーナーである元売春婦がモサドへの協力を買って出て、任務を全うするために自身の肉体的特質を躊躇せずに使用した。とはいえ彼女はモサド工作員ではなく、みずからの意志で行動した（モサドでは、工作員――モサドのスパイ――と、モサドに属さない外部の人間である要員とは明確に区別されている）。カエサレアの元指揮官ヨセフ（ヨスケ）・ヤリブは、ヨーロッパでの要員確保について次のように述べた。「セックスに関して非常に進歩的と知られる四十歳の社会的地位のある女性が関与した……複数の国で重要な〝対象人物〟数人と親密になるのが目的だった。彼女は我々のために二年間働き、すばらしい結果を出した。彼女は、それら対象人物の正体、その役割、偽の経歴を突きとめた。また、仲介者が誰で、いつどこで打ち合わせるかも知った。これは我々にとって決定的だった。だが彼女に工作員にならないかと誘いかけはしなかった……」

「私が女である自分を利用したことは一度ならずあります」工作員のヤエルは語った。「でも、敵国で支持や信頼を勝ち取るために肉体を利用したことはありません。限界を見極めることが女としての強みだと感じていました。それが上官の意図だと受けとめました。任務のさい、誰かと『ベッドを共にする』ことを要求されたことはありません。その逆です。つねにそういう方針でした」

〝誘惑〟任務の一件は——認められる範囲内では——一九五四年に発生した。ヨーロッパのモサドの実働班は、国賊のアレグザンダー・イボルを探していた。ＩＤＦ士官だったその男は経済的なもめごとに巻き込まれてイタリアへ逃亡、その地で地図や秘密文書をエジプト人外交官に売り渡した。その後しばらく姿を消したが、ウィーンの街中で同窓生がたまたま彼と出くわした。その偶然の出会いはモサドに知らされ、工作員数人がウィーンに駆けつけた。

そんなことを思ってもいないイボルはパリ行きの便に搭乗した。魅力的な〝フランス人女性〟が隣の座席についた。二人の話ははずみ、パリで一緒に夕食をとることになった。旅客機は着陸し、美しい女性は、友人が迎えに来てくれているのでパリ市内まで車に乗っていかないかとイボルを誘った。イボルは誘いに応じ、二人は親切な友人の車に乗り込んだ。パリに向かう途中、突然車は停まり、モサド工作員がイボルを拉致した。美しい女性は姿を消した。彼女の任務は終了した（イボルはイスラエルへ移送される貨物機の中で大量の睡眠薬を注射されて死亡した。モサドのイサル・ハルエル長官の釈然としない命令により、遺体は海に捨てられた）。

モサドの任務に女が参加した珍しい事例だった。その数年後に、女工作員も男並みに任務に参加するようになる。だが、イスラエルの国が創られる前にも豪胆な女たちは存在し、モサドが彼女たちを見つける前に、モサドに〝自分たちを売り込んだ〟。諜報機関の組織構造と方針はまだ確立されていない時代だった。軍や民間組織の創設の時期に、志願または成り行きで勧誘された若い女たちが登場し、ろくに訓練も受けずに日の当たらない諜報活動の世界へと歩み出したのである。

第二章　ヨランデ・ハルモル
彼女の両肩には秘密が詰めこまれていた

ヨランデは今夜行動すると決めていた。

時間をかけて準備をし、セリフを暗記し、コンパクトの小さな鏡でメイクを念入りに確かめ、不安をこらえた。ブロンドの髪は完璧なシニヨンに結ってあった。グレイのシルクのカクテルドレスは彼女の容姿を引き立たせている。彼女は大胆で自信に満ち、やるべきこと――だが誰もしたことがないこと――を正確に知っていた。テーブルのそばに腰をおろした彼女は、笑みを浮かべたまま周囲の礼儀作法を観察した。

一九四五年冬のその夜、カイロの上流社会の人々は、いつものようにシェパードホテルの洗練されたレストランで食事をしていた。ダイニングルームは華やかだった――大理石をはった壁、きらめくクリスタルのシャンデリア、荘重な柱、高いアーチ形の窓と巨大な鐘楼のようなドーム。上等の白いクロスがかけられ、まばゆく光る銀器が並べられたテーブルに、正装した男性やパリやローマの高級服飾店から送られてきたばかりの高価なドレスをまとった女性たちが集《つど》っていた。食事客の大半はヨーロッパ人――イギリス人、フランス人、イタリア人――で、裕福なエジプト人――実業家、地元の貴族、高級官僚と閣僚がごく少数いる。イギリス軍の制服姿の常連が数人いた。ガラビーヤという長衣、刺繡されたベスト、赤いトルコ帽《フェズ》を身につけたアラブ人ウェイターがテーブルのあいだを影のように動いて、欧風料理を載せた銀のトレイを運んでいた。カイロは白人ヨーロッパの植民地支配主義の最後の砦だ、そしてシェパードホテルはその聖殿の一つだとヨランデは思った。オーケストラはウィンナワルツやその他メドレーの演奏を数分前に終えており、広大なホールで聞こえる音といえば、銀器が皿にあたる音と控えめな話し声だけだ。

不意にすべての雑音が消えた。不気味な静寂がダイニングルームを包んだ。話し声がとぎれ、全員の目は、ホールに入ってきて端の長四角のテーブルに向かう男たちの集団に注がれた。背広を着てフェズをかぶり、丸いたるんだ顔を細い口ひげで飾る男が、集団のリーダーであるエジプト王ファールーク一世だった。王のうしろを側近や友人や護衛の一団がついて行く。ヨランデは、王とお供の者がテーブルのしかるべき位置につくのを見つめた。ウェイターが皿やトレイや飲み物をテーブルに置き、ホールの客たちは食事と会話に戻った。

始めよう、ヨランデは決断した。それは無二の機会で、今がそのときだった。彼女は椅子から立ち上がり、ファールーク国王に向かって突進した。彼女の行動は広大なホールに衝撃を引き起こした。あの女は何をする気だ？　テーブルのあいだを走りながら、彼女は食事客の憤慨と驚きの表情を目に留めた。あのずうずうしい女は国王の食事を妨害するのか！　ありえない、冒瀆に等しい！　彼女は怒りの目や叫びを無視した。この瞬間、地元の要人たちはどうでもよかった。国王の護衛二名が彼女のほうに足を踏み出したが、すでに遅かった。彼女は国王の前に立ち、お辞儀をして、とっておきの笑みを浮かべた。「陛下、失礼いたします」彼女はゆっくりと挨拶した。「お望みなら逮捕されてもかまいませんが、いままで私は陛下に接触させてもらえませんでした。宮殿に何度も国王のインタビューを申し込みましたが返事はありませんでした。私はジャーナリストです――アメリカにいる編集長に何と言えばいいのでしょう?」

少しためらったのち、ファールーク国王は椅子から立ち上がり、彼女と礼儀正しく握手した。そしてベストのポケットから名刺を取り出して、それを彼女に進呈した。そのあと、王室府に直接電話して、インタビューの予約をするよう促した。

ヨランデ・ハルモルは大喜びしてうしろに下がった。やった!　これでインタビューができる。だが、そこにいる誰も、彼女の果敢な行動の真の理由を知らなかった。また誰も彼女の秘密を知らなかった。エジプトのシオニスト諜報組織の長である彼女は、王宮とのつながりをつけたのだった。


彼女はよもや自分がスパイになるとは思っていなかった。

アレクサンドリアの裕福なガバイ家に生まれ、とんでもなく甘やかされて育ち、少しいたずら好きで陽気な思春期にフランスのサンジェルマンにある非常に金のかかる女子寄宿学校に入れられた。彼女はフランスを好きだったが、将来はエジプトに帰って、同じ社会的立場の同じ年頃のユダヤ人女子と似たような一生を過ごすのだろうと漠然と考えていた。気楽な生活、レースとバラの結婚式、きれいな家、子どもたち……確かに始まりはそうだった。十七歳でエジプトに呼び戻され、父親が取り決めた相手である羽振りのよい実業家のジャック・デボトンと結婚した。そして立派な邸宅、召使い、息子のギルバートを手に入れた。ところが、その日常は不意に終わった。じきに、聡明な若い女性はそれとは別の人生を生きようと決心した。言語と歴史と文学に詳しく、現在の情勢に通じていた。何かしたかった。また、二十一歳にして、ある男性の言葉を借りれば〝目を瞠るほど美しい〟女性に成長していた。四年間の退屈な結婚生活ののち離婚、三歳のギルバートをファミリーカーに乗せてカイロへ向かった。彼女はジャーナリストになろうと決めていた。

カイロでは、美しさと魅力と知性が彼女の道を拓いた。エジプトの政治情勢に関する記事を書き、すぐに国内の有力者たちとの密接な関係を築いた。彼女の記事はまず地元紙に、その後エルサレムの《パレスチナポスト》に、その後アメリカの雑誌に掲載された。閣僚や政治家、軍高官、外国人外交官らと共に高級レストランへ入るさい、人々の注目を浴びることにも慣れた。

ヨランデはカイロの生活を満喫した。このころは、カイロは、広い街路、緑生い茂る公園、威厳ある建物の並ぶ異国の雰囲気あふれる街だった。享楽的な生活を楽しむ富裕で景気のいいヨーロッパ人にとってはすばらしい時代だった――朝のナイル川セーリング、ヘリオポリスとゲジーラ島の会員制クラブでテニス、〝グロピズ〟で高級惣菜を味わい、コンチネンタルホテルで音楽とダンスつきのアフタヌーンティー、メナハウスのバーでカクテル、真っ赤な夕焼けに照らされるピラミッドを見ながらラクダに乗る。

ヨランデに必要なものや望んだことは両親がかなえてくれた――広々としたアパートメント、ナイル河畔の流線型のボート、訪欧、なかでも彼女の愛するパリへ足繁くかよった。彼女のことを軽率で慎みのない快楽主義者で、片手間にジャーナリストをしているパーティ好きな女とみなしている連中も多かった。彼女は気にしなかった。そしてカイロの社交界に難なく溶けこんだ。彼女の美しさと人間的魅力は地元の上流社会を惹きつけた。彼女を〝謎めいた魅惑の人〟と呼ぶ者がいれば、〝魔性の女《ファムファタル》〟と呼ぶ者がいた。そうした噂話の断片がしばしば彼女の耳に届いた。ある友人は彼女を「唯一無二のスーパー知的な女性……エジプトにはヨランデに並ぶ女性はいないわ。男たちは彼女に恋し、足元にひれ伏したのよ」と評した。ある人によれば、彼女の魅力の原動力は、彼女自身が発するぬくもりと生きる喜びだった。「彼女が微笑むとき、顔だけでなく全身で微笑むんだ」と彼女の友人でイタリア人のダン・セグレは語った。「ダンスするヨランデを見ていると何とも言えない気持ちになったわ」ある女友だちはかすかな嫉妬心をこめて付け加えた。「まるで全世界に彼しかいないかのように、パートナーに夢中になっているように見えるのよ」

　だが世界は変わる。一九三九年に第二次世界大戦が勃発し、ヨランデの生活に大きな二つの変化をもたらした。一つは悲しみ、二つめは――思いもよらない慰めだ。エルビン・ロンメル率いるドイツ軍機甲部隊がカイロに接近したため、彼女はギルバートを連れて一時的にエルサレムに避難した。そこのパーティで、ハンサムで機知に富んだ南アフリカ人パイロットのジョン・ハーマーと出会い、恋に落ちた。二人の情熱的な恋愛は結婚へつながった。だがその結婚は短く、悲劇的な終わりを迎えた。ハーマーは戦死し、ヨランデは打ちひしがれた。ギルバートの目に絶望した母の姿が焼きついている。「母はその悲しみを乗り越えられませんでした」のちに彼はそう語る。ヨランデは夫の姓を名乗り、ヘブライ語風の〝ハルモル〟に変えた。

　もう一つの変化は、彼女がカイロで聴いた講演だった。講演者はイタリア生まれの若いユダヤ人にしてパレスチナのユダヤ人社会の期待の星、エンツォ・セレーニだった。情熱的なシオニストである彼は平和主義者で、ユダヤ人とアラブ人は共存できると信じていた。彼は確信を持って、戦争が終わったあとにパレスチナにユダヤ人国家を建設する計画について語った。有力なユダヤ人指導者層と並んで講演を聴いていたヨランデは、セレーニの話に魅了された。彼は、高貴な理想を、大切な人を失った喪失感を埋める課題を与えてくれた。その夜が彼女の人生の転機だった、とのちに彼女は語った。彼女はシオニズムを信奉する別人となって会場をあとにした。若者の言葉に、彼女は人生の新しい意味と新しい目的を見出した――パレスチナにユダヤ人国家を建設することに協力する。

　しかし、ドイツが敗走したのち、セレーニも過酷な運命をたどった。戦争中、彼はイギリス軍特殊作戦局（ＳＯＥ）の一員としてヨーロッパのドイツ軍占領地区内に降下するユダヤ系パレスチナ人空挺部隊を組織した。三十三名の男女の志願者が、非運なユダヤ人共同体を救うという涙ぐましいがきわめて危険で困難な任務に送り出された。一部はユーゴスラビア、ハンガリー、ルーマニア、チェコスロバキアに到着したが、セレーニ自身は北イタリアにパラシュート降下し、ナチスに捕らえられ、ダッハウの強制収容所で死亡した。

セレーニは死んだが、彼の夢はヨランデの心の中で生きていた。彼女はシオニズム運動に没頭し、記事を書き、演説し、ユダヤ系パレスチナ人の有力者と面談した。将来の首相であるモシェ・シャレット、将来エルサレム市長となるテディ・コレックなどのシオニスト指導者の多くは、敏腕の女性オーラ・シュワイツァーが取り仕切るヨランデのカイロの事務所をしばしば訪ねた。戦後、ヨランデとモシェ・シャレットの間で発展した恋愛関係はイスラエル建国まで続いた。当時、ヨランデはシャレットの恋人であると同時に親友でもあり、彼はさまざまな考えや計画を彼女に打ち明けていた。

ヨランデは伝説的人物のダビド・ベングリオンにも数度会っている。一度はカイロ空港に車で彼を迎えに行ったときだ。市内へ戻る途中で車が故障し、九歳の息子ギルバートとベングリオンと三人で砂漠の真ん中の動かない車にもたれて、レッカー車を待ちながらじっくりと会話を堪能した。

パレスチナの反イギリス地下組織ハガナーから密命を帯びた指揮官多数が、中東における大英帝国の中枢だったカイロへ派遣された。そのうちの一人、組織で武器の調達を担当していた三十七歳のレビ・アブラハミが一九四四年に最高機密任務でやってきたとき、ヨランデはたちどころに正しい結論にいたった。「さあ、ここに座って」事務所へ入ってきた彼に、彼女はいたずらっぽい笑みを浮かべてからかった。「あなたがエジプトへ来たわけを教えてあげる」

彼は何のことかわからずに彼女を見つめ返した。

「あなたはドイツ軍が砂漠の戦場に残していった大量の兵器を回収して、それをパレスチナに密輸したいんでしょ？　そのためには大きな倉庫が必要だけれど、あなたにはない。では、それを探しましょう」

アブラハミは仰天した。「私はたやすく驚いたりしない人間なのに」のちに彼は友人にそう打ち明けた。翌朝、ヨランデは街外れまで車に彼を乗せて行き、まわりと切り離された〝愛の巣〟がないか探した。ようやく壁とサボテンの垣根に囲まれた大きな屋敷を見つけ、即座に契約した。「あそこは理想的な場所だった」アブラハミは認め、かなり長期間その屋敷を使用した。のちに彼はカイロのハガナーの支部長に任じられ、長年その地にとどまった。イギリス軍の制服に身を包んだ彼は、一九四五年、ヨランダについてシェパードホテルのダイニングルームに行き、ファールーク国王のテーブルに敢然と突進した彼女を目撃する。

しかし、そのときのヨランデは、もはや単なるシオニズムの活動家ではなかった。エジプトにおけるハガナーの大スパイとなっていた。

一九四五年三月、エジプト、ヨルダン、シリア、イラク、イエメン、サウジアラビア、パレスチナアラブの指導者の会合がカイロで開かれることをヨランデは知った。〝アラブ連盟〟の設立について話し合うためだと、エジプト人政治家数人が彼女の耳にささやいた。連盟の事務局はカイロに置かれることになる。主な目的は、この三年間ベングリオンが推進してきたユダヤ人国家建設の阻止だった。

ヨランデはこの情報をベングリオンの情報顧問であるルーベン・シロアッフに知らせた。いつも前触れなくカイロに現われる、上品で人当たりの柔らかいこの紳士が彼女は好きだった。細身ではげかかった頭に眼鏡をかけ、エルサレム生まれでアラビア語を母語とするシロアッフは、シオニスト界ではすでに伝説の人物となっていた。バグダッド、ベイルート、ダマスカスでスパイ活動に従事し、いずれモサドの創立者となるこの人物は、アメリカのCIAの前身である戦略事務局《OSS》と密接な結びつきがあると言われていた。彼はベングリオンの秘密顧問でもあった。

ヨランデが入手したアラブ連盟の資料を見せたとき、シロアッフは感心した。「我々の力になってもらえるかな？」彼は慎重に尋ねた。

「つまり、エジプトにスパイ網を作るのですね？　準備はすべて整っています」

すでに準備は終わっていた。彼女の自宅には写真現像用の暗室まで作ってあった。彼女は自分の事務所を情報収集センターへと変え、彼女のために真剣に動いてくれて、ジャーナリストとしての仕事のために情報を提供していると思いこんでいる、苦労をいとわない情報提供者のリストを作ってあった。その人々は自分たちがシオニストのために働いていることを知らなかった。忠実なオーラ・シュワイツァーは、そのうちの数人に月々の謝礼を渡していた。ヨランデのリストの上のほうに〝ムスリム同胞団〟幹部、政府高官数人、《アルアハラム》新聞編集委員、ムフティ（エジプトの最高宗教指導者）の息子のマフムード・マフルーフの名があった。そのほかにヨランデの事務所をたびたび訪れたのは、彼女にべた惚れだったアラブ連盟の難民相となるタキーユッディーン・アッスルフだ。アラブ連盟事務局長のアッザーム・パシャとレバノン人政治家のリヤード・アッスルフも彼女と親しい友人だった。主な情報提供者は〝二人の顔役〟で、一人は警察庁政治部門高官、もう一人は有力な親族を持つ軍医だった。どちらも、ヨランデのきれいに手入れされた手から毎月五十エジプトポンドを受け取っていた。

スウェーデン大使のウィダー・バッゲが彼女にのぼせあがったので、彼を忠実な情報提供者に、そののち——熱心なシオニストに仕立てた。

シロアッフはパレスチナに置いた本部とヨランデとの連絡手段を開設した。彼女は渡された無線トランシーバーを〝機械に強くない〟という理由で使わなかった。彼女が入手した情報の大半はヨーロッパへ送られたが、そのせいでテルアビブの情報の受け取りが決定的に遅れた。しばらくのあいだは緊急送信としてハガナーの秘密無線局を使い、少なくとも一日一回はテルアビブとやりとりをした。消えるインクで通信文を書き、他の手段で報告書を送るよう彼女は指示された。報告書にはコード名〝ニコール〟と署名した。

自分がコードネームを持つことになるとは予想もしていなかった。新しい任務がとても誇らしかった。

彼女はアラブ連盟と自分とのつながりを自慢に思ってもいた。いつも華やかで暢気《のんき》で、ときには少し頭の弱いブロンド女を演じる彼女がスパイだとは誰も疑わなかった。連盟の事務局長であるアッザーム・パシャが賞賛と羨望をこめて彼女に言ったことがある。「私の執務室に届く前に、きみは連盟の審議の議事録を見ているのだよ！」

たしかに彼女はアラブ連盟の極秘議事録を定期的に受け取っていた。イスラエルの建国が近づき、アラブ諸国がパレスチナのユダヤ人六十万人と戦争するかどうかを決断しなければならなくなると、そうした報告書の重要性はさらに増した。一九四七年十一月二十九日、ヨランデとギルバートは自宅のラジオのそばに座った。二人は息を殺して、国連総会でパレスチナを二つの独立国――ユダヤとアラブ――に分割する決議に関する投票の様子に耳を澄ませた。分割計画は三分の二という多数で採択され、ただちにアメリカ、ソ連、ユダヤ・パレスチナに受け入れられた。ヨランデが事前に報告していたとおり、アラブ諸国およびパレスチナ人指導層はその計画に憤慨して拒絶した。イギリスの撤退とユダヤ人国家樹立の日は一九四八年五月十四日に決まった。

ヨランデの報告書にあるように、エジプト政府は、パレスチナの小さなユダヤ人共同体と戦争をすべきかどうか、他のアラブ諸国とともに躊躇していた。だが、彼らが決断するはるか以前に、ヨランデに驚くような申し入れがあった。

シリア軍指揮官でヒトラー麾下《きか》のドイツ国防軍の元大佐であるファウジ・アル・カウクジは、シリアで〝救世軍〟を立ち上げ、パレスチナのユダヤ人共同体を攻撃することを計画した。イスラエル軍はまだ存在していなかったため、ユダヤ人指導部はその計画に心から不安を感じた。イギリス軍がいまだパレスチナに在留しており、それが撤退する前にユダヤ人の正規軍を設立できなかったからだ。一九四八年一月下旬、ヨランデ配下のある連絡員から異例の申し出が彼女になされた。カウクジの攻撃計画を三百エジプトポンドと引き換えに渡してもいいと言うのだ。

「大金ですよ」オーラはヨランデに言った。だがヨランデは待てなかった。ハガナーの秘密無線局へ走り、ベングリオンに緊急メッセージを送った。

彼女は意気揚々と事務所に帰ってきた。「ベングリオンは言ったわ」とオーラに知らせた。「わが同胞の若者の血の一滴は三百ポンド以上の価値があると。支払いを認めるって」

交渉は成立した。カウクジの地図と会議録のほかに、アラブ連盟の侵攻計画の草案をヨランデは手に入れた。だが、これをどうやってテルアビブに送ろうか？　彼女は自分でパレスチナに飛び、ベングリオンに手渡すことにした。イギリス軍の統制下にある限りは、まだパレスチナ行きの飛行機は飛んでいた。だがテルアビブに近いリッダ空港への便はエジプト軍が非常に厳しく管理していた。エジプト軍兵が旅客のバッグや書類を徹底的に調べて確認するのだ。

ヨランデは検査をすり抜ける方法を見つけた。優美なジャケットの肩パッドをはずし、オーラが一晩かかって折りたたんだ地図と書類を肩パッドでくるんでから、その肩パッドをジャケットに縫いつけた。

ヨランデは複数の検査を問題なく通過した。不安と高鳴る鼓動を押し隠し、手荷物を調べるエジプト兵と冗談を言い合った。飛行機がロッド空港に近づくにつれ、彼女の動悸は速まった。そのとき、パイロットの声でアナウンスが入った。ハガナーとアラブ人民兵団との戦闘が毎日起きるため、ロッドとユダヤ人街区との往来は非常に危険であると機長は告げた。

だが着陸すると、彼女の到着を予想していたベングリオンの手配により、ハガナーの装甲車がロッド空港で彼女を迎え、ベングリオンの事務所まで安全に届けてくれた。〝おやじさん〟と呼ばれていた彼は、カーキの軍服のような装いをしていた。このウィンストン・チャーチルの信奉者は多くの点で彼を手本にしていて、軍服もその一つだったらしい……ベングリオンと無口で落ち着きあるシロアッフは、幹部数人とともに彼女を待っていた。すると、彼女がはさみを貸してくれと頼んだので、全員が面食らった……。

ベングリオンのデスクに地図が広げられ、シロアッフはそれらを念入りに見て本物だと納得した。ヨランデの前で、幹部とベングリオンは戦略についての議論を始めた。

彼らの会話にはなにか奇妙なものがあった。幹部たちがやりとりするほのめかしや見解を聞いていたヨランデは、北方から計画されている攻撃に関して追加情報があるらしいと推測した。ベイルートかダマスカスに情報源がいるのだろうと思い、それについて尋ねると彼らは押し黙った。

その日、彼女が説明し終えると、ベングリオンとシロアッフはヨランデに心から礼を述べた。「カイロでのあなたの働きは、我々にとって非常に大きな意味を持っています」シロアッフは言い、身を守るために必要な対策をすべて講じるよう彼女に言った。「国家建設の日は近づいています」スパイの元締めは言った。「そして、日々、エジプト人の警戒心と疑念は大きくなるでしょう。どうか気をつけて！」彼女は情報部長の一人であるテディ・コレックにも会った。「あなたは大きな危険を冒している」彼は率直に言った。「エジプトに戻らないほうがいいだろう」「パレスチナに私がいても何の価値もありません」彼女は言い返した。「それにエジプトでやることがまだたくさんあるのです」

翌朝、ヨランデはカイロに戻った。任務は大成功だった。だがジャケットは台無しになった。

ヨランデがカイロに戻ったころ、パレスチナではユダヤ人とアラブ人の衝突が内戦へと拡大していた。だがいうまでもなく真の危険は、周辺国の軍隊によるパレスチナ侵攻だった。ヨランデは報告した。〝すでにパレスチナの戦闘に直接関与しているエジプト国内のアラブ連盟、亡命中のパレスチナ人指導者、ムスリム同胞団、そして〈ミスル・エルファタット〉（若きエジプト）党に焦点を絞って探っている。カイロで行なわれるアラブ連盟の会合を監視し、外国大使館およびイギリス軍司令部内の情報源を活性化させ、イギリスの秘密パレスチナ計画とヨルダンの〈アラブ軍団〉（当時中東で最強のアラブ軍）に関する情報を入手した。わが諜報員は、パレスチナへ出陣し参戦をもくろむエジプト志願兵旅団に潜入さえした〟

シロアッフとコレックに話したとおり、ヨランデにはエジプトでやるべきことがまだたくさんあった。一九四八年五月十四日が近づくにつれ、カイロの緊張は高まっていった。そして、国家樹立のわずか二日前、ヨランデは自分の友人にしてベングリオンの右腕としてパレスチナのユダヤ人社会を主導するモシェ・シャレットから気がかりな知らせを受け取った。五月八日にアメリカの首都ワシントンDCで、シャレットはジョージ・マーシャル国務長官と対談したことを彼女は知っていた。しかし、マーシャルがシャレットにユダヤ人国家を創設するなと無遠慮に言ったことは知らなかった。パレスチナで大量虐殺が起きるだろう、ユダヤ人は皆殺しにされるだろうが、何が起きてもアメリカは助けないとマーシャルは釘を差したという。

心の底まで震え上がったシャレットから送られてきた通信文を、ヨランデとオーラは恐怖におののきながら読んだ。〝私は娘のヤエルとパレスチナに戻る〟シャレットは書いた。〝大きな過ちを犯すことを私は恐れている〟ヨランデとオーラは打ちひしがれた。ベングリオンと固い絆で結ばれているはずのシャレットは、ユダヤ人の二千年来の夢である国家樹立に反対するつもりか？　のちにヨランデは、シャレットの心変わりに気づいた忠実なシロアッフが空港で彼を出迎え、そのままベングリオンの家へ連れていき、ベングリオンが圧力をかけて従わせたことを知った。

五月十四日、国家イスラエルは誕生した。ヨランデは不安に思いながら、なんとしてもユダヤ人国家の独立を阻止しようとする、エジプトをはじめとする周辺のアラブ諸国の軍の動向に関するニュースを追った。

だが危険が迫っていたのはイスラエルだけではなかった。ヨランデは大きな危険を冒してスパイ活動を続けた。このころ、生まれて初めて彼女は尾行されていると感じ、いつ逮捕されるかわからない不安におびえた。〝……でも、わたしの任務は非常に重要だったので、わたしは動くのをやめませんでした〟。五月二十日、シロアッフに宛てた書簡でそう書いた。〝わたしの今の状況はとても不安定です。友人たちの影響力のおかげでまだ〝外〟にいます（刑務所の外という意味）。ほかの場所で役に立つのなら、わたしは転地してもかまいません〟。カイロ警察がかなりの数のユダヤ人指導者を尋問し、同じ質問を繰り返したことを彼女は知った。「ヨランデとは何者だ？」「ヨランデは何者か？」銀行家でありヨランデの熱烈な求婚者であるジョゼフ・マイケル博士は、警察に「お友だちに用心しろ！」とぶしつけに忠告されたことを彼女に話した。彼はヨランデに危険が迫っていることを認識していた。

彼女の心配は確かな根拠があった。七月、ヨランデは逮捕され投獄された。ところが奇妙な拘置だった。毎日、カイロの高級レストランから美味しい料理が運ばれた。朝刊が配達され、電話を自由に使えた。かけたければどんな人にでも電話できた。刑務所の他の女たちからどうして特別扱いなのかと訊かれても、彼女は答えなかった。だがそうしているうちに、彼女のスパイ網は崩壊しはじめた。情報要員たちが給料の支払いを求めて彼女の事務所に押し寄せた。ある朝、ヨランデは、刑務所の壁の外の道路から自分の名を呼ぶ声を何度も聞いた。監房の窓によじ登ると、体の大きなアラブ人女性が見えた。黒いガラビーヤを着て、頭をヒジャブで覆い、道端に立っている。十代の少年を連れていた。ギルバートだ！　黒いローブで変装していたのはオーラだった。「わたしはどうすればいいの？」オーラはアラビア語で叫んだ。ヨランデは困って肩をすくめた。「できることをして」彼女は言った。

囚われていたあいだ、ヨランデは尋問も起訴もされなかった。数週間後、外国人女性用の特別留置所として使用されている快適な別荘へ移送された。ヨランデは病気になり、体重が落ち、ベッドからほとんど起き上がれなかった。明らかに当局は刑務所で彼女を死なせたくなかった。だから彼女を急いで釈放し、息子と一緒にフランス行きの便に乗せた。

パリでヨランデはなんの心配もなくイスラエルのために働くことができた。彼女は、その年シャイヨー宮で開催された国連本会議のイスラエル代表団に正式に加わった。イスラエル国旗を浮き彫りにした名札をつけたのである。そのときでも、彼女を敬い、思いやりと親しみを持って接してくれるエジプト人外交官との交流は続けていた。イスラエル大使館を訪ねると、親切な事務官が、シュミュエル・ディボン書記官がエルサレムに送ったという電報を見せてくれた。〝リアルタイムで接触する必要があるときには、ヨランデをおいてほかにいない〟とディボンは熱を込めて書いている。エジプト人だけでなくフランスの有力者や外国人外交官との強固な関係を、彼女は築いていた。

だが、彼女がこうした関係を築いたのは、彼女自身の目的のためだった。ヨランデはユダヤ人とアラブ人とは平和に共存できると固く信じていた。ユダヤ人とアラブ人がパレスチナで互いの血を流していたときでも、彼女はイスラエルの敵と会い、新しく外務大臣に任命されたモシェ・シャレットに、エジプト政府はイスラエルとの協定を成立させたいと望んでいるという覚書を書き送った。

パリにいた彼女は、シャレットやシロアッフやその他イスラエルの友人たちとも会った。第一次中東戦争が終わり、アラブ諸国と休戦協定が結ばれたとき、ヨランデはイスラエルに帰ってくるだろうと思われた。ところが彼女の決断は皆を仰天させた。イスラエルからの必死の電話や電報の数々も、シロアッフの怒りの命令さえものともせず、彼女はエジプトに戻ることにしたのだ！

多くの人が狂気の沙汰だと思った。エジプトで反逆とスパイ行為を疑われて彼女は逮捕され投獄されたのだ。その国に戻ることは、ライオンの口に首を突っ込むことに等しかった。だが彼女は自分の居場所はカイロだ、そこなら個人的事業を再開させられると思っていた。

彼女は正しかった。カイロはなにごともなかったかのように、彼女は投獄などされなかったかのように諸手をあげて彼女を受け入れた。彼女は住み慣れた家に帰り、ギルバートは学校へ戻った。友人や親戚、エジプト人高官との信頼関係すら復活した。「どうしてなのかまったく訳がわからなかった」のちにギルバートは母に話すことになる。「だれもそれを変だと思わなかったことが、とくに奇妙だった……」

ヨランデはスパイ活動を再開させるために、カイロの名士たちとの関係を築き直した。ある夜、彼女はエジプト秘密情報機関（ムハバラト）のシュシャ長官及び副官二人とカイロの有名レストランへ入った。近くのテーブルに、カイロで極秘活動をしているイスラエル人情報員エリアフ・ブラーハがいた。ブラーハは茫然と彼女を見つめていた。てっきりヨランデがシュシャに逮捕されたものと思いこんでいるようだ。彼女は中座して化粧室へ行った。戻る途中、ブラーハのテーブルのそばを通るさいに落としたハンカチを、彼はそれとなくポケットにしまった。ハンカチの中に電話番号のメモが隠してあった。その夜、ブラーハは彼女に電話して直接会い、彼女は自分の活動の詳細を報告した。そのとき、元ハガナーのシュムエル・アンテビが船でエジプトからイスラエルへ向かうと聞いた彼女は、真夜中にアンテビの家へ行き、練り歯磨きのチューブを渡した。中身は歯磨き粉ではなく、書類だった。「船に乗ったら」と彼女は言った。「船長にチューブを渡して。届け先は彼が知っているでしょう」

この奇妙な状況はさらに二年続いた。ようやくヨランデは、自分が余生を生きていたことに気づいた。エジプトは変わりつつあり、政治はいっそう混乱し、国王とその腐敗政治に対する批判が高まっていた。カイロでの愉快な日々は永遠に終わってしまったことをヨランデは悟った。一九五一年、息子と老いた母を連れて彼女はイスラエルに移住した。新居となったエルサレムのアパートメントはとても狭く、エジプトから持ってきた絨毯を重ねて敷くしかなかった。

だが、ヨランデを悩ませたのは質素なアパートメントではなかった。イスラエルでは彼女の才能と資質の使い道がないという事実だった。テルアビブで、カイロからの彼女の報告をモサドと共同で活用してきた軍情報部長のビンヤミン・ギブリ大佐と面談した。ギブリは思いやり深い男で、これまでの彼女の働きに感謝したが、彼の下で働かないかとは誘わなかった。イスラエル国は彼女の尽力を心からありがたく思っていた――が、彼女をどう処するべきかわからなかった。彼女はこうなるような気がしていた――それがイスラエルへ来るのをここまで遅らせた理由の一つだった。カイロを離れたことは、ヨランデの終わりの始まりだった。

エルサレムでようやく彼女は外務省の職を得たが、儀典部の下級の地位だった。友人のルーベン・シロアッフがモサドを立ち上げたばかりだったが、ヨランデには声をかけなかった。ごくまれにモサドか外務省調査部から依頼されてヨーロッパに出張した程度だ。

久々に訪れるパリは彼女に大きな喜びをもたらした。昔のヨランデが息を吹き返した。ある日は、将来フランス首相となる友人のルネ・マイエールとランチし、その翌日には、やはり将来の首相となるピエール・マンデス・フランスとディナーを共にし、三日めはエジプト人外交官数人と過ごした。ヨランデはパリならではの過ごし方が大好きで、しばしばルーベン・シロアッフの妻ベティを生牡蠣とシャンパンという〝パリっ子の朝食〟に誘った。しかし、イスラエルでは外務省の政治社会構造の一員となれなかった。非常に有能な彼女が能力を発揮できる地位につかせてもらえなかった。にこやかで気持ちよい態度を崩さなかったものの、心の底では孤独と失望を感じていた。「職場であなたをどう扱っていいかわからないのよ」同僚は彼女に言った。「あなたは朝八時から夕方四時までデスクに座っていられるタイピストじゃないもの。あなたにはたくさんの借りがあるとわかっているけれど、どうして返せばいいかわからないのよ」

だがヨランデは、自分が身内ではなく余所者と見られていることを察していた。外務省の職員は彼女の装いやヨーロッパ風の立ち居振る舞いが気に入らなかった。「イスラエルの若い女たちがショートパンツをはいているときでも、彼女は色っぽかった」彼女の友人のダン・セグレは語った。「気品高くあることが退廃的とみなされる国で彼女には気品があった。人々がたくましい開拓者だった社会で彼女は洗練されていて陽気だった」外交官と妻たちは陰で彼女をあざけり、〝レバントの婦人〟と――ヨーロッパではなく中東のカイロ出身のレバント人である〝軽薄な〟女の作法と言葉遣いと衣類と教養を愚弄して――呼んだ。そのひどい悪口の合唱に加わらなかったのは、カイロ出身の知性あふれる美しい女傑を覚えていて、自宅での公式晩餐会にしばしば彼女を招いたモシェ・シャレット外務大臣だった。

　歴史的なできごとが起きても、彼女は助言すら求められなかった。カイロで軍事クーデターが起き、ファールーク王は退位に追いこまれた。押しの強いナセル大佐がエジプト大統領となり、旧体制《アンシャンレジーム》は一掃された。その後ナセルはソ連から大量の兵器を獲得し、イスラエルを滅ぼすと公言し、スエズ運河を国有化した。エジプトはフランスおよびイギリスと密約を結び、シナイ半島を攻撃して勝利した。エジプトを知り尽くしていたヨランデの存在は、イスラエルの政策形成に金で買えない価値があったはずだが、彼女に意見を求めることを誰も思いつかなかった。身近なところでは、シロアッフがモサドを辞めた。実際には、国内秘密情報機関の長だった功名心に燃えるイサル・ハルエルに追われたのだった。ハルエルはヨランデと面識がなかったから、彼女とモサドとのつながりは消えてしまった。

　まだ役に立つことができるのに閑職に追いやられて彼女はひどく苦しんだ。カイロ時代の友人や指揮官たちは彼女を見捨てた。彼女は傷つき、敗北感を感じていた。「不公平よ！」ごく少数の友人にそう言い続けた。「不公平だわ」

　彼女はエルサレムで母親と暮らしていた。妹は遠く離れたオーストラリアに住んでいた。ギルバートはアメリカに留学し、一九五四年以来会っていなかった。彼女はまた病気になった。今回は癌のため、緊急入院した。体調は急速に悪化した。生きようともがいていたときも、敗北感から逃れられなかった。せめて外交官階級の承認を得たいと望んだが、外務省は彼女の申請を却下した。彼女は病院で死の床に横たわっていたのに、官僚は〝外務省に恩給を請求すればよろしい〟などと言い訳して、外交官階級の承認を拒否した。有力な上層部から圧力を受けてようやく、外務省幹部は末期《まつご》のヨランデに外交官階級を授けた。

明らかに遅すぎた。癌に全身をむしばまれて彼女は死んだ。まだ四十四歳だった。

第三章　シューラ・コーヘン

ムッシュー・シューラ、コードネーム〝ザ・パール〟

一九四七年、ヨランデがベングリオンとシロアッフに侵攻用の地図を見せたとき、彼らの発言からレバノンかシリアに別の情報源がいるようだと彼女は思った。そのことを尋ねたが、彼らは口を閉ざした。ヨランデの質問への回答はなかった。

彼らには別の情報源がいたのか？

いた。

若く、青い瞳を持ち、きれいで上品なのにすでに五歳の子の母親で、死ぬほど退屈していたシューラ・コーヘンは、レバノンの首都ベイルートの夫の店に立っていた。一九四七年十二月の寒い午後、店にほとんど客はおらず、ちょうど入ってきた二人のレバノン人男性の大きな話し声がシューラに聞こえた。イスラエルの建国が間近に迫っていた。アラブ人二人は北方からのパレスチナ侵攻に関する貴重な情報をやりとりし、将来的な国境付近の村から若い兵士を補充すること、シリアとレバノンからガリラヤに侵攻する計画について話していた。とても重要なことだ、シューラはそう思って身を震わせた。彼女の頭の中に、火と死で焼き尽くされたイスラエルが見えた。イスラエルの命運を心から心配したのは、彼女の安楽で豊かな人生で初めてのことだった。彼女は夫を引き寄せた。「何かしなくちゃいけないわ、ヨセフ！」彼女は言った。「イスラエルに知らせなくちゃいけない！」輸入生地の貿易業者で裕福なヨセフはいつものように、感情的になりやすい妻に同意した。「アディサ村のアラブ人密輸業者を知ってる」彼は言った。「おれたちの友人だ。彼が国境の向こうへ手紙を運んでくれるよ」

シューラは耳にしたことを大急ぎで詳しく手紙にしたためた。エルサレムのガールスカウトのキャンプで教わった、初歩的な〝あぶり出し〟インクを使った。一見したところでは手紙はエルサレムの病気の親戚を心配する内容だった。当たりさわりのない言葉を並べた行のあいだに、あぶり出しインクでアラブ人男性の会話を書いた。夫の指示により、その手紙は密輸業者によって国境の向こう側のユダヤ人の町メッツラへ運ばれた。

返事は来るのだろうか？　この若い女性にとって、手紙を送ったことは運命を決する行為となった。突如として彼女の目の前に高尚な目標――生まれたばかりの国イスラエルの役に立つこと――が姿を現わした。彼女はレバノンで暮らしていた。そこでは彼女は、長男の名を取って〝アブラハムの母〟と呼ばれていた。だが彼女は自分はイスラエル人だと思い、イスラエルに対して特別な感情を抱いていた。

シューラは、メイールとアレグラのコーヘン夫妻の十二人の子どものうち上から四番めだった。裕福な実業家でエルサレム出身の父親が民間事業を行なっていたアルゼンチンのブエノスアイレスで生まれた。母親がアルゼンチンを気に入らず、家族はエルサレムへ戻った。だが父親は仕事のため、一年の大半をブエノスアイレスで暮らさざるをえなかった。父親はアルゼンチンへ向かうたびに、自分の寂しさを紛らすために子どもの一人を連れていった。シューラはブエノスアイレスで父と一年間過ごし、スペイン語を学び、歌い、アルゼンチンの名物であるタンゴを踊った。そしてそれらが大好きだった。

とはいえ彼女はエルサレムで育ち、高名なエベリーナ・ド・ロスチャイルド女子校へ通った。成長するにつれ、彼女独特の個性——知的で魅力的、夢見がちだが実際的でもあり、すぐれたユーモアのセンスを持ち、熱心な読書家——が際立ってきた。彼女はヘブライ語、アラビア語、スペイン語、フランス語と英語少々を話し、アマチュア演劇クラブに所属していた。虚栄心もかなり強く、見かけをとても気にした——流行の服と高価なアクセサリー、ヘアスタイルとマニキュア、お揃いのバッグと靴。冒険好きで楽しく、細身で鳶《とび》色の髪の朗らかな女性は、人々を魅了することを心得ていて、すぐに友だちができた。しかしなにより彼女には、〝大きなこと、価値あること〟をしたいという燃えるような情熱と野心があった。

エルサレムで幸せにやっていた彼女に不幸が襲った。両親は十六歳になった彼女を、レバノンの富裕なユダヤ人商人で十六歳上のヨセフ・キシクに嫁がせることにしたのだ。キシクとその家族がベイルートからやってきて、シューラの両親は彼女の婚約を宣言した。シューラは、結納金のために商品のように〝売られ〟ることに打ちのめされた。だが当時はそういうしきたりがあり、彼女にはどうにもできなかった。「あの夜ほど泣いたことはなかった」のちに彼女は話した。「私は十六歳だった、いろんな夢があったのに……」エルサレムは彼女にとって「世界の頂点であり、天国にいちばん近い場所」だったので、暗く寂しい場所に落ちていくように感じた。シューラは小部屋に閉じこもって涙を流した。

快適な生活——立派な家、使用人たち、ワディアブジャミル地区に集まるユダヤ人たちから尊敬される地位——が待っていたにもかかわらず、若い花嫁はみじめな思いでベイルートに到着した。だが、時間がたつにつれて彼女の悲嘆はゆっくりと消えていった。夫は賢明で愛情深く、妻を尊重してくれて、彼女を喜ばすためなら何でもしてくれることがわかったのだ。高価な服やコートに眉ひとつ動かさずに金をぽんと出し、当時の女性たちのあこがれの的だった目の飛び出るほど高価なダイアモンドのブローチ、〝椿の花の貴婦人〟さえ買ってくれた。ただ、夫は仕事と地域活動に忙しかったので、夫の母と姉が若い嫁を支配しようとした。シューラは第一子を出産し、そのあとも次々と産み、子どもたちの世話に明け暮れた。十五年で七人の子を持つことになる。しかし、子どもたちの世話も山積みの書物を読むことも、この若い女性を満足させられなかった。シューラには人生の目標、情熱的な性格にふさわしいやりがいのある目標が必要だった。

一九四七年十二月にアラブ人密輸業者に預けた手紙はハガナー本部に届いた。数週間後、見知らぬアラブ人が彼女の自宅のドアを叩いた。男は〝シュクリ・ムサ〟と名乗った。手紙は目的地に届いたと話し、〝彼女の手紙の宛先〟が彼女に実行してもらいたいと考えている任務を説明した。「明日ベイルート港に着く〈トランシルベニア〉号からウィンクラーという名の乗客をおろして、パレスチナに密入国させてほしい」

彼女はただちに取りかかった。夫の助言により、港を陰でとりしきる人脈を持つアブ・ジクというユダヤ人の家へ走った。夫のポケットマネーから出た八百レバノンポンドの賄賂のおかげで、アブ・ジクの友人は〈トランシルベニア〉号でウィンクラーをさがしだし、港湾労働者の身なりをさせて船からおろした。数時間後、ウィンクラーは国境を越えてパレスチナに入った。

シューラの初めての任務は成功し、母乳を飲ませることとおむつを替えることに加えて、ようやく重要な仕事をしているという自負心と満足を感じた。翌日、シュクリ・ムサがふたたび玄関ドアを叩いた。彼は任務成功の祝いを述べてからさらに言った。「パレスチナの人々は、あなたが今後も彼らのために働く意志があるかどうか知りたがっている。彼らはあなたに会いたがっている。国境の向こうにお連れしよう」

彼女は胸をときめかせて同意した。国境を越えるのには危険が伴う。だが人々を助けたいなら、リスクを引き受けるしかない。翌朝、月曜日に出発することにした。というのは、シャバット（土曜日）の夕食会の準備のために水曜日には戻らなければならないからだ。ベイルートを発つ前に、彼女は――いつものように――美容院へ行き、国境の丘をのぼれるようにヒールの低い靴を履き、妊娠してかなり大きくなったお腹を隠すためにだぶだぶのコートをはおった。忠実で無口な隣人のリンダ・ベランガが子どもたちの世話を引き受けてくれた。

車は丘陵地帯のわびしい小峡谷を進んだ。空は真っ暗になり、北東から冷たい風が吹きつけた。彼女は身を震わせた。厚いコートを着ていても厳しい寒さが身にしみた。遠くに、二つの村のちらつく明かりが見えた。突然、暗がりからアラブ人数人が現われた――密輸業者だ。彼女はシュクリ・ムサだと気づいて、一言も言わずに彼について坂をのぼった。歩くのは骨が折れてつらかった。ここで初めて、湧き上がる恐怖を彼女は感じた。レバノン軍が一帯を巡回しているので、ばったり出くわさないかと不安だった。だが、どんなことをしても国境を越えなければならなかった。

彼らは暗闇の中をとぼとぼ歩きつづけた。ふとシュクリ・ムサが足を止め、遠くにまばらに見える光を指さした。「メツラだ」彼が言った。

半時間後、彼らは国境を越えてユダヤ人の町メツラに入った。彼女が〝アラジム〟（ヒマラヤスギ）というホテルに入っていくと、近くにあるクファルギラディ生活共同体《キブツ》の一員であるグリシャが彼女を待っていた。グリシャは彼女の身元を確認し情報を聞き出してから、ハガナーの武装護衛兵つきのジープに彼女を乗せて南へ向かった。途中、銀色に光るティベリアス湖を生まれて初めて彼女は目にした。

その夜遅く、ハイファに近いキリヤットハイムの町にたどりついた。彼女は一度も来たことがない場所だ。ハガナー情報部の事務所は脇道を入った小さな家だった。二人の部員が、彼女が手紙で説明したカウクジの侵攻計画について徹底的に尋ねた。将来の攻勢計画について彼女が耳にした言葉をそのまま繰り返させた。部員の一人が、彼女から届いた手紙の写しはすでに司令部に送ってあると話した。侵攻計画の話題が終わると、個人的な質問が始まった。ベイルートではどんな暮らしをしているのか、近縁遠縁の親戚は誰か、イスラム教やキリスト教地域との関わりはどうか。

彼女はレバノンで秘密活動を行なう危険性を承知のうえでイスラエルに協力したいという希望を述べた。ハガナーの部員たちは、そうした活動に伴う大きな危険について何度も警告した。

「理解しているのか」そのうちの一人、チェルビンスキーが静かに訊いた。「イスラエルが建国され、レバノンが対イスラエル戦争に参戦して、もしあなたが捕まれば――国家に対する反逆者として裁かれることを？」

「はい」彼女は答えた。

「反逆者がどうなるか知っているか？」

「はい」

「絞首刑だ」

「はい」

「それでも協力したいのか？」

「はい」

彼はレバノンにおけるハガナーの興味の対象についておおまかに説明した。レバノン軍、中でも対イスラエル攻撃訓練を受けた部隊の基地と兵器に関する情報である。彼女に可能な秘密チャンネルの通信を確立し、全経費の支払いを約束し、報酬を出す意向を示した。

「やめて」彼女は言った。「報酬はいらないわ。わたしに必要なものは全部夫が賄ってくれます」彼女は、経費はエルサレム在住の家族宛てに支払われることにだけ同意した。

それで終わりだった。その夜、名前を聞いたこともない小さな町の小さな家で、何の訓練も入会式もなく、明快な指示も明確な目標もなく、シューラは生まれようとしている国イスラエルの情報機関の一員となった。

次の日の朝、メツラに戻った。その日の夜遅く、シュクリ・ムサが彼女を連れて曲がりくねった道を通ってレバノン領へ帰った。水曜日の朝、彼女はベイルートにいた。帰宅途中、行きつけの美容院へ寄ってからマーケットで夕食会用のフルーツと野菜を買った。自分の部屋で、夫からのプレゼント——二人が高級ブティックのウインドーで見かけた銀色のアンゴラウールのアンサンブル——を見つけて驚いた。それはヨセフの喜びの表われだと彼女にはわかっていた。彼女の帰宅と家族の生活が通常に戻ることを喜んでいる。

完全に戻るわけではないが。パレスチナで第一次中東戦争が激しく続くなか、シューラは自分のエネルギーを二つの目標にそそいだ。一つ——重要な情報を獲得し、それをイスラエルへ送ること。もう一つ——シリアとレバノンのユダヤ人をイスラエルへ密かに連れ出すこと。

「イスラエルの情報機関に入らないかと誘われたわけじゃない」いずれ彼女は誇らしげに言うことになる。「わたしが自分で売り込んだの」

五月十四日、シューラはラジオから流れてくるユダヤ国家イスラエルの建国宣言を読み上げるダビド・ベングリオンの声を聞いた。その後続いた激しい戦争のあいだ、信頼できる情報をイスラエル軍に提供するために彼女は最善を尽くした。だが彼女の主な活動はユダヤ人数千人をイスラエルへ密入国させることだった。大勢のアラブ人密輸業者を自分の金で雇い、月のない夜、シリアとレバノンのユダヤ人を連れて彼らに国境を越えさせた。ヨーロッパからもバルカン半島とトルコを経由してユダヤ人が次々とやってきた。数カ月前の彼女は国境に近づいただけで恐怖に襲われた。いまの彼女はときには違法移民に混じって、イスラエルの領土への道案内をしていた。

入国管理をとりしきるイスラエル人職員から、〝彼女の〟移民は合計で数千人にのぼると言われたことがある。そのうちの二人は彼女の実の子アブラハム（バーティ）七歳とメイール十歳だった。あとでアラブ人密輸業者から聞いたところでは、国境までの車の中で、子どもたちは大きな声で話したり叫んだりした。彼はその叫び声で作戦全体が危うくなるかもしれないと不安だった。そこで二人にアニスの香りのついたアルコール度数の高い酒アラックを少し飲ませた。子どもたちはすぐに寝入り、目覚めたときにはイスラエルにいた。その任務が重要だったのは、シューラは息子たちをエルサレムで育てたかったからだ。長女のヤッファは空路でトルコへ飛び、イスタンブールで乗り換えてイスラエルに到着した。

シューラが大物スパイへと変貌を遂げたのはほんの偶然によるものだった。ある朝、〝マカベア〟スポーツクラブの前を通りかかったとき、中学生くらいの子たちが歌うヘブライ語の歌〝エッ・ハリモン〟（ザクロの木）が聞こえてきたが、ヘブライ語の発音が間違っていた。彼女は中へ入っていって、子どもたちに正しい発音を教えた。ユダヤ人学校の校長がシューラはヘブライ語ができると聞いて、彼女に職員にならないかと誘い、彼女は二つ返事で引き受けた。

その年末、学校で卒業式があった。校長はシューラに、首相府へ行って、前年と同じく来賓としての出席を依頼してきてほしいと頼んだ。シューラは上等の服を着て化粧をし、リヤード・アッスルフ首相の執務室へおもむいた。しかしアッスルフの秘書官は彼女を軽んじ、首相に会わせようとしなかった。彼女は自尊心を傷つけられ、帰るつもりで背を向けた。そのときドアが開いて首相が入ってきた。彼はシューラを見て丁寧に挨拶し、執務室へ招いた。首相は彼女の要望に即座に応じ、二人は現在の政治情勢についてざっくばらんに話しあった。アッスルフ首相はこの若いユダヤ人女性を気に入り、自宅へ招いた。

次の日の夜、シューラは首相の住居へ案内され、そこで彼の妻と三人の娘に会った。シューラと同じ年ごろの三女のフダとはのちに親友となる。その日からアッスルフはシューラを公式行事や式典や歓迎会に招待し、レバノンの政治および軍事エリート——大臣、国会議員、軍幹部、主にシリアから来訪中の高官——をシューラに紹介した。統治階級への門戸は大きく開かれた——そしてシューラは自信を持って入っていった。

「世界のどんな人にだって接触できるのよ」シューラは息子のイサクに言った。たしかに、新たな現実は驚きの連続だった。若い女は一夜にしてレバノン指導者階級の公式および私的会合の賓客となったのだ。イサクは、レバノンのカミール・シャムウーン大統領からユダヤ教徒の成人式バルミツバーを祝う大きな花束が届いたことを生涯忘れないだろう。十三歳の少年は大統領宮殿にも個人的に招かれた。シューラはほかに、キリスト教民兵組織ファランへ党の党首で実力者のピエール・ジェマイエルとも懇意になった。ジェマイエルは、レバノン大統領に選出されてすぐのちに暗殺されたバシールと、その兄アミン・ジェマイエルの父親である。

大統領や大臣たちとの交友は都合がよかったが、シューラは暗黒世界とのつながりにも興味があった。カジノやナイトクラブ、売春、麻薬と金塊の密輸を牛耳り、恐れられていた〝追い剝ぎの王〟や〝ギャング男爵〟と呼ばれたブルス・ヤシンと信頼関係を作ることに成功した。ベイルートでの彼は嫌われ、さらに多くの者から恐れられていたが、レバノンを出入りする密輸品の大半を掌握しているという理由から、シューラは躊躇せずに彼と親しくなった。彼の協力により、中東のユダヤ人数千人をイスラエルに密入国させることができた。彼のおかげで彼女の活動が守られ、それと引き換えに彼女は彼の通訳を務めたり、手紙を代筆したり、派手なパーティに出て彼と並んで立ち、来賓に挨拶したりした。

シューラの人脈は権力の中枢に達した。一九五〇年のある夜、イスラエルで最高といわれるスパイ、サミー・モリアが玄関先に現われたのを見て、彼女は大いに笑った。ダマスカスへ行く途中でベイルートに寄ったと言う。とんでもなく豪胆で図々しい彼は、ムハバラト――レバノン国内秘密諜報機関のベイルート本部へつかつか入っていって、偽名を名乗った。イラン人の実業家だが〝きわめて重要で緊急を要する件〟で情報機関の長に会いたいと申し出た。ムハバラト長官のファリッド・シハーブはそれを承諾した。シハーブの執務室で二人きりになるやいなや、モリアは言った。「ロバート・ルスティグから伝言を預かってきた」

シハーブは青ざめ、椅子に座ったまま凍りついた。

シハーブがテルアビブで何度か会合が開かれたレバノン‐イスラエル休戦委員会のメンバーだったことをモリアは知っていた。シハーブはそこでイスラエルの警察官ロバート・ルスティグと出会い、二人は毎夜、テルアビブで罪深い快楽を楽しんだ。「彼らははめを外して浮かれ騒いで遊びまわった」あとでモリアはシューラに語った。「そして自分たちの行ないを秘密にしておくことにした」

シハーブは、テルアビブでの危険な遊びがばれれば仕事人生は終わりだと気づいたのだろう。「きみはテルアビブ出身か?」彼は心配そうに尋ねた。「イスラエル人か?」

「二つともイエスだ」モリアは答えてから質問した。「ベイルートのユダヤ人居住区はどこだ?」

「なぜ尋ねる?」

「ベイルートに親類がいる。たぶんそこに住んでいるだろう」

シハーブはにやりと笑った。「くだらない。シューラに会いたいんだろう?」

モリアは答えなかった。

「日中は行くな」シェハブは注意した。「夜に行け。そのほうが安全だ」

二人は意味ありげな握手をして別れた。シハーブのテルアビブでの放蕩の秘密は守られ、モリアは自由に動いて任務を完了した。

ワディアブジャミルへ向かいながら、モリアはシハーブとの奇妙な出会いについて思い巡らした。ベイルートのムハバラト長官はシューラ・コーヘンを知っていた。知っているだけでなく、彼女とイスラエル情報部の使者を守ろうとした……その夜モリアはシューラを訪ね、彼女の手料理を味わい、政治や軍事状況を説明してから、誰にも邪魔されずにレバノンを出た。


シューラの秘密の国境越えはお決まりの行事となった。軍事情報部のスパイ管理者《ハンドラー》からメッツラに来いと指示された彼女は、忠実な密輸業者の案内で夜に到着した。メッツラから車でヤッファへ行き、いまは敵国内のスパイと要員を統轄するIDF五〇四部隊の司令センターとして利用されている時計台広場にある旧トルコ兵収容所〝キシュリ〟へ入る。友人のリンダがうまくはからってくれたおかげで、子どもたちは彼女の国境越えの遠征に気づきもしなかった。息子のイサクは、母は一度もベイルートを離れなかったと――のちに――進んで断言した。

あるときシューラはヤッファで、第一次中東戦争以前は裕福なアラブ人商人の邸宅だったという、高い塀に囲まれた壮麗な建物〝グリーンハウス〟に連れていかれた。グリーンハウスは現在、軍事情報部本部となっていた。シューラは階段をのぼって二階へ行き、二人の兵に付き添われて情報部長ビンヤミン・ギブリ大佐の執務室へ入った。彼は長身で威厳があり、頭が切れて博識な軍人だった。二人は時間をかけて心ゆくまで話し込んだ。シューラはそのとき初めて、きちんと組織化された公式機関の一員であると自覚した。だが、イスラエルは正式にはレバノンと戦争状態にあるため、逮捕されれば死は免れないとギブリから警告された。

そう言われても彼女はひるまなかった。

ギブリは、シリアの軍部と政治に関する情報を集めるようシューラに求めた。シリアはレバノンを一種の属国とみなして軍を指揮しており、ベイルートを闊歩するシリア人の将軍や役人の姿は珍しくなかった。レバノン人よりシリア人のほうが危険だとギブリは強調した。彼の補佐官がシューラにあぶり出しインクを渡して使い方と通信用の暗号を教えた。

そして、彼女にコードネーム〝ザ・パール〟を与えた。

ベイルートに戻ったザ・パールは軍や民間のさまざまな分野で情報提供者のネットワークを大きく広げた。彼らは高価な報酬と引き換えに貴重な情報を提供した。彼女はリヤード・アッスルフのパーティで知り合ったシリア軍参謀長を含む軍高官と会い、彼らの職務について口を開かせようとした。だが、シリア人が彼女を信用しないばかりか、怪しみ始めたことを彼女は知らなかった。

彼女はシリア人と話した内容をあぶり出しインクで手紙にしたため、密輸業者に託してイスラエルに送った。ハンドラーからの指示はいくつかの方法で届いた。多かったのは、疑問と指示を暗号で書いた一見無害な手紙をシュクリ・ムサが持参することだった。また、外国から届いた〝お薬〟を取りに来てと近所の薬局から電話がかかってくることもあった。気の毒な男は、薬の小瓶に留められた処方箋のラベルにあぶり出しインクでメッセージが書かれているとは疑いもしなかった。それ以外にも手段はあった。毎金曜日の正午、キシク家全員が大きな食卓に集まってごちそうを食べる。シューラはラジオをつけ、家族は無言でイスラエルで放送されているヘブライ語の歌番組に聞き入る。番組のあいだ、子どもたちは一言も発してはならなかった。年月がたってようやく、流れていた歌に母親宛ての秘密の指示が含まれていたことをイサクは知った。

シューラは孤独ではなかった。しばしば夫に助言や協力を求めた。緊急会合のためイスタンブールへ飛べと指示が下ると、そのための筋の通った口実が必要になる。イスタンブールのトルコ人仲買人を訪ね、キシクの商売用のレースと刺繍のサンプルを受け取ることにしろとヨセフは提案した。理にかなった話だった。ヨセフは敬意を持って妻に接し、どこへ行くのかとか誰と会うのかと決して尋ねなかった。また彼女も話さなかった……。

だが一度だけ彼が反抗し、〝秩序を回復〟しようとしたことがある。妻が外出ばかりしていること、子どもたちが母親に会えないこと、ほとんどの食事をリンダが作ることなどに不平を言った。なんといっても自分はユダヤ人社会の重要人物の一人であり、人々が彼と妻のことをいろいろ噂していると彼は話した。しかしシューラはめげずに、これは自分の人生であるし、何かを変えるつもりはないとはっきり言った。最後には善人のヨセフは折れ、その日の終わりに帰宅すると、彼女にこう訊くことになる。「ねえシューラ、今日のきみの行動を聞かせてもらう前に精神安定剤を飲んだほうがいいかな？」

シューラは、ベイルートの上流社会での自分の立場はかなり異例だと承知していた。フランスによる統治のあいだに、レバノンが近代化されたのは事実だ。国民の半数は、西洋の価値観と習慣の中で教育を受けたキリスト教徒だった。とはいえ、レバノン全体としては伝統的なアラブ社会だった。女の持ち場は自宅の台所と子どもたちの世話だった。レバノン人の男は、自分たちと対等に話し、公共の場で煙草を吸い、恐怖心も遠慮もなくどこへでも一人で出かける魅力的で洗練された女を相手にするのに慣れていなかった。また、彼女は軍事や政治に関する情報に大枚をはたくのをいとわない富裕層だった。

シューラは、噂はベイルートに広まり、少なくない数の軍人や高級官僚がシューラの情報員となった。

シューラは、レバノンの穴だらけの国境を越えるユダヤ人が増えていくのがうれしかった。〈トランシルベニア〉号に乗ってきたウィンクラーの密入国で始まったことが大規模な事業に発展した。シューラはユダヤ人移民をユダヤ教会堂または彼女宅を含めたユダヤ人宅数軒に一晩泊めた。借りたバスで移民を国境近くの出発地点まで運ぶ。そこで密輸業者たちが待機している。また彼女はしばしば娘のカーメラに公衆電話からどこかへ電話させ、数字を読み上げさせた。「二十……十五……三十二……」この数字はその日国境を越える移民の人数だった。ときにはイサクが母に電話して、商品が着いたと知らせることがあった。それは、ユダヤ人グループが出発したことを意味した。イサクの電話を聞いていたムハバラトの刑事が彼を質問攻めにしたが、少年は何も知らないふりをした。「父の店を手伝っていて、いつも母に電話をして商品が入荷したことを知らせるんです……」

ときには移民たちが地元警察に捕まることがあったが、シューラは賄賂を送って釈放させた。臨機応変な対応が必要なときもあった。子ども七十人をイスラエルへ送ろうとしていたときだった。準備は整っていた。子どもたちは教会堂に集まり、バスはジョルジュピコ通りの角に停車し、密輸業者は国境で待機していた。突然、地元自警団の若者がシューラ宅の玄関ドアを叩いた。「ばれた！」彼は息を切らして言った。「ムハバラトに動きを知られたらしい。刑事たちが教会堂を包囲している。子どもたちを出発させられない！」

イスラエルへ行ったときに秘密戦の〝事例と対応〟という項目を教わったことをシューラは思い出した。任務をまかされる情報士官は全員、〝……の場合はどうするか〟で始まる質問に答えるのだ。任務中、ことが予期せぬ誤った方向へ進んだときはどうするか。いまならどうするか？

すばやい行動あるのみだった。シューラはバスの運転手にただちにバスを移動させて海辺で待つよう指示した。そのあとハッサンの食料雑貨店へ走り、いろいろな色のキャンドルを七十二本買った。「そんなにたくさん買ってどうするの？」アラブ人商人は尋ねた。「ハヌカーのお祭りに使うのよ」シューラは答えてから、教会堂へ急いだ。途中、ユダヤ教食肉処理場の作業を監督に行くラビ・ヘスキと出くわした。

「食肉処理場はいいからわたしと来てください」彼女は言った。「生きるか死ぬかの問題なんです」

二人で教会堂へ行き、子どもたちを二列に並ばせて火をつけたロウソクを一本ずつ持たせた。そのあと彼女とラビは火のついたロウソクを手に列のいちばん前に立った。「これからハヌカー祭を祝うために行進します」彼女は告げた（ハヌカーは十二月に八日間続くユダヤ教徒の祭りで、伝統の燭台にロウソクを灯す）。「学校で習ったハヌカーの歌を歌いながら町を練り歩きます」

そして行列は教会堂を出て、子どもたちは大きな声でハヌカーの歌を歌いながらベイルートの街中を進んだ。驚いたユダヤ人の顔が付近のあちこちの窓に点々と見えた。ハヌカーの日までまだ二週間あるのに！　歌う行列が進むあいだ、刑事数人がシューラに近づいて、何のための行進かと尋ねてきた。「ハヌカーを祝っているのです」彼女は答えた。刑事たちはユダヤ教の祭日のことをよく知らなかったが、ハヌカーはクリスマス直前の祭りだとは聞いていた。彼らは、歌う子どもたちのあとをしばらく歩いてから、歌と叫び声に飽きたのか姿を消した。行列が浜辺までやってきたときには、ムハバラトはいなくなっていた。子どもたちはロウソクを消してバスに乗り、作戦は計画通りに続行された。

だが、ガマル・アブデル・ナセル大佐がエジプトを掌握したときに状況は悪くなった。彼はイスラエルに大きく敵対する政策を推進した。レバノンからの不法移民のことを耳にした彼は、レバノン当局に国境管理を強化しろと圧力をかけた。陸路の国境越えに代わる手段として、シューラは海路の準備を開始した。漁師を何人か雇い、彼らの漁船に不法移民を乗せた。はるか沖で待機するイスラエル海軍艦に移し替えてイスラエルへ運んだ。シューラとレバノン秘密情報部との追いかけっこは続き、ときどき彼女も失敗した。一度、漁船に移民を乗せていたときに見つかってしまった。警察に逮捕され、三十八日間の投獄を申し渡されたが、縁故があったおかげですぐに釈放され、何事もなかったように仕事に戻った。

釈放されて二、三日後の夜、彼女の自宅をひそかに訪れた者がいた。シューラの密入国作戦に参加していたハイム・モルコーという年配の男だった。恐ろしいことに彼はシューラに、密輸業者の一人がイスラエルから戻る途中で、待ち伏せしていたレバノン軍に捕まったと話した。その男は身体検査され、ポケットからシューラ宛てのメモが見つかった。シューラはひどく不安になったが、心配を押し殺して、逮捕された場合にそなえて警察に話す内容をモルコーと一緒に考えた。帰宅したモルコーはその場で逮捕された。翌朝、黒い警察車がキシク家の前で停まった。警察官一名と兵士二名がやってきて、シューラはムハバラト本部へ連行された。キリスト教マロン派のジョージ・アントンという警察官の執務室へ連れていかれた。彼はシューラを丁重に扱い、〝マダム・コーヘン〟と呼んで、手短に尋問したのち彼女を解放した。ただし、二日後にまた来てほしいと頼んだ。その後、何度か同じことが繰り返された。彼女は週に二度、髪をセットし、化粧をし、とっておきの服を着て彼の執務室へ行くようになった。彼はいつもの質問を二つしたあと、コーヒーを飲みながら、話し合えそうな問題すべてについて話し合った。

凜々しく垢抜けた男アントンは彼女に恋したようだった。彼女の罪のすべてをなかったことにし（モルコーは数カ月間投獄され、その後イスラエルへと追放された）、近くの町バムドゥンにある高級レストランのディナーに招待し、気持ちを打ち明けた。「あなたと私は共に同じ世界で活動している」彼は率直に言った。「あなたには度胸があり、私には——経験がある。二人一緒なら完璧なカップルになれる」シューラも彼が好きだった。彼は、シリアのムハバラトが彼女に大きな関心を持っており、彼女とその行動を調べろと要求してきたが、彼女の疑惑を証明するものは見つからなかったとシリアに報告したと話した。だが、彼女がイスラエルのために働いていることを知っていることも打ち明けた。彼は車で彼女をレバノン軍の主兵器庫の建設用地へ連れていき、彼女のハンドラーに会いたいとまで言った。ベイルートの自宅に彼女を送り届けた彼は、その頰にキスをした。「私たちは完璧なカップルだ」彼は恥ずかしそうに繰り返した。

シューラは自分を律した。感情におぼれて任務をだめにするつもりはなかった。アントンの求愛は罠かもしれない。しかし彼が言ったことに偽りはないと確信していた。彼女はすぐにヤッファでの緊急会合を要求した。数日後、グリーンハウスでギブリが温かく迎えてくれた。彼の執務室でモサドの職員数人にも会った。シューラは彼らにアントンと会って話したことを詳しく説明した。彼らは驚いて、その場で彼女に新しい任務を与えた。恋に夢中になっているアントンをイスタンブールに呼んで話し合うのだ。ベイルートに戻った彼女は、一緒にイスタンブールへ行くこと、その翌日にはローマでモサドの士官と会うことを彼に承諾させた。二人はイスタンブールのパレスホテルで一晩を過ごした。夕食の席で、アントンは彼女への愛を打ち明けた。そして彼女を部屋まで送っていった。二人とも緊張し落ち着かなかった。その夜何があったのか？　シューラによれば、それぞれの部屋で眠ったという……。

ローマでアントンはモサドの人々に会い、スパイとなった。シューラはその会合には出席しなかった。帰国したのちもずっと、二人は少なくとも一週間に一度会い続けた。彼女は家族にはアントンのことを決して話さなかった。

一九五四年の年末、心をかき乱されるようなニュースがエジプトから届いた。新聞記事によると、警察はカイロとアレクサンドリアで破壊工作を行なっていた地元ユダヤ人の若者の地下組織を発見した。若い男性十一名とマーセル・ニニオという女性一名が軍事裁判にかけられ、長期間の投獄刑に処された。マーセルは十五年の刑を宣告された。仲間の二人は絞首刑にされた。そうした重い刑は、べイルートでの秘密任務がばれれば、彼らと同じように悲惨な死が待っていることをシューラに突きつけた。

たしかに一度ならず、シューラは命の危険にさらされている。

七人めの子ダビドを出産して間もない日の朝のように。

その日は順調に始まった。明け方に友人のアブ・ジクの家へ行って、シリアとレバノンの二つの移民グループを国境へ送り出す計画を練った。終わると、その日二度めの打ち合わせのために急いで帰宅した。赤ん坊を入浴させて母乳を与え、共謀者の来訪を待った。移民グループを導いて国境を越えることになっている熟練の密輸業者であるクレイアのスレイマンだった。シューラはトルココーヒーと彼の好きなクッキーを出した。二人で話していると、玄関ドアを叩く大きな音がした。スレイマンはその家で姿を見られてはならないとわかっていたので、すばやく奥の部屋へ隠れた。

シューラはドアを開けた。目の前に立っていたのは、彼女が抱える情報員の中でも最重要といえる政府機関高官のアブ・アルワンだった。シューラは彼を招き入れ、彼の好みの飲み物——セージの葉の甘い茶を手早く用意した。彼はポケットから、首相の執務室から盗んだ最高機密文書を取り出し、得意げな顔でシューラに手渡した。

彼はお茶を楽しんでから辞去した。突然シューラに、ユダヤ人自警団の若者の叫び声が聞こえた。ムハバラトが彼女の自宅を捜索にきたのだと彼女は理解した。これまで何度も捜索され、何も見つからなかったが、今日は盗まれた秘密文書がある。

敏速に行動しなければならなかった。スレイマンが隠れている部屋へ走って、彼をすぐに出て行かせた。そのあと、震える手で書類をつかんだまま自分の部屋へ行った。

どこへ隠せばいいのか、彼女は大急ぎで考えた。刑事たちがそれを見つけたら——彼女は破滅だ。あたりを見回した。ベッド横のテーブルにおむつが積んである。彼女は書類をおむつのあいだに突っ込んだ。そのとき肘に何かが触れた。振り向くと——顔見知りのイスラム教ドルーズ派のムハバラトの警官だった。彼はこっそり家に忍び込み、許可なく彼女の部屋に入ってきたのだ。彼のうしろに、シリア人警官二名、レバノン軍兵七名、ユダヤ地区会長のディブ・サアディアが見えた。その全員が彼女の部屋へ押し入り、彼女を取り囲んだ。ドルーズ派の警官は彼女を押しのけて、おむつをつかんだ。おむつの山から手を引き抜くのを見られたのだと思い、彼女は恐怖に襲われた。身動きできなかった。自分の命が危機に瀕しているのを感じた。書類が見つかれば、彼女がスパイだという動かぬ証拠になる。この国ではスパイは処刑される。喉元を締めつける輪縄が感じられた。心の中で神に祈った。

その警官がおむつの山から手を引き抜いたが、その手には何もなかった！　祈りが通じたのか？　彼女は高まる自信を感じて、警官に怒鳴った。「よくもこんな」彼女は叫んだ。「赤ん坊を産んだばかりで、子どもの世話をしないとならない女の部屋に押し入って――部屋をめちゃめちゃにするなんて！　そのうえ、まるでこっちが犯罪人みたいに警官と兵士を連れてくるとは！」

警官は動揺したようには見えなかった。「書類をどこに隠した？」彼は叫んだ。

「なんの書類？」彼女は叫び返した。「わたしは何も隠していない！」

警官が兵士に命令を下すと、彼らは室内に広がって家具や枕や毛布をひっくり返し、衣類を床に放り投げた。ある兵士がベッドわきのテーブルに置いてあるものを押しのけ、その勢いでおむつの山は床に落ちた。だが、書類は出てこなかった。

これは奇跡だ、天の奇跡だと彼女は思った。神よ、ありがとうございます！　とはいえ彼女の災難はまだ終わらなかった。次の危険が飛び出した……よりによってユダヤ地区会長の口から。彼は礼儀正しくその兵士に顔を向けた。「きみ、ご婦人は赤ん坊の世話でくたくたなのがわからないかね？　少しは思いやって、おむつを元の場所に戻しなさい」

お願いだからやめて、と彼女は思った。このまぬけはよりによっていま口を開くのか？　すると兵士は腰を折り、おむつを拾いあげて、ベッドわきのテーブルにぽんと放った。彼女は唇を噛んだ。なんと三度めも――書類は出てこなかった。

ドルーズ派の警官は逆上した。「書類をどこに隠した？」彼はまたわめいた。

シューラは怒り狂って立ち向かった。「恥ずかしくないの？　無実の女にこんな仕打ちをして？　兵士を連れて銃をつきつけて！　神を畏れる気持ちはないの？」

「本部へ来てもらう」警官は言った。彼女は言い返した。「ここでは何も見つからなかったのだから、犯罪者としてわたしを逮捕する権利はないわ。あとでタクシーで本部に出向きます。でもまず赤ちゃんを入浴させてお乳をやらなければ」

もちろん彼女はすでにそれを済ませていたことをムハバラトの警官は知らなかった。彼らはどうしようもなく、彼女と赤ん坊を残して部屋を出た。そのあと彼女が震える手をおむつの山に突っこむと、すぐに書類は見つかった！　彼女はそれを折ってブラジャーの中に押しこむと、バスルームへ着替えに行き、窓の上の秘密の裂け目にそれを隠した。

一時間後、緑色のノースリーブのワンピース姿の彼女が秘密諜報機関本部へやってきた。笑みを浮かべて自信たっぷりに歩いていたものの、何が待っているのか彼女にはわからなかった。彼女を待っていた警官たちはまず懐柔しようとした。「我々はあなたが同胞と祖国のためにしていることを尊敬している。書類を渡してくれれば、これ以降あなたを困らせることはない。あなたが持っているのはわかっている。隠し場所を教えるか、それを渡しなさい――そうすれば我々は友人だ」

彼女はすべて否定した。警官は室内にいた兵士の一人にうなずき、その兵士は小銃の台尻で彼女の顔を手荒に殴った。シューラは痛みで悲鳴を上げた。次の質問――次の一撃。彼女の意識はもうろうとした。兵士たちは彼女に近づいては殴り、彼女の腕や脚に煙草の火を押しつけた。彼女は大声でわめき続けたが負けなかった。

すさまじい尋問は十三時間続いた。ようやく、証拠がないということで彼女は解放された。午前四時、殴られてあざだらけの彼女はとぼとぼ歩いて帰宅した。

命は助かったものの、ドルーズ派の警官がおむつに手を突っ込んだときのことを思い出すと体が震えた。あとになって、彼女が逮捕されたのは、彼女を上層のスパイだと疑ったシリアの命令だったことが判明した。

それなのに数日後、彼女はまたヤッファへ行った。前回来たときから状況は大きく変わっていた。ギブリ大佐はもはや軍事情報部長ではなく、彼女を担当する班は解散していた。彼女はモサドの所属となり、新しいハンドラーおよびモサド長官本人と顔合わせをした。イサル・ハルエル長官は〝リトル・イサル〟という愛称の頭のはげた小柄な男だった。先日のカイロの裁判でけりがついたというエジプトでの大失態に関係していたためギブリは解雇されたという。シューラは、罪に問われた唯一の女性マーセル・ニニオのことを考えずにはいられなかった。いまの彼女はエジプトの刑務所に監禁されている。

ベイルートへ戻ると、ムハバラトに疑われているにもかかわらず、シューラは秘密活動を再開した。しばらくは警察と秘密諜報機関は彼女に近づかなかった。だが、数年後にふたたび、彼女は生死の危険に直面することになった。

一九五八年五月のその夜、友人の葬儀に参列した十一人のユダヤ人が、ベイルートのイスラム民兵組織の手で拉致され、市内のイスラム教徒地区の奥の隠れ家に連れて行かれた。当時レバノンはイスラム教徒とキリスト教徒との残虐な内戦で分裂していた。ワディアブジャミルのユダヤ人地区は、〝タイガー〟の異名を持ち、カリスマ性のある冷酷な頭領アブ・ムスタファ率いるイスラム民兵組織におびやかされていた。ムスタファは犯罪者かつ殺人者として、またレバノン国内で最高位のシリアの連絡員と知られていた。ユダヤ人十一人が拉致されたとき、その地区は恐怖に震え、すでに死んだものとあきらめた人々もいた。

女たちの一団がシューラの家へやってきて、コネを使って人質を助けてくれと懇願した。シューラは歯を食いしばって彼女たちに微笑んだ。この女たち――とワディアブジャミル地区の大半の人々―

—はこれまで、シューラの生き方やイスラエルのための活動を〝この地区を危険にさらす〟ものだと非難し、彼女の友人や求愛者や〝愛人〟や、無法な人々とのつきあいについて陰口を言ってまわっていたのだ……〝追い剝ぎの王〟ブルスが黒いシボレーで家まで送ってくれたときには、家のそばではなく道の角で停めてもらい、そこから歩いて帰ったほどだった。

いま、彼女を中傷したのと同じ女たちが彼女のもとへ駆けつけて、助けてくれと頼んでいる。

シューラは承諾した。自分が助けなければ十一人の人質の命はないとわかっていた。彼女はすぐに手配にかかった。軍のジープを運転手つきで借り、闇にまぎれて、絶え間ない銃声の響く中、破壊された建物と路上障害物のあいだを走ってベイルートのイスラム教徒地区にあるタイガーの本部へ行った。強面《こわもて》の民兵たちはジープに乗る美女を見て驚き、脅し文句を吐いてきたが、発砲しながらも車を通してくれた。北部の村出身の若い新米の運転手は恐怖に身をすくませていた。

シューラは本部——野戦病院に改造されたひどく汚い薬局——でついにタイガーと面会した。手足がちぎれ、傷から血の流れる死体に囲まれて、タイガーの正面に立った。武装護衛に取り巻かれた、美しい顔立ちの魅力あふれる男タイガーはわが目を疑った。西洋風の装いの若くきれいな女、しかもユダヤ人がたった一人で彼の本部に乗り込んできたのだ！

「どうしてわざわざここに来た？」彼が尋ねたので、彼女は人質を解放してもらいたいと説明した。彼は不思議そうに付け加えた。「彼らの命が大切だから、危険を冒してここまで来たのか、一人で？これまでそんなことは一度もなかったし、あんたがやっていることをやろうとした男を一人も見たことがない。見たとおり——あんたは女だな！」

その女は……彼を説得して人質の解放にこぎつけた。そればかりか彼は自分の母親に彼女を引き合わせた。彼の母親は彼女に愛情深く接してくれた。解放された人質とともに無事にワディアブジャミルへ戻ったとき、彼女がタイガー本人に会ったと言っても友人たちは信じなかった。その夜の冒険は彼女の死で終わっていてもおかしくない、と彼らは言った。

その恐ろしい夜が過ぎると、シューラのアラブ人の友人たちは彼女をマダム・シューラではなく〝ムッシュー・シューラ〟――ミスター・シューラ――と呼ぶようになった。なぜなら、きれいで魅力的な女に見える――が実は男のように強く勇敢だったからだ！

シューラのスパイ網で最上層の人物は財務省高官のムハンマド・アワドだった。五十五歳だがもっと若く見え、端正な顔立ちの魅力的で洗練された男だった。シリア情報部と密接なつながりを持つがエジプトにも情報を流しており、報酬が高ければ誰とでも働くという噂がつきまとっていた。彼を引き入れたのはシューラだが、接触してきたのは彼のほうだった。最初、彼女は気が進まなかったものの、ベイルートの政府秘密諜報員全員の最高機密リストを渡されて、真剣に考えるようになった。彼はシューラの自宅を頻繁に訪れ、夫や子どもたちと仲良くなり、イサクの数学の勉強を手伝い、しばしば食事をともにした。彼はイスラエルのモサドの下で働きたいとはっきり表明した。シューラのはからいで彼は密かにイスタンブール経由でイスラエルへ飛び、モサドのハンドラーと会ってスパイとなった。そして、報酬はスイスの銀行の彼の口座にモサドから振り込まれた。

アワドは、エジプトも彼女を雇いたがっており、高い報酬を用意しているとシューラに明かした。彼女は断わった。だがある夜、見知らぬ二人が彼女の家を訪れ、エジプト情報部の協力者に勧誘しようとした。彼女は断固として拒絶し、警察を呼ぶと脅しもした。

彼らは立ち去ったが、ある夜遅くにシューラがブルスのカジノから帰宅したとき、道端に駐めてあった車からオートマチック銃で撃たれた。彼女はそばの庭へ逃げこみ、跳ね飛んだ石が当たってかすり傷を追った。銃手の乗った車は急発進して消えた。シューラはアントンに知らせた。おそらく犯人はエジプト情報部の一員で、そっけなく断わられた腹いせだろうと彼は述べた。

それから数カ月してジョージ・アントンが、家族を連れてレバノンを離れ、新しい祖国をさがすことにしたと彼女に打ち明けた。彼の大嫌いなシリアにレバノンおよび秘密諜報機関を完全に掌握された以上、もはやここに未来はないと思ったからだと彼は言った。シューラは大きなショックを受けた。アントンは彼女にも家族と一緒にレバノンを出たほうがいいと勧めた。ひどく危険な状況だ。

彼女は拒否した。彼女の活動は絶好調だった。軍士官や高官を引き入れ、イスタンブール経由の乗継便でかなりの数をイスラエルへ連れていった。それ以外の者はローマかスイスのルツェルンでモサドのハンドラーと面会した。ベイルートには、大統領と首相をはじめとして実業界の大物や、キリスト教ファランヘ党やイスラム民兵組織の指導者など有力な友人がいる。別れぎわ、彼女はアントンにレバノンを離れるつもりはないと告げた。

それが運命を決する誤りだった。

一九六一年春、シューラはいつものようにイスタンブール経由でイスラエルへ飛んだ。やり方は単純だった。レバノンのパスポートを使ってベイルートからイスタンブールへ飛び、そこからイスラエルの代用パスポートでテルアビブへ行く。これまで幾度となくやったように、トルコの入国管理官に入国許可のスタンプを押してもらってから、イスラエルの証明書を使ってイスラエルへ飛んだ。一週間後にイスタンブールへ戻ってきたとき、トルコの入国管理官は首を傾げた。一週間前に彼女が到着したことを覚えているのだが、パスポートをぱらぱらめくっても出国スタンプが見つからない。奇妙だ。彼女が一週間前にイスタンブールを出たのなら――出国スタンプがあるはずだ。長々と話をしたのち、彼はその同日に入国と出国のスタンプを押したのだった。

シューラは出入国スタンプが災いとなりかねないことに気づいた。ベイルートでパスポートを徹底的に調べても、姿を消した彼女が一週間どこで何をしていたか入国管理官にはわからないだろう。ベイルート行きの便の搭乗はもう始まっていたが、ぎりぎりになって彼女は決断した。家族に突発的なことが起きたのでトルコに残らざるをえないと説明した。不安そうな客室乗務員と怒り狂った荷物係が飛行機から彼女の荷物を降ろした。彼女はすぐにイスタンブール駐在のモサド工作員のシャドミに連絡し、そのことを説明した。「心配するな」シャドミは言った。「きみのパスポートを『うまく処理』して、疑惑のスタンプを消す専門家がいる。だが、それにはもっと大規模な支局のあるローマに行かなければならない」

シューラはローマへ飛んで、モサドの現地駐在員にパスポートを渡した——ところが『処理』はイスラエルでしかできないと言われ、しばらくローマに滞在するしかなくなった。滞在は二カ月にわたった。シューラはそこまでの覚悟をしていなかった。家族に会いたかったし、活動できないこともさびしかった。自分がベイルートにいなければ、作り上げたネットワークは崩壊するかもしれないと不安だった。とはいえ、今の彼女には待つことしかできなかった。シューラはその期間をたった一人で、憂鬱な孤独の中で過ごした。考える時間はたくさんあり、彼女の直感はレバノンに戻らないほうがよいと告げていた。このままイスラエルへ飛んで、家族も呼び寄せるほうがいいのだろうか？　だが彼女はやはりベイルートに戻ることに決めた。完璧に処理されたパスポートを受け取り、ムハンマド・アワドが彼女の補佐としてローマに派遣してくれたミラードという名の男性と一緒にベイルートへ向かった。

ようやく彼女は帰宅し、家族と再会した。

一九六一年八月九日午前零時三十分。

玄関ドアを力強く叩く音で、ワディアブジャミルのキシク家は目を覚ました。肌着と短パン姿で、ゴールドのネックレスにダビデの星をつけたイサクが玄関を開けた。そこには大勢の武装兵と警官が立っていた。「シューラ・コーヘンはどこにいる?」警官が言った。

シューラは自宅にいた。逃げる手段はなかった。「道路は兵士と戦車でふさがれていました」娘のアーレットは思い出して語った。「まるで母には羽があって、飛んで逃げられると思っているみたいに」警官はシューラに手錠をかけ、地元の留置所へ連行した。二日後、彼女の夫も逮捕された。留置された彼女には考える時間がたくさんあった。そして内部の者が裏切ったのだという結論に達した。

まもなく、密告者はなんとムハンマド・アワドにほかならないことが判明した。シューラに関する彼の証言は三百十九ページにわたった。彼とミラードが訴追側の主要証人となった。シューラ逮捕を知ったモサドの職員は、アワドは最初からムハバラトの潜入スパイだったと主張したが、それは筋が通らなかった。これまで彼がモサドに提供してきた情報は信頼のおけるものだったし、その間ずっと彼が二重スパイであったはずはなかった。シューラを逮捕した秘密諜報機関のサミ・エルハティブは、アワドの事務所の会計検査で有罪確定の財務上の証拠が見つかったことを明かした。アワドの電話を盗聴し、ある女性――シューラ・コーヘン――と多く通話していることがわかった。警察が発見した事実をアワドに突きつけると、彼はすぐに屈し、シューラとそのスパイ網に関するすべてを白状した。そうすれば命は助かると思ったのだろう。彼は間違っていた。投獄された彼は、一年後に心臓発作で死んだ。

サミ・エルハティブは、ムハバラトがシューラの自宅の周囲のアパートメント数戸を借りていたことも明かした。電話の盗聴により、動かぬ証拠がこまごまと集められた。

シューラ逮捕のニュースはまさにレバノンを揺るがした。新聞の一面を派手な見出しが飾った。ラジオの評論家が息を切らしてシューラの活動を説明した。世界の新聞社が〝中東のマタハリ〟のことを刺激的な言葉で書きたてた。オランダ生まれのダンサーだったマタハリは、第一次世界大戦時にスパイとして活動し、ドイツのスパイとしてフランスで処刑された。マタハリという名は女スパイの代名詞となった。シューラは、新聞記事で〝マタハリ〟と呼ばれた女性——カイロのスパイ網の元締めで、一九五九年にイスラエルで死んだヨランデ・ハルモルの死亡記事を読んだことがあった。

自分は日陰で十四年間働いてきた、とシューラはわびしい独房で考えた。彼女が入手した情報がなにかの目的に役立ったかどうかは知らなかった。自分が優秀で頼りになる重要な工作員だったのか、それともただの弱虫だったのかはわからなかった。なのにいまになって突然、マタハリと呼ばれている。

ムハバラトの地階ですぐに悪夢が始まった。囚人は容赦なく計画的に殴られて拷問された。最初のひどいむち打ちのときに彼女は悲鳴を上げたが、その後は声を出さなかった。くじけるものか、めげて尋問者を喜ばせたりしないことを心に決めた。口の中が血でいっぱいになるまで唇を嚙んでも悲鳴を上げなかった。木のスツールに座る拷問者の〝太っちょサミー〟は彼女が苦しむのを楽しんでいるようだった。彼女は祖父の言葉を思い出した。「シューラ、おまえにはおまえにしかないものがある。つねに自分の足で立ち上がるのだ！」

レバノン政府の内務大臣となったピエール・ジェマイエルが刑務所を訪れて、彼女を痛めつけるのはやめよと尋問者に命じたときだけ状況はわずかによくなった。〝タイガー〟も突然面会に来て、彼女にユダヤ教の戒律に従った食べ物を出させた。

だが、彼女の尋問が終わっても、女看守は彼女を殴りつづけ、アラブ人の囚人は彼女と距離を置いた。「二千人の女受刑者のうちユダヤ人は私だけだったから、私が誇り高い女で、決してくじけないことを全世界に証明したかった」

イサクや姉妹は母親を救うためにできることはすべてした。家族の財産とシューラの人脈の力で刑が軽くなることを願った。弁護士の助言により、大罪とみなされていない、ユダヤ人を密かにイスラエルへ送りこむ活動をしていたことだけは認めた。しかし訴追者は彼女を反逆罪で告訴した——有罪になれば死刑である。

彼女の弁護士は訴追側の裏をかこうとした。シューラはレバノンのパスポートを保有しているものの、アルゼンチンで生まれ、実際はアルゼンチン人であると主張した。母国でない国で反逆罪を問うことはできない。軍事裁判所は〝反逆罪〟から〝諜報活動〟へと罪状を変更することに同意した。

一九六二年十一月五日、ベイルート軍事裁判所で裁判が始まった。シューラはいつものように——化粧をし、完璧に髪を結い、きれいだが地味な服を着て——法廷に現われた。被告人席へと歩いていく彼女に、イサクとアーレットはすべてうまくいくはずだとささやいた。たしかに彼女は、しかるべき手にしかるべき賄賂が渡れば刑は軽くて済むだろうと思うようになっていた。ところが、刑が宣告される前の休憩時間に、警官が彼女に告げた。「息子さんからの言伝てだ。約束の件は達成できなかった」

そして、恐ろしい宣告のときが来た。「シューラ・コーヘン」軍事裁判の裁判官が言った。「本法廷は敵のシオニストに利するスパイ行為を働いた罪で被告人を有罪とし、絞首刑を宣告する」

シューラの夫ヨセフは十年の禁固刑を宣告された。夫の刑を聞いて、シューラは気を失った。息を吹き返して法廷から連れ出されるとき、イサクのそばを通り過ぎながら、黙って彼を見やった。〝わたしのためにそれしかできなかったのね？〟と言っているような目が頭から離れたことはなかった、とイサクは語る。

シューラはあきらめなかった。死刑宣告されたのちサナヤ女性刑務所へ戻ったとき、所長が意地悪く彼女に言った。「ほうシューラ、きみの太陽は沈んだのだな？」

彼の言葉で、彼女はエルサレムで過ごした子ども時代を思い出した。父が仕事から帰ってくると母に家じゅうの電灯をつけろと言う。母の返事はいつも決まっていた。そして今日、失意のどん底にあったシューラはその言葉を思い出してささやいた。「電灯をつけないで、まだ暗くないわ」

そのあと彼女は監房へ連れていかれた。そこで死刑を待つのだ。

第四章　マーセル・ニニオ
拷問を受けるなら死んだほうがまし

マーセルは死にたかった。

彼女の悪夢は一九五四年七月二十五日の夜、彼女のアパートメントに押し入った警察官によってカイロのムハバラト本部へ連れて行かれたときに始まった。二十四歳で黒い髪、華奢《きゃしゃ》でソフトな物腰のマーセルは窓のない小部屋に押し込まれ、複数の男たちに容赦なく殴られた。殴ったり叩いたりする合間に、爆弾、氏名、住所について質問を浴びせられた。痛みでぼんやりしていた彼女は答えなかった。すると彼らはひどく下品な言葉で脅しながら、彼女の首筋を強く押し、踵《かかと》をむちで打ち、髪の毛を引っぱり、手の生爪をはがしにかかった。気を失っても覚醒させられ、またそれが始まった。またも気を失い、またも拷問が再開した。とうとう彼らは出ていき、彼女は石の床で断続的な眠りに落ちた。

不潔な床に横たわっていた彼女は、ジャン・ポール・サルトルの戯曲『汚れた手』のセリフを思い出した――幸福は自分のベッドで眠る彼だ。ああ、もう二度と自分のベッドに入ることはないのだと彼女は思った。そう思っていたところに誰かがやってきて移送用バンに投げ込まれ、アレクサンドリアのムハバラト支部へ連れていかれ、そこでまた手荒な振る舞いが始まった。

これ以上耐えられない、ぼろぼろになった若い女は思った。この悪夢を終わらせたい、生きていたくない！　拷問者が、背後のテーブルに並べてあるおぞましい器具に手を伸ばしたとき、彼女は開いた窓から飛び降り、二階下の庭の敷石に落ちた。

目が覚めると刑務所病院にいた。落ちはしたが死ななかった。両脚と両腕と骨盤と肋骨十一本を骨折、内出血と脳震盪で意識不明の状態で運ばれてきたと医師から聞かされた。ほぼ全身がギプスで固定されて動かず、砕けた骨盤に重みがかかるのを防ぐため両脚は吊られていた。エジプトにおけるキリスト教の一派であるコプト教徒の医師や看護師たちは、心から哀れんで献身的に彼女を手当てしてくれた。だが彼女は廃人同様だった。三カ月ものあいだ、激しい苦痛にさいなまれながらベッドにじっと横たわっていた。

ベッドの中でマーセルは自分の人生に、ここまでの経緯に思いをはせた。マーセル・ビクトリーヌ・ニニオは、ブルガリア生まれの父親とトルコ生まれの母親を持つユダヤ人としてカイロで生まれた。自宅では両親とラディノ語（スペイン系ユダヤ人が話す古スペイン語系へブライ文字の言語）で、学校ではフランス語で話した。カトリック系のサンクレール女子校で尼僧から英語を教わった。外ではアラビア語を話した。

彼女の父はあくまで伝統を守り、土曜日には家族をユダヤ教会堂へ連れていった。マーセルが十歳のときに父が死んだ。マーセルは、父の前の結婚でできた息子たち、つまり異母兄二人と一緒に育った。彼女はシオニズムを信奉し、シオニストの青年左翼組織〝若き守護団〟に加入した。彼女の恋人もそのメンバーだったが、パレスチナへ移住し、キブツ・アインシェマーに入ってしまった。熱心なシオニストのマーセルは、最近カイロから姿を消したヨランデ・ハルモルという女性の噂話を耳にしていた。噂ではハルモルは命の危険を冒してイスラエルに尽くした偉大なスパイで、すんでのところでエルサレムに逃れたということだった。マーセルやその友人たちにとってハルモルは模範だった。マーセルも、四年前に建国されたばかりのイスラエルのために何かしたかった。でも何をすればいいのか？　高校卒業後、彼女は速記を学び、一企業の経営者の助手の職についた。そこまでは特別でも何でもなかった。ユダヤ教徒やイスラム教徒やキリスト教徒のその他大勢の若い女と似たような生活を送っていた。だが、状況が変わった。二十二歳のとき、若き守護団に入っている友人のミラが会いに来た。「マーセル」彼女は言った。「私たちには協力者が必要よ」マーセルはこれはイスラエルのためだと理解し、〝彼ら〟が正確には何を必要としているかを尋ねもせずに承諾した。ミラからユダヤ人の若い医師、ビクター・サアディアに紹介され、医師は彼女をイスラエルからの秘密の使者〝マーティン〟に引き合わせた。瘦せて浅黒いマーティンの正体は、上級情報員のシュロモ・ヒレルだった。彼が〝マーティン〟という偽名でバグダッドで活動し、イラク在住のユダヤ人を大勢イスラエルへ移住させた作戦を含む豪胆な任務の数々に携わってきたことを知ったのは、ずいぶんあとになってからのことだった。彼は博識で権限を持っていそうなわりに控えめで穏やかな男に見えた。〝マーティン〟は、〝小包などをを運ぶ〟作業をしてもらうと話してから、彼女に警告した。「これは危ない仕事だ。刑務所行きになるかもしれない」刑務所だって？　それでも彼女は怖くなかった。エジプトの政権はユダヤ人にかなり友好的だったから、心配することは何もなかった。彼女を勧誘した友人のミラは逮捕され、刑務所に三カ月入ったことがあった。でも、それほど過酷ではなかったらしい。

こうして彼女はできたばかりのイスラエル情報部の協力者となった。ヨランデ・ハルモルやシューラ・コーヘンと同様に彼女も訓練を受けなかった。さらに――万一の場合のエジプト脱出計画さえ用意されなかった。

少ししてマーセルは、サアディア医師からヨーロッパの電気設備会社の代表者に会ってくれと頼まれた。ジブラルタル出身のイギリス人で、巻き毛と細面《ほそおもて》のジョン・ダーリングという男だった。彼の事務所で二人きりになると、彼は正体を明かした。イスラエル独立前に存在した戦闘部隊パルマッハの元隊員にして、キブツ・クファルイェホシュアのメンバーで、イスラエル情報部の部員であるアブラハム・ディエアだった。マーセルはその若い情報部員にいたく感じ入った。彼のアパートメントで一緒に働いてもらう、と彼は告げた。二人の関係を政府機関に怪しまれないように、彼は新聞の〝求人〟欄に、半日働いてくれる秘書をさがしているという広告を出した。マーセルは〝採用され〟、ディエアと働きだした。

彼に代わってビジネスレターをタイプすることもあったが、だいたいはスパイ活動に専念した。ディエアは、若いユダヤ人の地下組織の整備に余念がなかった。イスラエルのための秘密任務に従事する地下組織だ。彼女にとってそれで十分だった。当時シオニズムはエジプトのユダヤ人の若者にとって天からの贈り物であり、イスラエルは見上げるような象徴にして崇高な目標だった。彼らはそれを守り、そのためには命を犠牲にする覚悟だった。

組織は二つの細胞《セル》に分かれ、一つはカイロ、一つはアレクサンドリアに置かれていた。マーセルはその細胞間の連絡を請け負い、荷物や手紙を運び、財政や管理の問題を処理することになった。ディエアは彼女に暗号とあぶり出しインクの使い方を教え、報告書を書かせてフランスの秘密の住所にそれを郵送させた。彼女に〝クロード〟というコードネームがついた。ディエアは明らかな危険が迫った場合の緊急逃避用のパスポートを用意すると約束した。だが、その約束は実現しなかった。

マーセルはカイロとアレクサンドリアの隠れ家を訪れていたので、その場所を知っていた。二つの細胞のメンバーと顔を合わせた。ディエアは、全員が団結し、一つのチームとして働くために互いをよく知ることを望んだ。それを知ったマーセルは初めて腹を立てた。「これはキブツの総会じゃないでしょう？　細胞を別々にして、情報を細分化しないの？　メンバーを分けておかないの？　秘密組織とはそういうものでしょう？」これは致命的なミスだと、最後の最後まで彼女は考えていた。

地下組織のメンバーはパリへ飛び、そこでテルアビブ行きの便へ乗り換えた。イスラエルに着いた彼らは軍駐屯地へ送られ、基礎訓練を受けた——武器の取り扱い、情報収集、破壊工作、無線機の使用、メッセージの暗号化と解読。訓練を終えると、またパリ経由でエジプトへ帰国した。マーセルはいくつかの理由でそれに参加しなかった。パスポートを持っていなかったのと、実働部隊でなかったのと、悪性の癌に苦しむ母親の世話をしなければならなかったのだ。

そのころ、エジプトの政治が大きく変わった。〝自由将校団〟がクーデターを起こし、ファールーク王は国外へ追放され、穏健派のナギーブ将軍が短期間だけ大統領を務めたのち、カリスマ性のあるガマル・アブドゥル・ナセル大佐が権力の座についたのだ。エジプトはイスラエルに対して強硬になった。戦争の気配がエジプト全土をおおい、好戦的なナセルがイスラエルの主な敵として浮かびあがった。ディエアの地下組織の二つの細胞は深く潜伏し、イスラエルとエジプト間で紛争が勃発したら敵陣内部で動けるよう準備していた。

一九五三年、アブラハム・ディエアはイスラエルに帰国し、彼の後継者である〝エミル〟とカイロのグロピズカフェで落ち合えというメッセージをマーセルは受け取った。〝エミル〟はＩＤＦ情報士官のマックス・ビネスで、義手義足輸入業のドイツ人というふれこみでカイロへ派遣されていた。彼はごく短期間マーセルのハンドラーを務めたのちに別の地位に任命され、かたや地下組織の指揮官も、金髪で二枚目のドイツ人実業家のポール・フランク、本名アブリ・エラードに交代した。エラードには窃盗と詐欺の前科があることをマーセルは知らなかった。彼女は地下組織のメンバーと連絡を怠らないようにし、エラードとほとんど仕事をしなかった。彼女はカイロとアレクサンドリアを往復し、秘密のメッセージや暗号化した書簡を運んだ。行動するさいは秘密活動の決まりごとを入念に守り、ムハバラトに疑われていないことを確認した。エジプトの秘密情報部は実のところ、主に自宅の謄写版印刷機でビラを印刷していた彼女の共産主義者の兄に関心を向けていた。「あの印刷機で」マーセルはくすくす笑いながら言った。「エジプトを救おうとしてたわ」

マーセルが読んでいたカイロの新聞《アルアハラム》に、政治状況を大きく変えるできごとが載っていた。イギリスは中東を含む世界のいくつかの地域の駐留軍の削減を決定した。イギリス政府は、エジプト国内の、大半はスエズ運河沿いに駐屯する八万人のイギリス兵を撤退させることでエジプトと合意した。イギリス軍の基地と飛行場と装備はエジプトに引き渡される。

その合意はイスラエルの大きな不安材料となった。基地を受け継げばナセルの軍事力は大きく向上する。また、エジプトに駐留するイギリス軍の存在は抑止的な効果もあった。イギリス軍が撤退すれば、過激派に行動の自由を与えるようなものだ。合意には、戦争になった場合、イギリスはエジプト国内の元基地の使用権を取り戻すことを明記した段落が〝隠され〟ていた。

マーセルは知らなかったが、イスラエルのピンハス・ラボン国防大臣と軍情報部長のビンヤミン・ギブリ大佐が、イギリス軍のエジプト撤退を阻止するために、非常識で危険な陰謀を企てていた。二人は、イギリスとアメリカとエジプトの施設を攻撃する作戦を超極秘で決定した。メディアはおそらく、攻撃の主犯は、地元反体制派組織、〝ムスリム同胞団〟だと考えるだろう。エジプトの情勢は不安定で、エジプト政府の約束はあてにならないことを示している。そうなればイギリスは合意を撤回してエジプト駐留を続行するはずだと、ラボンとギブリは驚くほど単純に考えたのである。

攻撃作戦を実行したのはアブリ・エラードの地下組織だった。エラードは二つの細胞に計画を知らせ、イスラエルの存続のためとあくまで信じていた彼らは従った。エラードはアレクサンドリア細胞の班長にシュミュエル・アザールを、作戦全体のリーダーに医師のモシェ・マルズークを指名した。マーセルが知っているのは、マルズーク医師が病院で病気の母親を診てくれたことだけだ。地下組織のメンバーは、イスラエルからの指示に従って〝焼夷弾〟を準備した。酸性薬剤で満たしたコンドームを眼鏡ケースに詰める。薬剤はコンドームのゴムを溶かし、ケースに入れてある別の化学薬品と接触する。接触によって発火する。数カ所で火の手が上がれば、大英帝国は考え直さざるをえなくなるとラボンとギブリは考えた。

イスラエルのシャレット首相は計画について知らされていなかった。とはいえ、ラボンとギブリという二人の政府高官は、そんな貧弱な手製爆弾でイギリスが戦略的決定を撤回すると本気で思ったのか？　計画は愚かなうえに途方もない危険を伴うものだった。攻撃を実行したユダヤ人の若者たちが捕まれば命は危うい。

七月二日と十四日に最初の攻撃が行なわれた。若者たちは、アレクサンドリアの郵便局と米国図書館および英国図書館に眼鏡ケースを置いた。そこから発生した小火《ぼや》はすぐに警察に消し止められた。七月二十三日、エラードは青年たちを五つの施設へ送り出した。カイロとアレクサンドリアのそれぞれ二カ所の映画館とカイロ鉄道駅の手荷物保管所である。その夜、アレクサンドリアのリオシネマに大挙して入っていく観客の中に、ポケットから煙を出しながら痛みで身をよじる若者がいることに警官が気づいた。アレクサンドリア細胞のフィリップ・ネイサンソンだった。彼の爆弾が予定より早く発火したのだ。ネイサンソンは逮捕され、そのあと――仲間全員が捕まった。地下組織は並べたドミノのようにもろくも倒れた。

新聞の一面に逮捕のニュースがでかでかと載った日、マーセルは街を留守にしていた。急いでカイロに戻ってきて、あぶり出しインクで手紙をしたため、フランスの秘密の住所に送った。「子どもたちはひどい病気にかかっています」彼女は書いた。「伝染病なのでお見舞いに行けません」青年たちが捕まったというメッセージなのは明らかだった。数時間後、彼女も逮捕された。仲間の誰かが拷問されて地下組織のメンバーの氏名を白状し、そこに彼女の名もあったのだ。マーセルが、ムハバラトに彼女の名と住所を明かしたメンバーが誰だったかを知ることはなかった。だが、ディエアがしばらく前に開催した〝キブツ会合〟のおかげで、メンバー全員が彼女のことを知っていた。

そしてそこから悪夢が始まった。

マーセルはのちに、マックス・ビネスも逮捕され、独房で自殺したと聞いた。またエジプト系ユダヤ人のカルモーナの遺体が独房で発見された。噂ではエジプト人に暗殺されたということだった。不思議なことにエラードは面倒に巻きこまれず、愛車を売ってから難なくエジプトを出た。アレクサンドリア細胞のメンバー一名は逮捕されなかった。ぎりぎりで知らせを受けた彼は、有罪を証明する書類をすべて廃棄し、拳銃を処分していたため、警察に釈放された。その男こそ、イスラエルで最も有名なスパイとなり、十一年後にダマスカスで絞首刑に処されることになるエリ・コーヘンだった。

一九五四年十二月十一日、〝シオニストのスパイ団〟裁判がカイロで始まった。特別軍事法廷の裁判長はフアド・エル・ディグウィ将軍が務めた。いまも痛む身体で法廷に引き出されたマーセルはいっそうの孤独を感じていた。男たちは全員まとめて檻のような場所に閉じ込められていた。彼女は独りぼっちで、片隅で警察官二人にはさまれていた。彼女の一挙一動が警察官と軍人に見守られていた。彼女がまた自殺を試みるのではないかと彼らは恐れていたのだ。

マーセルが法廷で身体を震わせるほど恐ろしい瞬間が何度かあった。特にマルズーク医師が証言したときだ。「事件の責任者は私です！」

ディグウィ将軍は言った。「聞いたか？」法廷速記者に顔を向けて、彼は大声を響かせた。「いまの言葉を――責任者は私です――に下線を引くように」その瞬間、マーセルは悟った。モシェ・マルズークの運命は確定したのだと。

裁判は世界じゅうの新聞の見出しを飾った。そして一九五五年一月二十七日に終了した。被告人二名は無罪となったが、他六名は七年から終身の禁固刑を言い渡された。地下組織のリーダー、シュミユエル・アザールとモシェ・マルズーク医師は死刑を宣告された。イスラエルは政治家や著名人、作家、哲学者、宗教指導者、ローマ法王に働きかけた。エジプト政府と接触し、刑の軽減を求めたが無駄だった。一九五五年一月三十一日、アザールとマルズークは、カイロ中央刑務所の中庭で絞首刑に処された。

マーセルは自分の刑を聞いて仰天した――禁固十五年。人生のうちの十五年を刑務所で過ごすのか？　どういう理由で？　攻撃に参加せず、眼鏡ケースに触ってもいないのに！　カイロ女性刑務所に送られ、一緒に収容されているのが売春婦や麻薬密売人や泥棒だと知ったとき、彼女の不満は爆発した。「ほかの人と一緒に床に座りなさい！」看守が命じた。

マーセルは拳を握りしめた。「床には座らない！」

「座れ！」

「いやだ」

彼女は従わなかった。したいならわたしを好きにすればいい。でも座らない。彼女に新たな不屈の闘志、服従を拒む気持ちが生まれた。

看守は迷った末、手に負えない囚人を無視するかのように顔をそむけ、マーセルはそのまま立っていた。初めての小さな勝利だった。囚人たちの監房の入れ替えが始まると、彼女はまた反抗した。売春婦や犯罪者と何年も同じ監房にいるつもりはなかった。「ここはいやよ」彼女は言った。「ほかの場所へ移して。でないと――ハンストしてやる」看守は、言うことを聞かないこの女の扱いに苦慮した。強い口調で命じ、わめき、脅しても――彼女は一歩も引かなかった。ひよわで大人しかった若い女は、恐れを知らぬ戦士へと変身した。裁判と孤独と厳しい刑によって、彼女は気力と回復力、そして他人の思惑に対する完全な無関心を身につけた。彼女は屈しない。彼らは好きなようにすればいい。とうとう刑務所長から、カイロ郊外のアルアンタル刑務所への移動を告げられた。彼女は非行青少年用の場所へ送られ、しかも病院棟の広い独房を与えられた。

十五年の禁固生活が始まった。そこでの生活は以前よりはましだった。ほとんどがコプト教徒の病院スタッフは彼女に丁寧に接してくれた。ある医師は、刑務所の吐き気のするような食事以外のものを食べさせてやろうと、服の下にサンドイッチを隠して持ってきてくれた。だが彼女は孤独感にさいなまれ、夜になれば当初の苦痛とここまで落ちぶれた日々の悪夢がよみがえった。

一年めは外の世界とほとんど接触はなかった。共産主義者の兄は長いあいだ彼女と面会できなかった。書物や新聞も受け取れなかった。兄とその家族はフランス入国ビザを獲得した。出発前に兄は面会を許可された。そして、とても斬新なプレゼントを持ってきてくれた。流し台だ！　独房に本物の流し台を取りつけてくれた。彼女は大喜びした。これは私を幸せにしてくれるものだ、外の世界にいる人には決してわからないだろう、と彼女は思った。しばらくすると刑務所の管理体制が少し和らぎ、別の刑務所に監禁されている地下組織のメンバーから書物や雑誌を送ってもらえるようになった。そうして彼女は、イスラエルのラボン国防大臣がエジプトでの〝粗悪な計画〟ののち辞任を余儀なくされたことを知った。軍の検閲により、その話題に関するいかなる出版物も許可されなかった。わたしは粗悪な計画の中身を正確に知っている、と彼女は苦々しく思った。また、陸軍情報部長が交代したことにも気づいた。

マーセルは、かつてないほどの危機がイスラエルの最高上層部を揺るがしていたことを知らなかった。シャレット首相と閣僚はカイロで裁判が始まってようやく、イスラエルからの命令で攻撃が行なわれたことを知ったのだった。エジプトでの大失敗からある一つの疑問が生まれた。壊滅的な結果に終わった任務を命じたのは誰だったのか？　ラボンとギブリはお互いを非難しあった。調査委員会は、どちらに責任があるか突きとめられなかった。ラボンは辞任せざるをえなくなり、ギブリは左遷され、二度と昇進しなかった。〝誰が命令を下したか〟という疑問は、その後何年もイスラエルの政界を害し、将来的にベングリオンを引きずり下ろすきっかけを作ることになる。

もう一つの謎は、エジプトを難なく出国したエラードにまつわるものだった。エラードの出国がイスラエル情報部界隈で疑惑を引き起こしていたことを、あとになってマーセルは知る。ハルエル長官は、エラードが地下組織を裏切り、エジプト側にメンバーの詳細を教えたのだと考えていた。その疑惑を裏付ける証拠は見つからなかった。エラードは別件でイスラエル国内で逮捕され、十年間投獄された。


一九五六年十月二十九日、エジプトとイスラエルの間で戦争が勃発した。マーセルの耳に届いた断片的な情報によれば、ナセルが紅海北部のチラン海峡を封鎖し、イスラエル船舶を締め出したという。チラン海峡はイスラエル南端のエイラート港へ達する唯一の海上ルートだった。ナセルはソ連から大量の兵器を購入し、スエズ運河を国有化した。イスラエルは海峡封鎖に対する報復として、シナイ作戦と称する電光石火の攻撃でエジプトを叩いた。エジプトの報道によれば、フランスとイギリスがイスラエルの攻撃を支援した。イスラエルが勝利し、七日のうちにシナイ半島を占領し、スエズ運河の両岸を獲得した。戦争は十一月六日に終わった。

数日後、プレスしたての制服を身に着けた刑務所長がマーセルの独房の入口に現われた。彼はすばらしい知らせを持ってきた。「マーセル、きみは釈放される」満面の笑みを浮かべて彼は言った。「じきに、イスラエルとの戦争捕虜交換があるだろう。わが国にいる捕虜は空軍パイロット一人だけだ。イスラエルはきみの釈放を要求するはずだ。こちらの捕虜の中にディグウィ将軍がいる」所長は、イスラエルには五千人以上のエジプト人捕虜がいるとマーセルに話した。その中に、ガザ地区長官のファド・ディグウィ将軍が混じっていた。

軍事裁判の裁判長としてマーセルの友人たちを絞首台送りにし、彼女に十五年の禁固刑を宣告したあのディグウィである。絵に描いたような報いだ、マーセルは思った。彼女をこんな刑務所へ送った男――がそこから彼女を救い出す男になるとは。じきにイスラエルに行けるだろうと彼女は期待した。

彼女はうきうきする幸福感に浸った。悪夢は終わった。もうすぐイスラエルに行ける。ドアの鍵穴に差し込まれたキーがまわる音を、私物をまとめて出る準備をしろという声を待った。ところが一日が過ぎ、そして一週間、ひと月が過ぎた。戦争捕虜が帰国するという記事を新聞で読み、イスラエルでエジプト行きの国連機に乗りこんでカイロで英雄として出迎えられるディグウィ将軍の写真を見た。ついに最後のエジプト人捕虜がエジプトに戻り、イスラエル人パイロットがテルアビブに到着した。

だが彼女のドアは開かなかった。

彼女は悲嘆にくれた。彼女の全世界、イスラエルに対するあこがれは真っ黒な一瞬で崩壊した。捕虜交換の交渉で、イスラエルは〝粗悪な計画〟の囚人の話すら出さなかったことを彼女は知った。彼らはイスラエルに忘れられたか見捨てられたのだ。

彼女は知らなかったが、シナイ作戦の最中に、彼女の元指揮官のアブラハム・ディエアが、イスラエルの協力国フランスとの共同作戦を計画した。イスラエル軍とフランス軍の空挺部隊がカイロの刑務所を強襲し、地下組織の囚人を救出する計画だった。それはフランスとイギリスによるエジプト侵攻の一部であり、シナイ作戦と同時に進行するはずだった。だがフランスとイギリスの侵攻は失敗し、計画は中止された。

イスラエルに帰国したディエアは、イスラエルは地下組織の囚人たちのために行動しなかったことを知った。彼はベングリオンの軍秘書官に頼んで、捕虜交換に関するイスラエルとエジプト間の議事録を見せてもらった。驚いたことにイスラエルは粗悪な計画による囚人たちの釈放を要求していなかった。これほど非道な見逃しがなぜ起きたのか、誰も説明できなかった。

独房に入れられたマーセルの希望と夢は消え去った。彼女が賛美したイスラエル、二人の仲間が命を、それ以外は人生の最高の時をささげたイスラエルは彼女を見捨てた。まだあと何年も、アルアンタルで古びた四方の壁だけを見つめて生きるのだとマーセルは悟った。自分は別の惑星に、人類の大半が暮らすのとはまったく異なる世界にいるように感じた。

〝もう一つの惑星〟との接触は、看守から聞く断片的な情報だけだった。エジプトの新聞で報道されたというイスラエルのヨランデ・ハルモルの死もそうして知った。また、《アルアハラム》日刊新聞も見せてくれた。そこに、彼女がよく知る友人のエリ・コーヘンがダマスカスの広場の絞首台からぶらさがる写真が載っていたので、マーセルはものも言えないほど驚いた。地下組織の下位メンバーだったエリとは、アレクサンドリアで何度か会ったことがあった。一九五四年に組織が崩壊したとき、彼は逮捕を免れた。だがあれから十一年たってダマスカスでシリア人に逮捕され、シオニストのスパイとして死刑宣告を受けた。《アルアハラム》紙の大見出しとなったもう一人のイスラエルのスパイは、シューラ・コーヘンという女性で、ベイルートでのスパイ罪で死刑を宣告された。ただし看守たちは、刑がいつ執行されたかは知らなかった。

シューラ・コーヘン、エリ・コーヘン、シュミュエル・アザール、モシェ・マルズーク医師……命をささげた若いユダヤ人の氏名が、夜になるとマーセルにつきまとい、悪夢に住み着いた。彼らと同じく彼女もイスラエルに自分をささげた。命ではなく若さを。

それに、釈放されたあとの未来さえ暗く不確かだった。ある日、彼女の元恋人がキブツで知り合った女性と結婚していたことを知った。心の奥では不愉快に感じたものの、彼女にできることは何もなかった。当然のことだと自分に言い聞かせた。しかし、夜になるとベッドで寝返りをうちながら、自分に持てたかもしれない別の人生、家族、夫、子どもたち……のことを思った。それでも彼女はあきらめなかった。正気と笑顔を保つために、かつて暮らした別世界に戻る準備をするために奮闘した。彼女は行動することにした。他の囚人たちと裁縫と刺繍のグループを作った。そして作業の報酬を得た。

さまざまなできごとや激しい感情の動きは彼女をむしばんだ。深刻な病気にかかったマーセルは、刑務所病院からパリにいる兄に手紙を何通かひそかに送った。「心配しないで。私はなにがあってもめげないわ」と彼女は書いた。別の手紙で彼女はこう付け足した。「何かいい本があれば、私のために取っておいて。それを全部読みたいから」〝マリアンヌ〟の名で書かれた手紙には、彼女はくじけず、孤独な旅路をはばむものをすべて乗り越える決意が表われていた。「彼女が何と対峙しなければならなかったか、他人には想像することしかできない」と地下組織の友人のロバート・ダッサは言った。

こうして、彼女は十年を持ちこたえた。

ある日、禁固五年の刑が決まった三人の共産主義者が彼女の棟にやってきた。うち二人（一人はユダヤ人）は政治的な理由でマーセルを忌み嫌った。三人めは、パレスチナ難民の支援者だったにもかかわらずマーセルに同情して温かく接してくれた。ギリシア生まれで名をメリー・パパドポウラスという。マーセルとメリーは親友になった。この若い共産主義者が、マーセルの最も内奥の気持ちを明かすことのできるただ一人の人物だった。二人は長時間一緒に過ごし、それぞれの人生や失敗、夢について語り合った。

メリーは釈放されたが友のことを忘れなかった。ある朝、刑務所の医師——コプト教徒——がマーセルの独房に入ってきて、メリーが送ってきた小型トランジスタラジオをバッグから取り出した。小型ラジオは込み入った行程を乗り越え、危険と障害物が点在する苦難の道《ビア・ドロローサ》をたどってきたものであることがマーセルにわかった。それに医師も危険を冒してラジオを運んできてくれた。だが、この親切なコプト教徒の医師が冒したリスクはそれだけではなかった。ラジオを聞くには乾電池が必要なので、月に一度、日夜マーセルの秘密の友人であり仲間となった小型ラジオに使う新しい電池をこっそり持ってきてくれた。

十三年の刑務所生活ののち、マーセルの孤独は突然終わった。独房の扉が開いて、看守が金髪の美しいドイツ人女性を案内した。

「同房者だ」看守の一人が言った。

金髪の女性はマーセルに顔を向けて微笑んだ。「わたしの名はヴァルトラウト。友だちはテディと呼ぶわ」

第五章　ヴァルトラウト

謎めいたミセス・ロッツ

一九六一年六月のある日の午後。

ヨーロッパで最も豪華な列車〝オリエント急行〟が、南ドイツの息を飲むほど美しい風景の中をうねって進んでいた。テディは、向かい合わせの席に座る老人のぎらついた目が煩わしくなり、自分の車室を出た。通路の窓のほうへ歩いていった。男二人がそこに立って、英語で話していた。

「ミュンヘンの到着は何時だろう?」一人が尋ねた。

もう一人は肩をすくめた。「よく知らない」

「ミュンヘンには六時に到着しますよ」彼女は口をはさんだ。

二人が彼女のほうに首をまわした。一人がにっこりした。「あなたはミュンヘンへ行くのですか?」ほっそりしたブロンドの美男子で、スーツにネクタイといういでたちだった。彼女はその青く澄んだ瞳に魅了された。

「いいえ」彼女は答えた。「シュトゥットガルトよ」

「そこに住んでいるの?」彼は尋ねた。もう一人の男は離れていった。

「両親がシュトゥットガルトに近いハイルブロンに住んでいるのでそこへ行くの。そのあと友人に会うつもり。彼女はフィッシュバッハウに住んでいるわ」

「その場所は知らないな」

「ミュンヘンから六十キロくらい離れた小さな町よ。もう何年も行っていないけれど」

「今回はどこから来たの？」

彼女は微笑んだ。「陽光あふれるカリフォルニアから」

気楽なやりとりをしながら、彼は彼女をじっと見つめた。その視線ならよく知っている。見たくなるものがたくさんあるとわかって彼女はうれしかった。二十九歳の彼女はすらりとした長身のブロンド美人だ。男に見つめられることに慣れていて、見つめられるのが好きだった。

「通路に立っていないで」彼は言った。「ぼくの車室に来ませんか？　そこならのんびり話せるから」

彼女は自分の車室の好色な老人を思った。彼女は自分のこと、東ドイツのシレジアで過ごした子ども時代のこと、父親はシュタージー秘密警察に迫害されて家族で西へ逃げたこと、彼女一人でアメリカのジョージア州へ行き、その後カリフォルニア州へ移ったことを話した。しばらくはホテルの部屋係のメイドとして働き、その後サンフランシスコの大きなホテルの客室管理者となった。「あなたは？」

彼はいまはカイロに住んでいて、馬の牧場を所有していると話した。異国情緒たっぷりのエジプトのこと、ピラミッド、砂漠、サラブレッドのいる牧場、乗馬に来る軍や政界のエジプト人エリートのことから、彼の自宅でのディナーやカクテルパーティのことまで述べた。彼が生き生きと語った異国の魅力的な世界は、彼女の想像力をわしづかみにした。彼女はいくつか気の利いた意見を述べ、彼は彼女のウィットを褒めた。

車掌がやってきて、彼らの行き先を訊いた。彼が完璧なドイツ語で答えたので彼女は驚いた。「ドイツ語を話すの?」興味をひかれて彼女は尋ねた。

「もちろんだ。ぼくはドイツ人だからね。もっと早く話しておけばよかったな。ぼくの名はヴォルフガング・ロッツだ。友だちはラスティと呼ぶよ」

「わたしはヴァルトラウト・ノイマン。テディと呼ばれてる」

機関車が短く汽笛を鳴らした。「わたしは次の駅で降りるわ。あなたに会えて楽しかった」

彼は少しためらってから、そのあと言った。「また会えないかな? ミュンヘンで?」彼はポケットから小さなメモ帳を取り出して一枚を破り、そこに走り書きした。「これがミュンヘンの僕の電話番号だ。夕食にでも行きたくなったら電話してくれれば迎えにいくよ。そこに車を置いてあるからね」

彼女は首を振った。「行けそうにないわ。両親と、そのあと友だちと過ごすことになってるの」彼女には時間も、見知らぬ他人とミュンヘンで一緒に食事をする気もなかったが、電話番号のメモを受け取った。先のことはわからない、と彼女は思った。彼は魅力的で、吸い込まれそうな青い目をしている……。

列車は速度を落とした。彼らは礼儀正しく握手をして別れた。

フィッシュバッハウの友人は予想どおり、ハグとキスで彼女の来訪を大喜びしてくれた。ヴァルトラウトは温かいもてなしや小さな町ののどかな雰囲気や美しい景色を楽しんだ。だが、彼女の熱は急速に冷め、それに代わって退屈が幅をきかせてきた。やることは何もなく、活気のない町では行く場所もなかった。バイエルン地方の穏やかな自然はもう十分に味わった。彼女は友人に、列車の中で

〝夢の男性〟に出会ったことを話し、ラスティに電話をかけた。

その日の午後、彼が大きな車でやってきて、二人はミュンヘンへ戻った。彼女は最高のレストランでの食事を、そのあとバー、ナイトクラブ、ディスコをまわって音楽とシャンパンと、完璧な紳士としてふるまう魅力的な相手との会話を楽しんだ。彼も彼女と一緒にいることを楽しんでいるようだった。そして夜が更けていき、〝休暇〟を一緒に過ごさないかとまで彼が言いだした。十日間かけて船でイタリアからエジプトへ行く。イタリアのあと、オーストリアや、彼女が一度も行ったことのないヨーロッパの美しい場所を訪れてもいい。彼女は丁重に断わった。すぐにいなくなって二度と会えない男性と恋に落ちたくはなかった。それに、彼は経験豊かなプレイボーイに見えたので、あちこちに、もちろんエジプトにも女がいるにちがいなかった。

それでも、この魅力的な男性と十日間過ごす誘惑は抗しがたかった。深夜をまわったころ、彼女のために取ってくれたホテルの部屋まで彼が送ってくれた。頰におやすみのキスをしようと彼がかがんだ。そのとき、何のはずみか彼女も自然に彼を抱きしめ、彼の唇にキスをした。「一緒に行くわ、ラスティ」彼女はささやいた。

そのキスが彼女の人生を変えることになった。


その夜から、二人は離れられなくなった。たがいに夢中になった。二日後、彼は自分でも信じられなかったが――あとで彼はそう告白した――彼女に結婚を申し込んだ。そして、さらに数日後、ラスティは自分の最大の秘密を明かした。エジプトに馬の牧場を所有しているだけでなく、そこで情報収集の秘密任務にも携わっている――つまりスパイ――と言ったのだ。この告白は彼女の想像力をかきたてただけで、彼への愛情を少しも曇らせなかった。それどころか、映画みたいに思えた。だが、一つ気になったことがあった。誰のためにスパイしているのか？　彼女は共産主義者と東側諸国が大嫌いで、母国の西ドイツもあまり好きでなかった。ラスティはしばらく迷ったのち、この秘密も打ち明けた。イスラエルのためにスパイをしている。

「イスラエル？」彼女は気に入った。イスラエルに関してよい話をたくさん聞いていたのだ。

「いいわ」彼女は言った。「あなたと結婚する」

そういうわけで、ヴォルフガング・ロッツはカイロへ戻ると、友人や知人に二週間後に婚約者が来る予定だと話した。ヴァルトラウトという名で、みんなからはテディと呼ばれている。

テディことヴァルトラウトは、自分の婚約者はドイツのマンハイム生まれだと本人から聞いて知っていた。だが、じつはドイツ人ではなく、ゼーブ・グルアリーというイスラエル人で、軍情報部とモサド双方が管轄するＩＤＦの特殊部隊である一三一部隊所属の士官だとは知らなかった（すぐのち一三一はモサドの実働部隊〝カエサレア〟となる）。ドイツでヒトラーが政権を取ったとき、ドイツ人の父親とユダヤ人の母親はヴォルフガングを連れてパレスチナへ逃げたこともヴァルトラウトは知らなかった。少年だった彼はパレスチナで育ち、第二次世界大戦のときはイギリス軍に志願し、そののち第一次中東戦争を戦い、大尉の階級でＩＤＦを除隊した。戦後、彼は自分に向いた職業をさがした――が見つけられなかった。興味を持てるやりがいのある仕事をさがし、最後に、敵国のスパイになりたいと情報部に志願した。彼のハンドラーおよび一三一部隊隊長のいかついがおおらかなヨセフ・ヤリフ大佐は、グルアリーの弱点は女と酒だと見抜き、信頼性は十分でないと結論した。とはいえ彼の自信と落ち着きを認めて、ある任務に送り出すことを最終的に決断した。経験豊富なモサドのモティ・クフィルがラマットヘンにある人目につかない屋敷で彼を訓練し、秘密戦の技法――兵器、通信、暗号、あぶり出しインク、連絡手段、偵察と脱出、情報報告書の書き方――を伝授した。ハンドラーたちは彼を〝ウルフィ〟と呼んだが、コードネームはサムソンだった。訓練が終了すると、部隊指揮官たちは、ドイツ人になりすました彼をエジプトに潜入させることにした。彼はまずドイツへ行って元ドイツ国防軍士官という架空の人物になりきってから、数カ月後にカイロに到着した。

彼はこうしたすべてをヴァルトラウトに話さなかった。もう一つの大きな秘密も彼女は知らなかった。最近四十歳の誕生日を祝ったばかりの恋人にしてフィアンセは実は既婚者だった。彼にはリブカという妻とオデッドという息子がいた。彼の家族はいまは、モサドの海外支局のあるパリに住んでいた。ヴァルトラウトと出会ったとき、彼はパリ在住のハンドラー、アリー・シバンとの打ち合わせから戻るところだった。オリエント急行に乗るほんの数時間前に家族と別れたばかりだった。

だが、彼が念入りに織り上げてきた嘘のタペストリーに、まぎれもない真実が一つあった。ヴァルトラウトに対する焼けつくような熱い愛は本物だったのだ。ヴァルトラウトの友人が言ったように、〝彼女に首ったけ〟だった。また彼はこれまでの恋人全員を、彼が人生を分かち合った女性の名を心から消したいと思った。

ヴァルトラウトも自分のこと、カリフォルニアにいる恋人（カリフォルニアで付き合っている男がいるにちがいないと彼は思っていた……）のことは話したものの、最大の秘密は打ち明けていなかった。十三歳のとき、襲われてレイプされたのだ。そのことを誰にも話したことはなかった。レイプ犯について覚えているのは男の顎ひげと顔に吹きかけられた胸の悪くなるような息だけだった。思い出さないようにしてきたもののあいまいな記憶では、レイプ犯はロシア人兵――または司祭だった。恐ろしい記憶は悲惨な悪夢のみなもととなり、何度も何度も腹立たしいほど正確によみがえってきた。彼女はその男と苦痛と、彼女の胸に置かれた大きな金属の十字架を覚えている。

だが、今日の彼女はこれまでになく幸せだった。彼女は若く、美しく、恋をしていた。魅力的で愛情深い男性と結婚するのだ。彼女は下層の生まれだった――でも彼は彼女に華やかで危険な異国の生活をくれようとしている。すごい冒険だ！

ヴォルフガング・ロッツから二、三週間ほど遅れて、ヴァルトラウトは客船でアレクサンドリアへやってきた。桟橋で出迎えたのは、現地警察の署長だけだった。公用車でカイロへ向かった。あらゆるものがこの若い女性を魅了した――エジプトの風景、カイロの高級住宅街ザマレク地区のアパートメント、ヴォルフガングが彼女のために開いてくれたパーティ。数週間後、二人は、ピラミッドからそう遠くないギザ地区の美しい邸宅に引っ越した。ヴァルトラウトは、ロッツが築いてきた政府高官や軍士官の人脈の広さに驚いた。在エジプトのドイツ人社会の名士たちも彼の友人だった。何人かはナチスで、ドイツ陸軍の元大尉を気取るまさにロッツ〝のような〟ヒトラー麾下の国防軍の元士官たちだった。彼女はナチスが大嫌いだったが、ロッツが果たすべき役割は理解していた。

彼女は馬牧場も大好きだったので、毎日馬に乗るようになった。夜は恋人と一緒にカイロで最上級のレストランやナイトクラブをめぐった。また彼の秘密の仕事も献身的に手伝った。自宅で軍士官や政府高官をもてなして彼らを喜ばせて話をさせ、ロッツのスパイ活動に大いに貢献した。訓練も指示も受けたことのない二十九歳の女がロッツの完全なパートナーとなった。報告書を暗号化しイスラエルへ送信する彼のそばには彼女がいる。協力して無線機や重要な書類を隠し、彼が秘密の仕事に従事しているときに望ましくない客が訪ねてきても取りつがなかった。彼女はロッツの右腕となり、それを誇らしく思っていた。

一年がたって二人はヨーロッパへ旅し、正式に結婚式をあげた。幸せなカップルはヴァルトラウトの両親の住むハイルブロンの実家のそばで写真撮影したのち、長いハネムーンに出発した。

ヴァルトラウトは知らなかったが、結婚したことを夫はハンドラーに報告していなかった。その結婚によって二人の女性を妻にした彼は、正真正銘の重婚者となった。

テルアビブのモサド本部のロッツの上官は、彼は単独でカイロで暮らし、活動しているものと思いこんでいた。ところがある日、ロッツが財務部に送付した経費の領収書を入れた封筒を見て、エイタン・ベナミという職員がおかしな点に気づいた。当時、一部の人々が使用する高級封筒の内側には茶色の絹紙が貼られていた。ロッツが送ってきた封筒の絹紙には銘が入っていた。〝ヴォルフガング・ロッツ夫妻〟。ロッツの妻が？　カイロに？

敏速な調査の結果ミセス・ロッツの存在が確認され、ヴォルフガングはただちにイスラエルに呼び戻された。モサド本部で彼は厳しく叱責された。そして二つのうちのどちらかを選ばざるをえなくなった。解雇されてイスラエルに戻るか、〝そのドイツ人〟との関係をすべて断ち切るか。モサドの規則はそうした関係を厳格に禁じていた。

しかし、最後の最後にヨセフ・ヤリフは考えを変えた。そのときロッツはモサドの職員で、ヤリフは実働部隊カエサレアの隊長だった。「かなり早い段階で」モティ・クフィルは思い出して語った。「ヤリフは、女性工作員の重要性に気づいていた」敵国で活動するモサド工作員に妻か婚約者がいれば、夫の協力者となり、彼女自身の任務も遂行できるので、夫の仕事に信頼と安定をもたらす非常に重要な存在となるとヤリフも考えていた。実際、シュロモ・ガルという工作員はそれを実践していた。聡明で大胆な元美人コンテスト女王の妻ダフナが彼と共に敵国に長く滞在し、すばらしい成果をあげていたのだ。

ロッツの新妻が夫の忠実で有能なパートナーかつ彼の任務の確実な支援者になったことをヤリフは納得した。そして彼は決断した。ヴァルトラウトはカイロにとどまり、ロッツ夫妻としてこれまでどおり活動を続行する。これは重大で前例のない決定だった。ロッツのイスラエル人の妻と息子のことを口にするものはいなかった。妻子には意図的に知らせなかった。

ヴァルトラウトもう一人の妻の存在を知らなかった。ロッツが戻り、二人の生活は以前と同じように続いた――乗馬、パーティ、スパイ活動、完璧な偽りの素性での秘密行動。ロッツは夜明けに屋敷の二階の寝室で無線通信を送受信する。その後イスラエルからのメッセージを解読し、トイレで紙を燃やし、彼がヨーロッパから持ってきた体重計の中に無線機とマイクとヘッドホンを隠す。体重計には爆薬が仕掛けられていて、機械の取り扱いを誤れば爆発して死を招くことをヴァルトラウトは知っていた。だから体重計と無線機の扱いには細心の注意を払った。

そして突然――事件が起きた。

七月二十一日、ヴァルトラウトとヴォルフガングは、数時間前にエジプト軍が新型ロケットを発射し、数百キロメートルを飛んだと得意げに発表するラジオ・カイロの特別放送を聞いた。それを聞いて彼らはすっかり驚いた。

七月二十三日の国の祝祭日に、ロッツ夫妻はカイロの街で習慣となっている軍事パレードを見物した。パレードの先頭の超大型トラックに巨大な二基のロケットが搭載され、エジプト国旗で覆われていた。二人は仰天した。その後、ナセル大統領が、〝アルザファル〟（勝利）と〝アルカヘル〟（征服）の二基のロケットは「ベイルートの南のあらゆる目標」――つまりイスラエル――に到達できることを、尊大な演説の中で宣言した。ナセルによれば、アルザファルの射程距離は二百八十キロメートル、アルカヘルは五百六十キロメートルだという。

テルアビブから緊急メッセージが届いてロッツ夫妻は気を引き締めた。イスラエルはショックを受け不安になっていた。モサドはエジプトのロケットのことを事前につかんでいなかった。イサル・ハルエル長官はエジプトのロケット計画をまったく知らなかったことで厳しい批判を浴びた。彼はただちに、どんな犠牲を払ってもロケットに関する情報を獲得せよという指示をエジプト国内の全工作員に無線で送った。

ロッツはヨーロッパに呼ばれ、ミュンヘンでハンドラーに会った。そのあとパリへ行き、神経を尖らせているヨセフ・ヤリフと面談した。すぐにカイロへ戻って、ドイツ人の友人たちからできるかぎりの情報を引き出せとヤリフは指示した。

エジプト国内のモサドのスパイ全員がこれと同じ指示を受けた。ロッツとヴァルトラウトは、この二、三年、エジプトは、ヒトラーの〝秘密兵器〟プラントや工場で高性能の航空機やＶ１やＶ２ロケットの製造に従事していたドイツ人科学者やエンジニアや技術者数百人を超極秘で集めてきた。これら科学者とエジプト軍によって、三カ所の秘密工場が建設された。〝第三六工場〟では、ドイツ空軍の戦闘機の父であるウィリー・メッサーシュミットの監督により、ドイツ人エンジニアたちがジェット戦闘機を建造していた。〝第一三五工場〟ではエンジニアのフェルディナント・ブランドナーが新しい飛行機のためのジェットエンジンを組み立てていた。秘密中の秘密だった〝第三三三工場〟では、中距離ミサイルの開発が行なわれていた。

モサドの情報員は、スイスとドイツにおいて、エジプトのロケット計画のために高度な研究を行ない、設備や部品を供給する複数の企業を突きとめた。数人の研究者は、エジプトの基地とヨーロッパの実験研究施設とをしばしば行き来していた。イスラエル国内で恐ろしい噂が広まった。エジプトにいるドイツ人はミサイルに核弾頭か化学弾頭を搭載しようとしている、イスラエル上空の空気を長年にわたって汚染するための大量のコバルトおよびストロンチウムガスを購入している、経路上にある生き物をすべて殺せる殺人光線を研究しているなどの噂だ。ほとんどはただの妄想だったが、イスラエル人にとって、ドイツによるユダヤ人根絶計画が再び始まり、こんどはエジプトで鉤十字がよみがえったように思われた。

ドイツ人専門家の何人かはロッツ家の自宅のパーティにたびたび出席したり、牧場に乗馬に来たりしていた。ロッツ夫妻は、そうした人々からミサイル計画に関する貴重な情報を入手した。彼ら二人と、エジプト国内の他のモサド情報員は、カイロの北の砂漠の真ん中にある〝三三三〟の位置を特定した。だが、一九六三年春、ロッツ夫妻は、秘密ミサイル基地が最近建設されたという別の地域でミサイルが発射されたという噂を耳にした。その基地はスエズ運河とグレートビター湖に近いシャルファ地域にあるという話だった。ロッツ夫妻は以前その地域を調べたのだが、何も見つからなかった。だが今回ロッツは、その基地を即刻見つけろという緊急暗号メッセージを受け取った。

「またシャルファに行かないとならない」メッセージを解読したロッツは妻に言った。

「将軍から何か情報を聞き出せない？　ドイツ人専門家の誰かから？」

「だめだ」彼は言った。その地域まで車を飛ばして、自分で探さなければならない。

「わかった」ヴァルトラウトは言った。「あなたと一緒に行くわ」

彼らはその地域の地図を丹念に見て、土地に詳しくなった。その地域に基地があるとしたら、そこへ行く道路があるはずだ。幹線道路から分岐しているにちがいない。

砂漠の道路から二本の横道が分かれていたことを彼らは思い出した。「あの一本は」ヴァルトラウトは言った。「土の道だから、たぶん重要ではないのよ。もう一本は舗装されていた。標識はなかった」

「もしその地域が閉鎖されていたらどうする？」ヴォルフガングは言った。二人は閉鎖された軍管理地域へ入る危険性について話し合い、ヴォルフガングは自分一人で行くと言い張った。だがヴァルトラウトは反対した。

「だめよ！　一人では行かせない。緊急事態になれば一人より二人のほうがいいわ」彼女はすぐさま作り話を思いついた。二人はフォルクスワーゲンの車に水着とタオルと、食べ物を詰めたバスケットを積んで、ビター湖畔で〝ピクニック〟しに行くふりをする。

二人は湖に向けて出発した。ヴァルトラウトが運転し、ヴォルフガングが自分でまとめた地図を見ながら道案内した。一時間後、十字路にやってきた。幹線道路からアスファルトの舗装道路が分岐している。その道路の横の標識にこう書いてあった。〝進入を禁ずる。写真撮影不可〟。その標識そばに詰所があり、退屈してやる気のなさそうな番兵が一人だけいた。

「初耳だな」ヴォルフガングは言った。

フォルクスワーゲンは十字路を通り過ぎて二、三百メートル走ってからUターンし、分岐点に戻ってきた。彼らはついていた。番兵は詰所を離れて砂漠に用を足しに行ったらしい。チャンスだった。フォルクスワーゲンは速度をあげて詰所を通り過ぎ、立入禁止の道路へ入った。番兵はズボンを引き上げながら走り、叫びながら追ったが、車はすでに走り去っていた。

最近拡張された道路は、両側の砂丘のあいだをまっすぐ走っていた。数百メートル走ったころ、正面から走ってくる軍用ジープが見えた。ジープは彼らとすれ違ってから停まって向きを変え、警笛を鳴らしながら彼らを追ってきた。追われていたにもかかわらず、ロッツはそこにとどまる方法をさがした。彼はヴァルトラウトに道路を逸れて砂丘に向かい、砂に突っこんで止まれと告げた。彼女は言われた通りのことを器用にしてのけた。フォルクスワーゲンはいきなり右へ逸れ、道路を離れて人跡未踏の砂に突っこんで止まった。

軍用ジープがやってきた。ヴァルトラウトとヴォルフガングは悪気のない観光客を装い、兵士たちに——英語とドイツ語で——車を砂から押し出すのに力を貸してくれないかと頼んだ。だが兵士はサブマシンガンを構えて二人を逮捕し、彼らのパスポートを取り上げ、ジープに乗せて道路を走っていった。かなり長い時間走り、武装兵のいるバリケード二カ所を通過して基地に到着した。基地に入った瞬間、二人のスパイはさがしていたものを目にした。半円形に造られた大型ミサイルの発射台、掩蔽壕、貯蔵庫、低層の管理ビルだ。そこは秘密ミサイル基地だった！

二人は銃を突きつけられて、基地司令官であるふさふさの口ひげをたくわえた細身の大佐のもとに連れていかれた。ヴァルトラウトは自分が同席していることに大佐が戸惑っているのを感じた。大佐はぎこちなく彼女に椅子を勧めた。そのあと大佐は夫に顔を向けて、二人を拘置し、軍事裁判にかけ、恐ろしい刑罰を与えるぞと脅した。だがロッツはカイロに電話してくれ、ごく親しい友人である将軍たちに電話をかけてくれと大佐に訴えた。湖畔でピクニックを楽しむつもりだったというロッツの作り話を聞いた将軍たちは、基地司令官にすぐに二人のドイツ人を解放するよう命じた。大佐はうろたえて二人に謝罪し、兵士に彼らの車を砂から押し出すよう指示し……昼食にも招待した。街に戻った夫妻は発見したことをイスラエルに報告した。

だがイサル・ハルエル長官は満足しなかった。彼はドイツ人科学者を脅し、暗殺すら示唆する作戦に出た。ミュンヘンの企業〝イントラ〟の経営者ハインツ・クリュッグ博士が行方不明になったと発表された。イントラはエジプトのミサイル計画の装備と原料の主な仕入れ先だった。クリュッグは二度と見つからなかった。クリュッグはモサドに暗殺されたというカイロで流れていた噂はなかなか消えなかった。ほかにもいた。ハンス・クラインヴェヒテル博士がドイツのローラッハにある彼の研究室の外で銃撃されたが一命はとりとめた。エジプト国内の主要研究者の多くに爆薬の入った包みと手紙が届いた。その作戦の大部分を実行したのはロッツ夫妻だった。

ヤードリー石鹸の中に隠した爆薬と小さな起爆装置を受け取ったヴォルフガング・ロッツは、ヴァルトラウトと協力してそれらを封筒と小包に入れ、エジプトの切手を貼り、科学者宛てに送った。多くが夫妻の友人だった。恐ろしい結果が出た。小包が爆発して第三三三工場のエジプト人職員五人が死亡した。別の爆発で、ドイツ人女性のハヌローレ・ヴェンデが失明した。彼女はヒトラーの秘密兵器計画でロケットエンジニアだったヴォルフガング・ピルツ教授の秘書だった。不審な小包を開けたカイロの郵便局長が負傷した。

まもなくイスラエルからの指示が修正され、悪魔の手伝いをやめないと命の保証はないという脅迫状が科学者に送られた。手紙の送り主の名は〝ギデオンズ〟だった。少なくない数の科学者がロッツ家のパーティによく顔を出していたのに、カイロのドイツ人社会の人気者で魅力あふれるカップルを疑うものはいなかった。

最後には多くの科学者が、不安に思ったり、ドイツ政府からもっと有利な職を提供されたりしてエジプトを離れた。エジプトのミサイル計画は頓挫した。


一九六五年二月十六日、ロッツはヴァルトラウトの誕生日に盛大なパーティを催した。彼女の両親も空路でカイロにやってきた。妻にぞっこんのロッツが大きなダイアモンドの指輪を彼女の指にはめた。パーティの招待客のうち、ドイツ人科学者のシュテンゲルとフォーゲルツァングは、感じのよいパーティ主催者夫妻がほんの二、三日前に投函した脅迫状を受け取っていた。

三日後、ロッツ夫妻とヴァルトラウトの両親は西方の砂漠へ小旅行に出た。二月二十二日に帰ってくると、屋敷は兵士と警察官に包囲されていた。逃げ道はなかった。ムハバラトの士官がヴォルフガングとヴァルトラウトに手錠をかけた。彼女の両親も逮捕されたが、数日後に釈放された。ヴァルトラウトは夫と引き離され、カイロ刑務所の女性専用棟に送られた。

ロッツ夫妻逮捕の知らせは、二人を知る人々全員に衝撃をあたえた。軍や政府関係の友人たちは関わりを避けた。新聞は大がかりに逮捕を報道した。このニュースは世界じゅうで、特にドイツで大きく取り上げられた。ムハバラトの尋問により、重大な事実が次々と判明した。ヴォルフガングとヴァルトラウトはイスラエルのための破壊工作およびスパイ活動で告発された。ヴァルトラウトは厳しく尋問され、服を脱がされ、殴られて痛めつけられた。拷問者は彼女の腹を拳で打ち、むきだしの背中を蹴り、ひどく冷たい水で満たした浴槽に一晩中浸からせた。だが彼女は持ちこたえ、自白しなかった。

別の尋問室では、彼女の夫が自分はイスラエルのスパイであり、イスラエル情報部の命令によりドイツ人科学者に爆薬入り小包と脅迫状を郵送したことを白状した。彼は間違いなく敵のスパイだった。ただ、それとは別に、エジプトの秘密情報部はロッツの正体をつかんでおらず、逮捕はまったく別の理由によるものだったという説がある。当時、エジプト政府は東ドイツ国家評議会議長のヴァルター・ウルブリヒトの来訪の準備として、抗議運動を未然に防止するためにカイロ在住のドイツ人約四十名を逮捕することにした。ヴォルフガングとヴァルトラウトはその中に含まれていたのだ。単なる予防的逮捕だった。ウルブリヒトの滞在中だけ監禁され、彼が帰国すれば釈放されることになっていた。

明らかにロッツはそのことを知らず、自分と妻の正体はムハバラトにばれてしまったと思い込んだ。そしてすべてを白状した。彼は秘密情報部の職員を自宅へ連れていき、バスルームで体重計を分解し、無線機を取り出してみせた。またテレビの番組で自分の行ないのすべてを暴露することに同意した。

だが彼は自分はドイツ人で、金のためにイスラエルのスパイをしていると断固として繰り返した。モサドが慎重に選んだ弁護士がドイツから到着し、法廷で夫妻を弁護するエジプト人弁護団に加わった。

ヴァルトラウトとヴォルフガングは、現長官のメイール・アミートが急遽ドイツへ飛んで、ドイツ情報部のラインハルト・ゲーレン部長と面談したことを知らなかった。「あの『二人』を取り返してくれ」と長官が頼むと、ゲーレン部長は即座に了承した。部長がカイロへ送った使節はエジプト側に、〝あの二人〟は純粋なドイツ人であり、ドイツ情報部の関係者だと告げた。エジプト側はロッツがドイツ人であることを受け入れ、ロッツはイスラエル人でモサドのスパイであると主張するドイツ国内で報道された詳細記事を黙殺することすら決定した。

夫妻は数分間だけ顔を合わせることを許された。ヴァルトラウトが拷問のことを話すと、知り合って初めて彼女の前で夫が取り乱した。彼女にとってこのときが人生最悪だった。二人は裁判にかけられ、絞首刑か終身刑に処されるのだ。楽観的で自信に満ちた彼女がこのとき初めて泣き伏した。「どうして彼らを喜ばせなくちゃいけないの?」彼女は夫に言った。「終わりにしましょう!」

彼女は洗面所で見つけたカミソリを靴底に隠してあるとささやくと、ロッツは仰天した。「それを半分あげる。今夜、ちょうど同じ時刻に血管を切るの」

ロッツは驚いて口もきけなかった。ヴァルトラウトが自殺しようとしている! 彼は必死になって反対し、ようやくその考えを――一時的に――あきらめさせた。状況はよくなるだろうし、数カ月すれば釈放されるかもしれないと彼は断言した。そして彼女は、彼と一緒でなければ何もしないと誓った。

たしかに二人の状況はよくなった。監禁中、ロッツ夫妻はほぼ毎日の面会とカイロのレストランの食事のデリバリーを許された。刑務所長のムニール・ホロロス将軍の執務室に招かれてコーヒーを出され、その様子を新聞社のカメラマンが撮影した。ロッツが彼女の苦しみを和らげるために英語で書いた短い詩を読んで、ヴァルトラウトは落ち着き、元気になった。詩の横に小さなスケッチとイラストも描いてあった。ロッツはその詩で彼女に対する永遠の愛を表現し、遠い未来で二人を待つ緑あふれる田園地帯でのすばらしい生活を描写した。詩の最後はいつも力強い言葉で締めくくられていた。

〝幸せなロッツ夫妻はいつかまた馬に乗る！〟

特別軍事法廷で彼らの裁判が一九六五年七月二十七日に始まった。白いワンピースに黒いサングラスをかけたヴァルトラウトと、白っぽい夏用スーツのヴォルフガングは手をつないで法廷に入ってきた。彼らはイスラエルのためにスパイ活動を行なった罪、ドイツ人科学者に爆発物を送った罪で正式に起訴された。

被告人席についたヴァルトラウトは一人きりで立ち、だが確信を持って話した。夫を心から愛していることと再び一緒に暮らす日を夢見ていると述べた。ヴォルフガングと事前に打ち合わせたとおりに証言した。「わたしはごく普通の主婦にすぎません。イスラエルのためにスパイ活動などしていませんし、科学者に爆発物の小包を送っていません。ヴォルフガングとわたしは愛しあっていて、平和な暮らしが続くことを心から願っています」夫の秘密活動については何も知らない、ＮＡＴＯの秘密任務についていたことしか知らないと彼女は主張した。「わたしたち夫婦の運命はあなたがたの手にあることはわかっています」彼女は裁判官に言った。「わたしと夫に何があっても、これまで以上に今日、彼を愛していることをここで宣言したいと思います。そしていつか夫婦としてまた一緒になれることを願っています」

法廷の聴衆はすっかり引き込まれた。だが訴追者は即座にヴァルトラウトの証言の余韻を追い払った。

彼は二人に死刑を求刑した。

ヴァルトラウトは恐怖におののいた。

八月二十一日、法廷はヴォルフガング・ロッツに終身刑を、ヴァルトラウトに禁固三年の刑を裁定した。

第六章　自由！

「わたしはヴァルトラウトよ」ブロンドの女はマーセルに言った。「でも友だちはテディと呼ぶわ」
裁判が終わると、ヴァルトラウトはアルアンタル刑務所に投獄された。刑務所で彼女と夫は特別待遇を受けた。手紙やメッセージを送りあい、一日のうち一時間を一緒に過ごすことができた。しばらくして、ヴァルトラウトは看守に、毎日顔を洗わせてほしいと頼み、結果的にほかならぬマーセル・ニニオの独房へ入ることになった。「一九六七年のある日」マーセルは思い出して語った。「若い女、長身でブロンドのきれいな女がわたしの独房にやってきて、ヴァルトラウトだ、テディと呼ばれていると自己紹介したの」

最初、マーセルは同房者がいるのが嫌だった。服役期間はあと一年半残っていたし、一人でいることに慣れていたのだ。だが少しずつ互いを知り、好感を持つようになった。ヴァルトラウトは悪夢にうなされ、恐ろしい思いで目覚めることがあった。レイプされた経験をマーセルに打ち明け、繰り返し見る悪夢を話した。マーセルは相手を落ち着かせて、もう一度眠りにつかせた。

マーセルは同房者を高く評価するようになった。「わたしたちは全然違う人間だった」のちに彼女はある友人に話した。「でも、わかったの。彼女は強くて分別があって、夫を愛していて、どうすれば夫の力になれるか知っていた」二人は一緒にマーセルの小型ラジオに耳を澄ませ、一九六七年五月、イスラエルを滅ぼしてやるというナセルの脅しを耳にした。ラジオのアナウンサーは、イスラエルの国全体に不安が広がっていると語った。

二人は一九六七年五月十五日、思いもよらない危機が中東を揺るがしたことを知った。ナセル大統領が非武装化されたシナイ半島に地上部隊を進出させ、イスラエル国境およびチラン海峡沿いに配備されていた国連軍を撤退させ、イスラエル船舶のチラン海峡航行を禁止し、ヨルダンとシリアとイラクと軍事協定を結んだのだ。イスラエルの終末は近いとナセルは公言し、アラブ諸国の首都では興奮した群衆が踊り狂った。いっぽうイスラエルは、まさに国の存続の危機だと感じていた。

六月五日、イスラエルはついに、国境に集結したアラブ諸国の部隊の攻撃にかかった。マーセルとヴァルトラウトは、カイロ市街でユダヤ人や外国人に対する憎悪からいくつも事件が起きていることを知った。エジプト軍が電光石火のごとく進軍し、じきにテルアビブを占領するというニュースを聞いて悔しい思いをした。だが、それは虚偽のニュースだったことが数日後に判明した。イスラエルは六日間でエジプト、シリア、ヨルダンの各軍を打ち負かし、シナイ半島、ガザ地区、ゴラン高原、ヨルダン川西岸、エルサレム旧市街という巨大な領域を占領した。中東の様相を変えることになる大きな勝利だった。

イスラエルは敵兵数千人を捕虜にした。マーセルとヴァルトラウトは、近々エジプトとイスラエル間で捕虜交換が行なわれると聞き、胸を躍らせた。多数のエジプト人捕虜と引き換えに、もうすぐイスラエルへ帰れるのだ！　彼女たちは解放されるときのことを想像した。スエズ運河沿いのカンタラまで車で連れていかれ、そのあと船で運河を渡る——すると目の前に風で翻るイスラエル国旗が見える！

だが、そうはならなかった。戦争が終わって、再び――静かになった。最後のイスラエル人捕虜、空軍パイロットのヤイル・バラクがイスラエルへ送り返されて、捕虜交換は終了した。マーセルとヴァルトラウトはイスラエルのラジオ放送でバラクの会見を聞いた。マーセルは思った。〝ふん、そういうことね。またこんどもね〟。そのときまで動じなかったヴァルトラウトが泣き崩れた。

マーセルは唇を噛んだ。彼女は最初から、自分や地下組織の仲間は釈放されないような気がしていたのだ。だが、メイール・アミート長官がモシェ・ダヤン国防大臣に、戦争捕虜交換の一環として〝粗悪な計画〟の囚人たちの釈放をナセル大統領に直談判してはどうかと提案したことを彼女は知らなかった。ダヤンの反応は懐疑的だった。ナセルは同意しないだろう、彼はアミートにそう言った。だがアミートはあきらめなかった。何度も同じ話題を持ち出してダヤンを困らせた。ダヤンとアミートはとても親しかった。孤独な男ダヤンが、アミートはただ一人の友人だと言ったことがある。終わることのない議論のあと、ついにダヤンは受け入れた。「わかった」彼はため息をついた。「ナセルに書簡を送る。でも言っておこう。彼は同意しないぞ」

だが彼は同意した。

メイール・アミートはナセル大統領宛てに〝一兵士から一兵士へ〟と書き、ユダヤ人地下組織のメンバーの囚人の釈放を求めた。報道機関には何もリークしないし、ナセルを困った立場に追い込むようなことはしないと彼は保証した。アミートの書簡は、自身も捕虜交換で解放されたエジプト人上級士官に託された。

一九五六年とはちがって今回は、〝粗悪な計画〟による囚人たちのことは忘れられていなかった。ヴァルトラウトとヴォルフガング・ロッツもだ。一九六八年初頭、彼らは少人数ずつ解放され、ヨーロッパとイスラエルへひっそりと飛行機で運ばれた。

ヴァルトラウトとヴォルフガングはカイロ国際空港へ送られ、一九六八年二月四日にアテネ行きの便に搭乗した。アテネでフランクフルト行きのルフトハンザ機に乗り換え、そこから最終目的地のミュンヘンへ向かった。だが、その機の飛行中、二人を待ち受けていたモサド職員はふと思った。ロッツ夫妻はミュンヘンで逮捕され、殺人未遂罪で告訴される危険がある！　過去に、ロッツと妻がカイロのドイツ人科学者に爆薬入り小包を送った件でドイツ司法当局に訴状が提出されている。二人を逮捕するのに十分な理由だった。

ロッツ夫妻のハンドラーであるモティ・クフィルは早急に対応しなければならなかった。ラインハルト・ゲーレン情報局長の指示に従い、カイロの裁判で夫妻を弁護したドイツ人弁護士にただちに連絡を取った。弁護士はすぐに取りかかった。ロッツ夫妻を乗せた飛行機がフランクフルトに着陸したとき、イスラエルとドイツの情報部は、荷物はおろさずに二人だけを飛行機からおろした。新しいパスポートを渡された二人はブリュッセル行きの便に乗りこんだ。

その便の飛行機は、通路の両側に二席ずつ並ぶカラベルという機種だった。口ひげとかつらで変装したクフィルは、夫妻の後方に座っていた。二人は彼に気づかなかった。突然クフィルの耳に、誰かがハミングで歌う〝黄金のエルサレム〟が聞こえてきた。イスラエル人作曲家ノエミ・シェマーが作り、第三次中東戦争（六日戦争）の非公式ソングとなった歌である。彼は立ち上がり、音の出どころをさがしながら通路を行き来した。そして、その歌を小さく歌っていたのがヴァルトラウトだと知って驚いた。心を動かされた彼は変装をはずして夫妻に近づいた。ロッツがぱっと立ち上がり、心から彼を抱擁した。クフィルはヴァルトラウトに訊いた。「どうしてその歌を知っているんです？」

彼女は微笑んだ。「私がマーセルと監房にいたとき、イスラエルのラジオ放送でその歌が流れてきたの」彼女たちは姿勢を正してシェマーの歌を聞いたという。いま、自由に向かって飛びながら感極まったヴァルトラウトは、つらい日々に希望を与えてくれた歌を思い出したのだ。

夫妻はヨーロッパからイスラエルへ飛んだ。その機内で、夫は妻に、これまで彼が口にしたり書いたりした言葉よりももっと情熱あふれるラブレターを彼女に渡した。だがその手紙には、彼が何年も隠してきた真実――彼には妻と息子がいる――も書かれていた。彼は永遠にヴァルトラウトと結ばれたので妻と別れるつもりだと書いてあった。夫に息子がいると知ったとき、〝ものすごくショックだった〟と、のちにヴァルトラウトはマーセルに語った。


飛行機がイスラエルに到着したとき、出迎えた人々の中にいるはずの一人が欠けていた。ゼーブ（ヴォルフガング・ロッツ）の妻のリブカ・グルアリーだ。

この瞬間を彼女はいつから待ち、想像していたことか。不安と危険、裁判と刑期の年月をへて、夫が故郷に帰ってきたのだ。父親を尊敬していた息子オデッドも大喜びしていた。リブカは夫の帰国にそなえて新しい服を買い、化粧をし、自宅を整頓した。だが飛行機が着陸するほんの一時間前、玄関のベルが鳴った。そこにいたのは予想もしていなかった遠い親戚のアブラハム・シャロム（将来の国内情報部シャバック長官）とその妻だった。彼らはリブカにこれまで秘密にしていた過酷な現実を明かし、空港に来ないほうがいいと優しく助言した。

その夜、ゼーブ・グルアリーは息子と会った。その後自宅へ帰り、リブカと対面した。

「悲惨な再会でした」数年後、オデッドは話した。

その夜のリブカ・グルアリーの苦しみ、恥ずかしい気持ち、屈辱を言い表わせる言葉はない。彼女は裏切られ騙されたと感じた――夫だけでなくモサドにも、ゼーブの上官たち、ハンドラーや友人たちにも。彼らは何年も事実を隠し続けただけでなく、それを受け入れ、それを擁護し、悪巧みのために利用した。たしかにモサドは彼女の生活の面倒を見、ゼーブの給料を彼女に渡し、観光省の職を見つけてくれた。だが、どんなことも彼女の傷を癒やすことはできなかった。妻であり母親である自分を、情報部の目的達成という祭壇のいけにえにしたモサドを許せなかった。

傷つき切り裂かれた彼女の人生は続いた。いっぽう彼女からそう遠くない場所で、ゼーブ・グルアリーはヴァルトラウトと人生を立て直した。テルアビブ近郊のガノットで馬牧場を始めたのだ。ヴァルトラウトは、やはりイスラエルへやってきたマーセルとの友情を復活させた。マーセルが結婚したとき、グルアリーは、ユダヤ人が婚礼で使用するしきたりの〝フッパー〟という天蓋の支柱の一本の持ち手となった。ヴァルトラウトは婚礼に出席しなかった。カイロで受けた拷問がもとで病気になり、その後まもなく死んだ。

妻をなくしたグルアリーはもぬけの殻だった。ノエミと結婚したが、のちに四人めの妻となるドイツ人ジャーナリストとの浮気を知って、ノエミは彼から去った。彼はイスラエルとアメリカとドイツを行き来しながら『シャンペン・スパイ』という本を書き、いろいろな仕事についたが、一九九三年、孤独で貧しい状態でこの世を去った。

彼の人生の光はヴァルトラウトとの情熱的な愛情物語であり、影は——彼が妻と息子に強いた悪夢と苦悩だった。

一九六八年二月、刑務所で五千回の昼と夜を過ごしたのち、マーセルはイスラエルへやってきた。地下組織の仲間たちも彼女と一緒に到着した。彼らの釈放は秘密にされた。マーセルはＩＤＦで中佐の階級を授与された。彼女はヘブライ語を習い、芸術と文学を学び、最大のご褒美を手に入れた——愛情だ。四十二歳で実業家のイーライ・ボーガーと出会い、二人は恋に落ちて結婚した。

ナセルは一九七〇年に死んだ。そしてそのわずか二年後、マーセルとイーライの結婚式が執り行なわれたことで、〝粗悪な計画〟の囚人たちが釈放され、この国で暮らしていることをイスラエル人は知った。白いドレスを着て美しく晴れやかなマーセルが元刑務所仲間が掲げる天蓋に入るときに、結婚式の来賓だったゴルダ・メイア首相は彼女を抱きしめた。

イスラエルで、マーセルと仲間たちが行事や会合やパーティに招待される期間が長く続いた。「わたしたちをどうしていいかわからなかったのね」マーセルは言った。「たくさんの人がわたしたちに会いたがった」彼女と仲間の望みは、心をかき乱す思い出を振り払うことだけだった。イスラエルに来て、あの疑問――「誰が命令を下したのか？」――によって引き起こされた指導者層の分断と亀裂を知った。ラボンなのかギブリなのか？　アブリ・エラードは彼らを裏切って、地下組織のメンバーをエジプトに売ったのか？　マーセルとその仲間が国を分断した疑問に対する答えを知っているだろうと考えていた上級官僚や政治家は少なくなかった。ところが、マーセルたちは何も知らなかった。「一度ディスコへ連れていかれたの」マーセルは思い出して語った。「耳をつんざくような音でダンス音楽がかかっていた。わたしたちはそこで何もすることがなかった。誰かがアブラハム・ディエアの家で開かれたパーティで、一人の男が近づいてきて言ったの。『こんにちは、マーセル、私はビンヤミン・ギブリだ』アブラハムに言ったわ――ギブリがいると知っていたら来なかったのにって」

とはいえ、彼女は平穏な日々を送った。イスラエルの一企業の代表である夫と一緒にドイツで五年間暮らした。イスラエルでは、大切な友人のメリー・パパドポウラスを何度も自宅に招待した。そして二人で長々と昔話をした。マーセルはメリーと一緒にいるときだけ自由と寛ぎと開放感を感じられた。彼女があの〝別の惑星〟で、すなわちエジプトの刑務所で、ほかの誰にも理解できない暗黒の時を生きていたとき、そばにいたのはメリーだった。

マーセルは二〇一九年十月にこの世を去った。彼女は著者の親しい友人だった。埋葬のとき、ヨシ・コーヘン長官が弔辞を述べた。「マーセルは雌ライオンのように勇敢に、不幸と悲惨の刑務所からよみがえった」

ベイルートのシューラ・コーヘンもレバノンの刑務所で長い悪夢を生きていた。七年のあいだ、彼女は屈辱と虐待に耐えた。重病にかかり、よりよい医療を約束されても、彼女は折れず、一言も口にしなかった。シリアは、政府の最高レベルに入り込んで大臣や将軍たちに便宜をはかった女を引き渡せとレバノンに厳しい圧力をかけたが、レバノン政府は拒絶した。シリアのムハバラトにベイルートでの尋問を許可しただけだった。

一九六三年に上訴し、シューラの死刑宣告は禁固二十一年に軽減された。忠実な夫ヨセフは釈放された。彼は失意の人となって帰宅した。刑務所で頭を剃られ、他の囚人や看守に虐待され愚弄され——釈放後の彼はもはや同じ人物ではなかった。地域で尊敬されていた彼の立場は消失し、妻は奪われ——財産を失った。

だが、中東を揺るがした第三次中東戦争の影響はベイルートにも及んだ。ザ・パールことシューラ・コーヘンは戦後、IDFとレバノン軍との捕虜交換で釈放された。シューラと空軍パイロット一名に対し、レバノン軍兵および市民四百九十六名だった。投獄されて七年がたったある日の早朝、彼女は私物をまとめろといきなり命じられ、刑務所を追い出され、乗せられた車は南へ、イスラエル国境へ走った。車はロシュハニクラの国境検問所で停まった。今回は合法的に国境を越えてイスラエルに入った。彼女の人生で最初で最後のことだった。

七年前に彼女を逮捕したムハバラトの警官が国境まで彼女に付き添った。「シューラ」彼は言った。「いまきみの片足はイスラエルに、もう片方の足はレバノンにある。教えてくれ——きみに関して言われていたこと、調査で判明したことはすべて——事実なのか？　きみはイスラエルのために何もしなかったのか？　もう出ていくのだから教えてくれないか？」

「私は思った」あとになってシューラは言った。「七年間私は一言も話さなかった。あと七、八分で両足でイスラエルを踏める。そのときわかるわって」彼女はレバノン人警官に答えなかった。国境のイスラエル側、柵のそばでIDF士官のダン・ハダニ大佐が待っていた。彼は喜んで彼女を迎え入れ、シューラ・コーヘンの〝受領書〟に署名し、赤十字の人間に手渡した。ハダニはこの数年、シューラを釈放させるためにあらゆる手段を試みてきた。そして彼女はいまここにいる。彼女が車に乗り込むと、車はハイファへ、そしてエルサレムに向かって走りだした。途中、窓の外を見ていた彼女の胸に、よくがんばったという思いがこみあげた。「私は国家イスラエルの一部を手にしている。たとえマッチの先ほどの大きさでも！」

だがシューラはシューラだった。彼女はハダニに言った。「もうすぐナハリヤ（地中海沿岸の町）ね。そこの美容院に寄ってもらえない？　こんな格好でハイファに行きたくないの」

イスラエルへ戻ったとき、シューラは五十歳になっていた。彼女の家族もレバノンを離れた。アーレット、イサク、カーメラ、ダビド、そしてヨセフの五人はひとまずキプロスへ飛び、そこでテルアビブ行きの便に乗った。

手術と長期間の治療を経てシューラは回復し、エルサレムのアパートメントを与えられた。その後すぐに、エルサレムのホテル、キング・デイビッドの古美術店の店長に任命された。褒章と勲章が次々と彼女に贈られた。情報界秘密戦士賞、エルサレムの名士、ベギン賞、ドンナ・グラジア章、ヴィーゼンタール協会賞など。九十歳の誕生日を迎えたときには、国の独立記念日の記念式典で、〝イスラエルの人々と国のためを思ってエルサレムの女性がとった勇敢な行動の数々をたたえて〟、十二本あるトーチのうちの一本に火をつける人物に選ばれた。

彼女は五十年以上——人生の半分——を、子どもたちと孫と曾孫たちに囲まれて生きた。〝ムッシユー・シユーラ〟は百歳で他界した。エルサレム出身の少女は、同胞にとって底知れぬ勇気と創意工夫と自己犠牲のシンボルとなった。

第二部　小柄なイサルがアマゾンをスカウトする

第七章　イェフディット・ニシヤフ
ブエノスアイレスのフラメンコ、エルサレムから来た女

一九六〇年五月八日。

モサド長官室に入っていくと、エネルギッシュな長官秘書官のマルカ・ブレイバーマンが彼女を待っていた。「外国へ行く用意はできているか？」マルカが尋ねた。

「はい」彼女は答えた。

「長官から電報が届いた。きみにすぐに出発してほしいそうだ」

「はい」

「目的地を訊かないのか？」

「いずれ教えてもらえるでしょう」

「南アメリカへ行ってもらう。遅くとも五月十日の夜にはブエノスアイレスにいなくてはならない」

「わかりました。家族には何と言えばいいでしょうか？」

「ヨーロッパの国際会議に行くことになったと言いなさい」

マルカは、彼女の本名イェフディット・フリードマン名義のマドリード行き航空券を手渡した。マドリードで、彼女がなんとなく知っていたモサド職員ロニ（仮名）と会った。ロニは彼女のイスラエ

ルのパスポートを受け取り、写真は本物だが偽名のオランダのパスポートを渡した。アルゼンチンのブエノスアイレス行きの〝イベリア〟航空の航空券も渡した。神経がひどく高ぶっていた彼女だったが、それを見せないようにした。三十五歳のモサド工作員の彼女にとって初の海外任務だった。

彼女が正式にモサドに入ったのはごく最近のことだった。オランダでシオニズムを信奉する一家に生まれ、第二次世界大戦が勃発した一九三九年、マルセイユ港を出航する最後の船でパレスチナに移住した。パレスチナで正統派ユダヤ教徒青年組織に加わり、同世代の女子に聖書を教え、第一次中東戦争を戦い、そののちエルサレムのヘブライ大学で歴史と哲学を勉強した。一九五五年十月二十五日、兄エフライムから秘密の手紙を受け取ったとき、彼女の人生は永遠に変わってしまった。

「親愛なる妹イェフディットへ――

ぼくはユダヤ機関の重要な任務のために敵国にいて、重要な仕事の協力者を必要としている。百パーセント信頼できる人物でなければならないのでおまえを選んだ。二、三日後に機関の職員から連絡があるだろう。どうか母さんには何も言わないでくれ、おりを見てぼくから話す。気をつけて。エフライムより」

その後やってきたユダヤ機関の職員から、エフライムはモロッコで大きな事業――モロッコのユダヤ人をイスラエルに移動させること――を行なっていると聞かされた。その作戦は〝枠組み《フレームワーク》〟という秘密組織によって実施されていた。フレームワークは〝ゴーネン〟という自衛組織を有し、イスラム過激派から攻撃された場合にユダヤ人社会を守る備えをしていた。イェフディットは兄の頼みを即座に了承し、一九五六年にオランダのパスポートでモロッコへ派遣された。旅行かばんに武器と書類を入れてこっそり持ち込んだ。彼女はわくわくして任務についた――数千人のユダヤ人をイスラエルへ連れてくるのだ！

偽名を使ったのはそのときが初めてだった。イスラエル出身のイェフディット・フリードマンではなく、オランダの気候が嫌になってカサブランカへ引っ越したインドネシア生まれの裕福なオランダ人女性になりすました。カサブランカのカフェで〝フレームワーク〟指揮官の一人、シュロモ・イェへズキーリに会った。彼は古風な作法で彼女に接し、踵をかちりと合わせて、彼女に活動名〝ジュリエット〟を与えた。

その一九五六年にモロッコは独立し、国王はすべてのシオニスト活動を禁止した。〝フレームワーク〟と〝ゴーネン〟は内密に活動を続けた。

イェフディットはモロッコに二年半滞在した。子どもたちから〝タタ・ジュリエット〟（タタは〝おばさん〟の意味）と呼ばれた彼女は、毎週金曜日に、リバイ家の安息日の食事会に参加した。だが、子どもたちは彼女が来ることを人に話してはいけない、また町で会っても声をかけるなと言いつけられた。彼女は小さなイツハクが好きだった。将来、イスラエルの国会議員にして閣僚となる子だ。数年後に二人が再会したとき、家で〝知らない人たち〟とよく会合していたねとイツハクは思い出を語った。そういう会合のときには、イツハクの父親が言う。「今日はおばあちゃんの家へ行こう」そしてタタ・ジュリエットと他の客たちを家に残して、家族全員が急いで家を出るのだった。

滞在中、イェフディットは数千人の違法移住を采配した。彼女は知識と教養の宝庫だった。多国語――オランダ語、ヘブライ語、英語、フランス語、ドイツ語――を話した。一般的な人々のふるまいや物事の進み方や現地の習慣に通じており、モロッコからヨーロッパまたは隣国のアルジェリア経由でユダヤ人を密出国させる方法をつねに考えていた。任務のためにいくつかの人格を使い分ける必要があったので、同僚たちは彼女を〝千の顔を持つ女〟と呼んだ。モサドの秘密の使者が彼女に言ったことがある。「きみは、朝はイギリス人女性として目覚め、オランダ人としてその日を終え、ドイツ人として深夜眠りにつく」他の活動家たちは彼女の演技力を高く評価した。彼女は早い段階で、わずかに精神の錯乱した女を演じることに決めていた。そうすれば何をしても相手にされないだろうという計算からだ。警察は彼女を〝いかれた人〟と呼んだ。

それでも彼女は、警察の高官数人と親しい関係を築くことに成功し、彼らから入手した秘密文書を自宅で写真に撮ってから、果物や野菜でいっぱいの買い物袋に入れて返した。彼女はイスラエルから届いた偽造パスポート三千冊を自宅に隠していた。アルジェリアとの国境に近いウジュダの街のフランス領事と特別な関係を築いた。当時のアルジェリアはフランスの植民地だったので、アルジェリアに入国したユダヤ人全員が簡単にイスラエルへ行くことができた。

フランス領事は教養のある人だった。以前、インドシナで勤務したことがあり、そのときには東南アジアの文明について研究した。社会哲学がとても好きで、イスラエルの世界的な哲学者マルティン・ブーバーの大ファンだった。ヘブライ大学の教授であるブーバーには世界じゅうにたくさんの弟子がいた。イェフディットがブーバーから哲学を学んだと聞いて、領事は〝卒倒しそうになった〟。彼の夢はマルティン・ブーバーに会うこと、せめてその哲学者を知る人に会うことだった。彼は領事室でイェフディットとブーバーについて長い時間語り合い――二人で話しながら、数百冊のパスポートにアルジェリアの入国ビザのスタンプを押した。イェフディットがモロッコにいるあいだに、彼女が考えついたさまざまな策を用いてイスラエルにこっそり移送したユダヤ人は二万五千人にのぼった。

最終的にモロッコの作戦はモサドに引き継がれ、イェフディットはイスラエルに帰国した。そして、世界各地のユダヤ人共同体の保護と救出を担当する部局〝ビツール〟（要塞）の所属となった。彼女は新しい仕事に情熱的に取り組み、その熱意を表わすコードネームを自ら選んだ。〝フラメンコ〟――情熱のダンス……。

一九六〇年五月九日、彼女はアルゼンチンに向かった。長官が、母国から数千マイル離れた場所での謎の任務に彼女を選んだ理由はわからなかった。

旅程は順調には行かなかった。飛行機は遅延し、乗継便に間に合わなかった。途中の空港で何時間も待った。そして二十四時間遅れでブエノスアイレスに到着した。一九六〇年五月十一日の夜遅く、彼女はホテルにチェックインした。翌朝、見知らぬ男がやって来て、街の中心部にあるカフェの名前と住所が書かれた一枚の紙を渡された。それぞれのカフェの名前の横に、小さな数字で時間帯が書かれていた。０９：００‐０９：３０、１０：００‐１０：３０……と朝から晩まで続いていた。その男は言った。「あなたの面会時間は十一時だ」彼女は腕時計を見た。十時三十分だった。ホテルにスーツケースを置いたまま、タクシーを拾い、運転手に行き先はカフェの〝ラスビオレタス〟と告げた。渡された紙のラスビオレタスの住所の横に１１：００‐１１：３０という時間帯が記されていたのだ。彼女はカフェに入った。

灰色のスーツを着た小柄で頭のはげた男が壁に背を向けて、小さなテーブルのそばに座っていた。モサド長官のイサル・ハルエルその人だった。小さなコーヒーカップが前に置いてあった。このカフェシステムを考え出したのは彼自身だ。その日長官がまわるカフェと時間帯を、毎朝補佐官が紙に書き留める。このスケジュール表を手にした部下は、いつでも、電話を使わずに長官を見つけられるというわけだ。

イェフディットはモサドの通路でささやかれていたハルエルの噂を聞いたことがあった。数年前、モサドが他の機関からモロッコの秘密移住計画を引き継いだときに長官に会ったことがある。彼女は長官の独創的な考え方と能力に敬服した。彼は並外れた直感の持ち主とも言われていた。かつて、辻褄を合わせるための作り話を聞いたとき、ごくささいな点を質問しただけで、ＫＧＢの一流スパイであるゼーブ・アブニ（愛称〝ピグマリオン〟）の正体を見破ったことがあった。

イサル・ハルエルは十七歳のとき、生国ロシア（現ベラルーシ）から貨物船に乗ってパレスチナにやってきた。ヤッファ港のイギリス人警察官は、十代の少年がリュックサックに入れていたわずかな食料を調べもしなかった。もし確認していたら、丸いパンの中に隠されたリボルバーを発見していたかもしれない。イサルはあるキブツに加わり、その後イギリス沿岸警備隊に入隊した。そしてハガナーに勧誘されて、生まれたばかりの秘密情報部〝シャイ〟に入った。彼は影の世界のヒエラルキーを高速で昇っていった。国家イスラエル樹立後、シャバックの局長に任じられた。自動車事故で重傷を負ってモサドを辞任したが、ベングリオンはハルエルを長官に任命した。これら新たな職務につくたびに、〝国家保安機関を牛耳る男〟として、ハルエルは国内と国外両方の部門で強大な力を溜めこんでいった。

一九六〇年春、ドイツはヘッセ州のフリッツ・バウアー法務長官から彼に連絡が入った。バウアーは、アドルフ・アイヒマンの偽名と現住所を入手したと話した。〝最終的解決〟とも呼ばれる六百万人のユダヤ人虐殺に関与したナチスの将校である。戦後アイヒマンはアルゼンチンへ逃亡し、リカルド・クレメントの名で暮らしていた。筋金入りのナチス戦犯ハンターであるバウアーは、ドイツ情報部にそれを知らせれば、元ナチスが必ずアイヒマンに警告を発し、逃亡に手を貸すだろうと考えた。そうさせないために、彼はイスラエルにその情報を知らせることにしたのだった。ハルエルは自分の車を走らせて、ベングリオン首相が住居にしている砂漠のキブツへ行き、バウアーからの驚くべきメッセージを伝えた。ベングリオンは言った。「生死に関係なく、やつを連れてこい」そして、しばし沈黙したあと、こう付け加えた。「生きたまま連行しろ。わが国の若者にとって大きな意味を持つだろうから」

モサドの実働部隊の指揮官としてナチスの犯罪者を拉致しイスラエルへ連れて帰る任務をまかされたハルエルはアルゼンチンへ飛んだ。これまでモサドが行なってきた中で最も重要で複雑な任務だった。そして昨夜、作戦が実行された。ラフィ・エイタンとピーター・マルキン率いる実働班がアイヒマンを捕まえ、ブエノスアイレスの街外れにある隠れ家に連れこんだ。

アイヒマン捕獲の数日前、ハルエルはイェフディットを任務に加えることを決定した。ハルエルがそう決めたのは、イェフディットのアーリア人らしい見かけと、驚くほど巧みに外国語を操る能力のせいだろうとラフィ・エイタンは推測した。だがハルエルの決断はもっと奥深い理由によるものだった。女性もモサドの一員として作戦に参加すべきだと彼は強く信じていたのである。それはモサドの方針の大きな転換であり正当な理由であった。ハルエルはしばらくのあいだシューラ・コーヘンとヴァルトラウト・ロッツを指導したことがあり、彼女たちの力量を高く評価していた。また、ベルリン大学で物理学の博士号を取得した、華奢《きゃしゃ》で優雅で精力的なイエル・ポスナーのことも高く評価していた。シロアッフに引き抜かれた彼女は、モサドの〝伝説の発明家〟となった。国外へ派遣されるモサド工作員全員の架空の経歴と偽造書類を作成したのはポスナーだ。そのキャリアの頂点が〝フィナーレ作戦〟（アイヒマンの捕獲）だった。

だがイェフディットの任務は、モサド・アマゾンが男と対等の地位と責任を持って作戦に参加する初めてのケースだった。女性が第一線の工作員となったことで、モサドの歴史において新しい一章が開かれた。

ハルエルはイェフディットを迎え、いつもの礼儀を省略して意気揚々と言った。「彼を確保したぞ！」

「誰を確保したのですか？」訳がわからずに彼女は尋ねた。

彼は驚いて頭を起こした。「きみは自分がここにいる理由を知らないのか？」

「知りません。ここに来れば教えてもらえると言われました」

ハルエルは笑った。「では教えよう」

長官の口から作戦のことを聞いて、イェフディットは唖然とした。世界が驚く作戦に参加することになるとは想像もしていなかった。渡航の目的を知らずにイスラエルを発ったのだ。彼女は手紙にこう書いた。〝南アメリカへ飛んで、イサル・ハルエル自身で指揮する作戦に参加しろと要請されました。モサドではこちらから質問はしません〟。いま、ラスビオレタスのカフェで、出発はいつですかとだけ尋ねました〟。いま、ラスビオレタスのカフェで、飛行機の到着が遅れたせいで、アイヒマンを捕まえ、モサドの隠れ家に連行した前夜の大作戦に参加しそこねたことを悟った。本来なら自分もそこにいたはずなのだ。

ハルエルは彼女の役割を説明した。隠れ家は空港へ行く途中にある大きな屋敷だ。そこの一室にアイヒマンを拘束している。最初は、イスラエルから到着する飛行機に犯人を乗せるまで、隠れ家に一晩か二晩監禁するだけの予定だった。ところが手続き上の理由で、飛行機の到着が十日ほど遅れることになった。その間モサドの実働部隊は屋敷に犯人と一緒に滞在しなければならない。近隣の住人や通りがかかりの人に怪しまれないように芝居を打つことにした。休暇中の夫婦が屋敷を借りたように見せかけ、夫婦は一日の大半を芝生の上で酒を飲んだり新聞や雑誌を読んだりして過ごす。〝夫〟はベテラン工作員のミオ・メイダッド、〝妻〟はイェフディット・フリードマンだ。彼女は毎日犯人を世話し、ひげを剃り、食事を用意する。

説明がすむと、待機している車に乗って屋敷へ行けとハルエルから命じられた。

半時間後に到着した。運転手は話しかけてこなかった。屋敷は新しく快適で、庭はよく手入れされており、壁のそばに椅子二脚と低いテーブルが置いてあった。イスラエル人が待っていて彼女を中に入れた。彼女はかなり緊張していた。リビングルームに十人ほどの男がいた。最初、彼女の知らない顔ばかりだと思ったが、やがて友人のピーター・マルキンに気づいた。昨夜、アドルフ・アイヒマンの家の外で彼に飛びつき、彼を無力化したのち、ラフィ・エイタンと協力して逃亡車に引きずりこんだのがマルキンだったことを彼女は知らなかった。

「ピーター」彼女は声をあげて彼に駆け寄った。「全部聞いたわ。すばらしいわね。協力するチャンスをもらえてとても喜んでいるの」

男たちの表情から驚きと落胆を読み取った。彼らは重圧のせいで神経質になり、気分を害していた。ブエノスアイレスの警察とナチ系団体が行方不明になったアイヒマンをさがしまわるのは明らかなのに、十日間も息を潜めて飛行機の到着を待たなければならないのだ。士気はわりと低かったが、女性が一人やってくるというニュースに彼らは元気づけられた。〝女性工作員が来ると聞いて元気が出た〟ピーター・マルキンは書いている。〝ふさわしい女性ならチームの雰囲気をがらりと変えて、ひどく退屈な任務を少しはましにしてくれるだろうと全員が思っていた〟。その女性は勇敢で聡明な工作員だと彼らは聞いていた。マタハリのような魅力的で謎めいた女性が屋敷に入ってくるのを期待していた者もいた。その一人ウジは、生まれて初めてジャケットとタイを身に着けた。

そしてドアが開き、イェフディットが入ってきた。

「これはきっとおやじのジョークだぜ」ウジはつぶやいてタイをはずした。〝イェフディットはイスラエルの工作員の中で最も魅力的と言えないばかりか、牛乳瓶の底みたいなレンズのせいで巨大になった〟茶色の目と〝ぶかっこうな肉体〟の持ち主だと、マルキンは手紙で酷評している。

「おれたちはマタハリみたいな目の覚めるような女性を思い描いていたんだ」別の工作員のルーベンは言った。「そしたら、長身でもきれいでもなく、丸々太って金縁の眼鏡をかけた女が来た……街で彼女に会っても目を引かれなかっただろう」

それがマタハリだったのでは？


魅力的かどうかはさておき、イェフディットはすぐにチームに溶けこんだ。彼らは隔離された場所で一緒に十日間を過ごさなければならなかった。ハルエルの指示どおり、彼女は毎日庭に出て、〝夫〟のそばでのんびりと椅子に座り、酒を飲み、雑誌などを読んだ。またアイヒマンの食事を作り、彼に食べさせる前に味見をし、チームの医師が処方した錠剤を与えた。だが使用済みの皿を洗うことは断固として拒否した。一日めの朝、彼女はアイヒマンに朝食のトレイを運んだ――固茹で卵一個とクラッカーだ。マルキンが彼に食べさせた。マルキンは書いている。〝幼い子どもに食べさせるように食べさせられているアイヒマンを見ながら、彼女はひどく落ち着かない様子でそこに立っていた〟（アイヒマンは手錠をかけられていたので両手を使えなかった）。その男を見ていると、彼の命令で毒ガスを吸わされ、銃で撃たれ、拷問され、生きながら焼かれた数百万人のことを考えてしまう。彼女には、そんな人間に食事をさせられるユダヤ人がいることが理解できなかった。食事が終わると彼女は言った。「私はそのお皿に触るつもりはないし、洗えない。恐くて見たくもない」ハルエルから犯人のひげを剃ってくれと頼まれて、それを毎日担当していたマルキンと交代し、二、三度剃ったことがあった。しかし、鋭い刃で男の顔を撫でるとき、男の喉にカミソリを押しつけてその〝極悪非道〟の人間を殺したいという衝動に一度ならずかられた。のちに彼女は話している。「彼の喉にカミソリの刃をあてるたびに、ありったけの精神力を使って自分の手を引っこめたわ」

彼女はアイヒマンを情け容赦なく殺されるべき怪物とみなしていた。だが、彼と顔を合わせて声を聞いていると、卑しむべき従順な男だとわかった。彼女は憎悪を感じたものの、復讐したいとは思わなかった。「私たちを最も悩ませたのは、彼がじつに取るに足りない人間だったこと。数百万のユダヤ人を殺した男は、チンギス・ハンやフン族のアッティラ王であってほしかった。怪物でいてほしかったのに、じつは何の価値もない人間だった」と彼女は感じた。のちに彼女は書いている。〝この作戦に携わった全員がなんとなく悪魔その人に会えるものと期待していた。自分の名前をサインするだけで大勢のユダヤ人を死に追いやれるのは悪魔のように恐ろしい人間だけだと思っていた……結局、この世ではそう簡単に悪魔の手先に会えないのだ。私たちははけたはずれに恐ろしい邪悪なものを予想していた――でも実際見たのは、自分の行動の歴史的意味さえ解さず、『命令に従っただけ』とか『私は小さな歯車にすぎなかった』とか『誰もこの手にかけていない……』と繰り返す卑屈でふがいない官吏だった〟

この終わりのない悪夢のような期間をイェフディットは切り抜けた。彼女は自分の役割をきちんとこなしたが、一つだけ問題があった。信仰深い彼女は、チームの食品に触れることができなかった。毎日、固茹で卵と干からびたパンを食べ、コカ・コーラを飲んだ。彼女を気の毒に思い、ユダヤの律法《コーシャ》にかなった食品がないと死んでしまうのではないかと心配した男が市街地まで車を走らせ、コーシャ食品店を見つけて、コーシャの肉を持ち帰った。だが、皿や調理器具がコーシャでなかったので、彼の努力は無駄になった……。

十日後、イスラエルのエルアル航空機が到着した。ハルエルとチームは投薬されたアイヒマンにパイロットの制服を着せて機内にこっそり運び入れ、イスラエルへ連れ帰った。イェフディットはもう一人の工作員と残って後片付けをし、拉致の痕跡を消した。男性工作員と同等の立場で作戦に参加した初めての女性である彼女は、民間の定期便でイスラエルへ帰国した。


アイヒマンの裁判が始まろうとしていたころ、イェフディットは、マルカ・ブレイバーマンの部屋でひどく若い赤毛の女性とすれ違った。赤毛の女は長官室から出てきて、悪びれずにマルカに手を振った。ハルエル長官の秘書官はイェフディットのけげんな顔に気づいた。「ああ、こちらは女の子だ」彼女は笑みを浮かべて言った。

「女の子?」

マルカが事情を話した。

イスラエルに連行されてきたアイヒマンは、拘置所で厳しい尋問を受けていた。彼の証言はテープに録音され、文書にされ、ヘブライ語に翻訳されて、毎日ハルエルに届けられた。

毎朝受け取る報告書の余白に所見や解釈が手書きされていることにハルエルは気づいた。アイヒマンとドイツから到着したばかりの弁護士、ロバート・セルバチウス博士との会話も翻訳され、その報告書にも謎の手書きメモが見られた。ハルエルはそのメモの内容と、メモの作者の鋭敏な頭脳にひどく感心した。

「誰が書いたのか?」彼はマルカに尋ねた。

「女の子です。ドイツ語がわかるんですよ」

「その子を連れてこい」

彼女が連れてこられた。すらりとした長身、ショートカットの赤毛と青い目の二十二歳だ。十代にしか見えなかった。名をアライザ・マゲンという。

「ドイツ語がわかるのかね？」彼は尋ねた。

彼女はそのわけを話した。ベルリン出身のユダヤ人夫婦の娘だった。一九三三年、ナチスがドイツの権力の座についてすぐ、弁護士だった彼女の父親は、今後はドイツの法廷に立てないことを知らされた。一家はパレスチナへ移住し、エルサレムに住み着いた。アライザはそこで生まれ、母のドイツ語を聞いて育った。兵役を終えたのち、彼女はモサドに入った。組織にはすぐになじんだ。彼女の仕事の一つがアイヒマンの尋問報告書の翻訳だった。そこに自分の見解を付け加えたのだ。

「なぜだ？」ハルエルは尋ねた。

彼女は冷静に答えた。「翻訳しながら、見抜いたことを書き留めたのです」

アイヒマンの裁判が始まると、ハルエルは彼女に執務室に毎日来るよう求めた。彼女は自分の見解を表明し、裁判でロバート・セルバチウス博士が述べたことを分析した。「ハルエルは裁判に深い興味を抱いていました」数年後に彼女は思い出して言った。「私が表面的なものだけでなく、奥の真実を読み取ったことを彼は理解していました」

イェフディットとアライザはこうして知り合い、その後何度も顔を合わせることになる。イェフディットはアイヒマンの裁判に立ち会ったが、公的立場ではなく、一般の多くのイスラエル人と同じように傍聴席からだった。アイヒマンは死刑を宣告され、処刑された。ハルエルはイェフディットとアライザという女性二人を忘れず、モサドの最も複雑な作戦のいくつかで彼女たちを使った。一九六二年の〝トラの子〟作戦もそうだった。

一九六二年のイスラエル社会に広がっていた疑問が一つある。〝ヨセル少年はどこにいる？〟

平信徒のアイダとオルター・シューマッハー夫妻の八歳の子ヨセルは、実の祖父でハシッド派ユダヤ教徒のナシュマン・シュターキーズに連れ去られた。親が宗教と子どもを切り離し、世俗人として少年を育てることを恐れたのだ。だから彼は孫を誘拐し、国外の超正統派ユダヤ人地域へひそかに連れこんだ。

ヨセルの両親は警察と国会と最高裁判所に訴え出た。効果はなかった。強情な祖父を逮捕し監禁してもいかなる結果も生まなかった。ヨセルの誘拐はイスラエルの社会を揺るがし、世俗社会と超正統派ユダヤ教徒との激しい対立を引き起こした。一触即発の事態から内戦になるのを恐れた人々も多かった。ベングリオンはハルエルを呼んで尋ねた。「その子をさがしだせるか？」

ハルエルは承諾し、前例のない〝トラの子〟作戦を開始した。イスラエルの敵と戦うために設立されたモサドが、ヨーロッパのハシッド派ユダヤ教徒の閉鎖的世界へ潜入し、子どもをさがさなければならない……ハルエルはパリに現地本部を設立し、ヨーロッパじゅうのハシッド派タルムード学院やユダヤ教会堂へ人員を派遣した。これまで大胆で危険な任務を行なってきたモサド工作員は、ハシッド派の服装に身を包み、それらしいふるまいをしながら、超正統派の世界へ潜り込み、ヨセルの居場所を突きとめようとした。できなかった。多くの場合、ハシッド派によって正体が暴かれ、ばかにされ、激しく非難された。綿密に立てた計画すら無惨に失敗した。

作戦に従事していたイェフディット・フリードマンの正体はばれなかった。現代的でリベラルなヨーロッパ人女性の役を演じてきたこの〝世界の女〟はまたしても人格を変えた。いまの彼女は、ヨー

彼女のやり方は熟練の秘密諜報員並みだった。定住所も事務所もなく、記録も残さない。身分証明書などの書類はすべてハンドバッグに入れて持ち歩いている。だが一つ手落ちがあった。私書箱を持っていたのだ。モサド情報員はどうにかして私書箱を開け、新聞広告を見つけた。マドロン・フライユの持ち家が売りに出されていた！　モサドはドイツ人実業家になりすまして連絡を取り、六月二十一日、〝弁護士の住居〟で売買契約書を作成すると偽ってシャンティの一軒家に彼女をおびき出した。そこへ出向いた彼女は、だまされてモサドに捕まったことを知った。彼女はユダヤ教徒にまた戻り、敬虔な超正統派の女性としてコーシャの食事を供され、聖書を与えられ、同室者としてアライザ・マゲンをあてがわれた。

ルースとイスラエル在住の彼女の息子の尋問により、ハシッド派のラビの指示でハイファまで船旅をしたことが判明した。その地で自分用のパスポートを偽造し、そこにヨセルの年齢と女性名クロディンを付け加えた。子どもは少女の服を着せられてヨーロッパへ連れていかれ、少年に戻ってユダヤ学校に紛れこんだ。だがモサドがハシッド派本部に目をつけたころ、ルースはヨセルにまた少女の服を着せ、一緒にアメリカへ飛んだ。ハルエルは彼女と対面して動揺させ、彼女は譲歩してついに子どもの居場所を明かした。「子どもはガートナー家に預けた」彼女は言った。「ニューヨークのブルックリン、ペンストリート一二六番地。ヤンケレと呼ばれている」

ＦＢＩの協力を得て、ニューヨークのイスラエル外交官がブルックリンへ急行し、子どもを見つけてイスラエルの喜ぶ家族のもとへ連れ戻した。それはハルエルの大きな手柄だった。彼はルース・ベンダビドの能力に大きな感銘を受け、モサドに勧誘しようとした。だが手遅れだった。ルースはエルサレムへ戻り、反シオニズムの正統派政党〝ナトレイ・カルタ〟の長で七十二歳のアムラム・ブラウと結婚した。

イェフディットはイスラエルに帰国した。そして、アントワープで陰口を叩かれていたにもかかわらず、同じ年の一九六二年、二十年来の恋人であるモルデカイ・ニシヤフと結婚した。誰が見てもちぐはぐな組み合わせだった。モルデカイはたくましい大男で、宗教とは縁遠く、揺るぎない左翼活動家で、労働運動の論客の一人だった。彼と並ぶとイェフディットはとても小さく見えた。彼女は正統派ユダヤ教徒で右翼思想の持ち主であり、活気に満ちた夫とは正反対だった。モルデカイの親友である著者のマイケル・バー゠ゾウハーはイェフディットに何度か会ったが、物静かで一人でいるのが好きな女性がイスラエルで最上級のモサド・アマゾンだとはいまだに信じられない気持ちでいる。

結婚して二年後、イェフディットは息子のハイムを出産した。モサドの仕事も続け、ヨーロッパや中東で多くの作戦に参加した。エジプトでの任務のとき、すべての秘密諜報員の悪夢といっていい場面に遭遇した。アレクサンドリア空港で、数年前に知り合ったヨーロッパ人から声をかけられたのだ。彼は嬉しそうに叫んだ。「イェフディットじゃないか！　ここで何をしているんだ？　元気かい？」彼女が危険を感じたのはほんの数回しかないが、これがその一回だった。敵国で正体がばれれば身の破滅だ。最初、彼女は男を無視していたが、男が何度も呼ぶので彼に顔を向け、なんのことかわからないという振りをして英語で答えた。「人違いじゃないですか！」男が何か言う前に、彼女は反対方向に走り去った。

いまはイェフディット・ニシヤフとなったイェフディット・フリードマンは中東など世界各地へ出向いてオランダ人やドイツ人やベルギー人になりすまし、情報員を勧誘して指揮し、政府の支配層に食いこんだ。彼女の平凡な容姿は行動の妨げになるどころかその反対だった。多くの人にとって、彼女はごく普通の女性に見えた。エリーゼル・パーマー（イスラエルの外交官）はオスロで初めて彼女と会った。モサドがリレハンメルの作戦で失敗し（第十三章参照）、ノルウェーの刑務所に監禁されていた数人の工作員に面会に来たときだった。心をそそる色っぽい腕利きスパイを想像していたパーマーは実際に彼女に会って驚いた。彼女のホテルの部屋のドアをノックすると、「私の前に立っていたのは、赤毛でそばかすだらけで、若さの恵みをとうの昔に失った丸々太った小柄な女性だった。だぶだぶの灰色のワンピースみたいな服を着ていて、場違いなところをうろつく主婦のように見えた……街で見かけても、この業界の人間だと思いもしなかっただろう」だが、ほかの大勢と同じく、パーマーもすぐにイェフディットのすばらしい知性と工夫の才を思い知ることになる。

彼女は人事部長に出世した。国外に出張すると、ホテルの部屋にこもって、持っていった大量の本を読破することが多かった。あるいは美術館へ行ったり、オペラ上演を手伝ったりする。モサドが戦争犯罪者のヘルベルトス・ツクルスをモンテビデオで暗殺することを決定したとき、イェフディットはその作戦のためのファイルを用意し、ごくささいな点まで綿密に計画した。作戦を任されたのは、〝フィナーレ作戦〟で彼女の〝夫〟役を務めたミオ・メイダッドだった……。

彼女の上官は彼女を褒めそやした。「モサドのような組織はどこでも」将来モサド長官となるエフライム・ハレビイは言った。「優秀でない人員、並みでさえない人員を抱えている。だが、ほかをその気にさせる〝優秀な集団〟も必要だ。イェフディットは間違いなく、優秀な集団の中心だった」

彼女は一九七六年、五十一歳でモサドを退職した。法律を学ぶために再び学校に通い、卒業した。公の職を退いたいまも、決して見てはならないものであるかのようにつねにカメラを避けている。「たった一枚でも私の写真が出れば、場所によっては」彼女は姪のルシー・ベンハイムに話した。「誰か死ぬかもしれない」彼女は、イスラエルの著名作家であるシュラミット・ラピッドからの彼女の伝記を書かせてほしいという頼みを何度も断わっている。

イェフディットはさまざまな職につき、右翼団体でも活動した。だが、彼女が何より大切にしたのは、目に入れても痛くないほどかわいがった息子のハイムだった。一九六四年生まれのハイムは数学の才能を示し、博士号を取得したのち、研究のためにアメリカへ渡った。モルデカイとイェフディットの自慢の息子だった。

しかし運命は過酷だった。恐ろしい不幸がイェフディット・ニシヤフに降りかかった。一九九四年、夫が癌で倒れ、病院にかつぎこまれた。夫のベッドのそばにいたイェフディットは、看護師に呼び出されて衝撃のニュースを知らされた。「ご子息のハイムさんが亡くなりました」

ハイムは恋人とほかのカップルの四人でネパールのアンナプルナ山をトレッキングしていた。その日の行程を終え、恋人と眠りについた。朝、彼は目を覚まして恋人に訊いた。「いま何時？」「あと半時間あるからもう少し寝ましょう」彼女は言った。寝返りを打った彼が突然苦しみだした。数分後、彼は息を引き取った。

心停止だ、医師たちは言った。イェフディットとモルデカイにとって最悪の打撃だった。彼女はむなしくも過去に慰めを見出そうとした。「神よ」ハイムの葬儀で彼女は言った。「息子を授けてくださった三十年間に感謝します」だが、彼女を慰めようとした息子の友人たちに彼女は言った。「あなたたちはかけがえのない大切な人だし、感謝しているけれど、わたしの喪失感を埋めることはできない」

モルデカイは三年後にこの世を去り、彼女は一人残された。彼女はネパールの首都カトマンズに、愛する息子を記念して図書館を建てた。毎年同じ日に彼女はネパールへ行き、ヘリコプターをチャーターして、ハイムが命を落とした地域上空を飛ぶ。

その不幸の暗い影は彼女の晩年も晴れることはなかった。彼女は重病を患い、二〇〇三年に永眠した。「毎年、それが最後になりますようにとおばは祈っていました」姪のミラ・デイビスはウリ・ブラウ記者に語った。「本当はおばに未練はなかったのです。ハイムの元恋人と頻繁に連絡しあい、語学を勉強し、忙しくしていました。でも、心の中では人生に見切りをつけ、そのときを待っていました……」

第八章　イサベル・ペドロ

カイロのハイヒール

一九六二年七月四日にヨセルが家族のもとに帰り、イサル・ハルエルとモサドは賞賛を浴びた。ハルエルはあちこちの祝宴に招かれたが、長くは続かなかった。それから二十日とたたない七月二十一日、ナセルがカイロでロケットを見せびらかした。その裏にドイツ人科学者がいることが新聞の見出しで取り上げられ、モサドはいっせいに非難された。モサドは肝心の任務を軽視している。ドイツ人はエジプトで世界を破滅させる兵器を開発しているのに、モサドの腕利きスパイはラビに扮し、ヨーロッパで子どもをさがしていた。それでいいのか？　それがモサドの仕事なのか？　イサル・ハルエルはどこにいる？

ハルエルはパリの現地本部へ最優秀のスパイをただちに派遣し、在エジプトの秘密工作員に注意を喚起した（エジプトのドイツ人科学者の件の詳細は、第五章を参照）。だが、モサドは状況をまったくつかめていなかった。長官はどんな犠牲を払ってもエジプトのミサイル計画に関与したドイツ人科学者を見つけだし、尋問してやると決心していた。数週間後、モサドが一人のドイツ人科学者の勧誘に成功したという話をアライザ・マゲンが聞きつけた。その男はエジプトで研究していたが、関連する仕事でヨーロッパに滞在していた。だが、モサドに接近され、怯えた彼は話すことを拒否した。モサドの幹部はアライザを使うことにした。

「彼はとても怖がっていた」アライザは語った。「モサドの工作員は彼をなだめられなかった。わたしがパリに呼ばれた。こう言われたわ。『きみが彼に会ってくれ。おそらく、若い女性を見れば——わたしは二十四歳だった——彼の気持ちが落ち着くだろう』」それにドイツ語は彼女の母の言語だった。彼女はオーストリアのザルツブルグへ飛び、その科学者、オトー・ヨクリックと会った。人目につかない一軒家での対面だった。「彼とうまく親交を結ぶことができました」彼女は同僚たちに言った。「ねえみなさん、これまでの話を聞きたいのでイスラエルに来てくれとわたしが彼を説得しますと言うと『なんだと？』とみんなは言った」彼らは、〝リズヘン〟という愛称で呼ばれているこの女性にそんなことができるとは期待していなかった。

「わたしは言ったの。『わたしが彼をイスラエルに連れていきます』って。そのあともう一度彼に連絡を取った」

　彼女はヨクリックに言った。「イスラエルに来たらどうかしら」彼はそう考えただけで恐れをなしたようだ。

　だが彼女は話を続けた。「わたしが一緒に飛行機に乗っていくし、ずっと一緒にいるから。あなたの安全は保証します。わたしを信じて。何も心配することはないわ」

　〝リズヘン〟は彼の信頼を獲得した。

「こうしてわたしは一人めのドイツ人科学者をイスラエルに連れていった。大成功だった。彼は適任だった」エンジニアでもあるその科学者は、知っていることをすべて話した。「正体のつかめなかった、エジプトで活動するグループを解明する糸口が突然手に入った。これがわたしの初手柄だった。そのあとでもう一人連れていった」

その後ハルエルはドイツ人科学者に対する悪辣な作戦を開始した（第五章参照）。だが、情報はまだ不足していた。となると、現地でもっと工作員が必要だ。カイロで。

十カ月前の一九六一年十月。

絵のように美しく細身で優雅なイサベル・ペドロが、ハイファ港でイスラエルの客船〈テオドル・ヘルツル〉号を下船した。イサベルは二十七歳だった。「父が車で港へ迎えに行って」イサベルの姪のルーシー・アネルは思い出を語った。「ハイファ郊外のキルヤットハイムのわが家へ彼女を連れてきた。そのころのわたしはまだ幼かったけれど、それまで見たことのないような若い女の人だった。独特だった。華やかでセクシーで美しくて、きれいな脚をしていて、紫色の石のついた指輪をはめて、両方の手首に金のブレスレットをしていたわ。あのときの服装は一生忘れないと思う。金色の糸で飾った茶色のプリーツスカート、柔らかそうなシルクのブラウス、ハイヒール。わりと小柄だったけれど、ハイヒールを履いていたから背が高く見えた。それに、何カ国語も話せるの！　英語、フランス語、ポルトガル語、イディッシュ語、ドイツ語の地方語全部。もちろん母語のスペイン語も。彼女はウルグアイのモンテビデオ生まれよ。すぐにヘブライ語も、キブツ・ウシャの専門学校で勉強して話せるようになった。週末になるとうちに来ていたけれど、ヘブライ語の講習が終わると、テルアビブの外れのギバタイム（の町）へ引っ越していった」

イサベルの幅広い知識と、人とうまくつきあう能力がルーシーに強く印象に残った。「人生で二本の小瓶を手にする」目を丸くした幼い姪にイサベルが言ったことがあった。「一本は香水、もう一本には毒が入っている。どちらを選ぶかはあなたが決めるのよ」

ウルグアイの亜麻仁油製造業者の娘だったイサベルは、モンテビデオ大学で建築と美術を学んだ。

子どものころから、シオニスト青年組織〝エブライカ〟で活動していた。裕福で評判の高い一家の娘だった彼女はバレエを習い、ピアノを弾いた。一九五三年、十九歳で同郷のユダヤ人と結婚したがうまくいかず、一年半後に別居した。離婚届を手にするまで七年待ち、それが手に入るとすぐさま三十五人の若者グループに混じってイスラエルへ出発した。スペインの船に乗ってイタリアのジェノバへ行き、そこでイスラエルの船に乗り換えた。

イサベルには、人とすぐにうちとける能力と、人を引きつける魅力があった。船上で彼女と出会ったスペイン海軍士官のフアン・アントニオは、彼女の魅力に参ってしまった。二人はいろいろなことを楽しく語り合った。アントニオは彼女を口説いたが、彼女は距離を縮めることなく、くだけた友情関係を保った。

「わたしたちのグループはジェノバで下船しました」彼女は記者のシュロモ・ナクディモンに語った。「アントニオはスペインのカスティーリャ地方の実家の住所を教えてくれました。そこを訪ねてくれと誘われたんです。船での偶然の出会いがイスラエルの安全保障に役立つ日が来るなんて思ってもいませんでした」

イスラエルに来た彼女は、テクニオン‐イスラエル工科大学テルアビブ校で建築内装を専攻した。ウルグアイにいる両親が金銭的に援助してくれた。モンテビデオ大学の建築学科を卒業していたが、イスラエルで実務に携わるにはテクニオンの卒業証書が必要だった。すぐにたくさんの男たちが近づいてきたが、彼らに関心はなかった。

一年後、イサベルはヤッファの警察分署へ入っていって、女性警部補と面会した。ギバタイムの彼女のアパートメントのドアを二人の見知らぬ若者がノックしたと彼女は話した。少しためらったが、彼女はドアを開けた。「恐れることはありません」一人が言った。「海外で仕事をしてみないかと誘いに来たのです。イスラエルの安全保障に関わることです」

ドアの中に入れはしたが玄関で立ったまま二人と話した。驚いたことに、二人は彼女の人生のごく些細なことまで、何もかも知っていた。聞いているだけでも怪しかった。

「誰に言われてここに来たの?」彼女が尋ねても、彼らは無視した。彼女なら〝国の安全保障のため国外で重要な役割を果たす〟ことができると、彼らの上官は確信していると繰り返すばかりだった。

彼女は納得せず、彼らは返事を求めなかった。「考えておいてください」帰る前に一人が言った。「返事を聞きにまた来ます。私たちが話したことはすべて本当です」

その夜彼女は眠れなかった。離婚歴があり子どものいない、イスラエルへ来てまだ一年のほやほやの移住者だ。「わたしはまだ二十八歳でした」のちに彼女は語った。「あの人たちは売春用の女性売買をしているのではないかと思ったのです。移住してきたばかりの若く無知な女に目をつけたのだろうと」イサベルは女性警部補に、訪ねてきた二人が政府機関の本物の使者かどうか調べてくれと頼んだ。

二日後、その女性警部補がイサベルのアパートメントにやってきた。「怖がることはありません」彼女は言った。「あの人たちは本物です。仕事の誘いは冗談ではなく、彼らはあなたにイスラエルのために働いてもらいたいと思っています」

翌朝、男二人がまた彼女の部屋のドアをノックした。

「あなたがたの上官に会いたいわ」彼女は言った。「あなたがたをここに遣わした人たちに。もっと事情を知りたいし、どうしてこのわたしが必要なのか知りたい」

二人は、二日後の午後、テルアビブのカフェ〝ビアード〟での会合を約束した。にぎやかなダイゼンゴフ通り沿いにあるカフェだった。

イサベルは早めに〝ビアード〟に行った。店の中を調べて、静かな場所を選びたかったのだ。彼女は上の階のサイドテーブルに落ち着いた。二、三分して、痩せ型で頭のはげかかった年配の男が彼女の前に腰をおろした。彼女はオレンジジュースを、男は紅茶を注文した。男は名乗らなかった。あとになって彼女は、それがモサド長官のイサル・ハルエルだったことを知った。

彼はすぐに要点に入り、イスラエルの秘密情報部に入らないかと誘った。

「なぜわたしなんですか？」彼女は遠慮なく尋ねた。

彼は微笑んで答えた。「我々がきみについて知っていることが、この申し出を裏付けている。きみならイスラエルの安全保障にめざましい貢献ができる」

イサベルは将来を天秤にかけた。建築家というすばらしい職業で名をあげられるかもしれない。それに、モンテビデオで犯した過ちを正したいとも考えていた――自分にふさわしい男性と再婚し、家庭を築くのだ。他方で、イスラエルという国をなんとか生きながらえさせようとしている人々に協力する機会にも心惹かれていた。ＩＤＦで兵役についたことはないが、この国のために何かしたい。これは立派な自分の努力目標だ。

「二、三日考えさせてください」しばし黙考したあと、彼女は言った。

二日後、彼女は長官の申し出に応え、正式にモサドに入った。

彼女の生活は大きく変わった。彼女は、当時勧誘されてモサドに入った他の女性とはまったく異なっていた。イスラエル社会はあまり格差がなく、富裕層はごく少なかった。だから、高い生活水準と洗練されたやり方に慣れた、おしゃれで垢抜けた若い女性はそこになじまなかった。とはいえ待遇も訓練も、他のアマゾンとまったく同じだった。

短期間の基礎訓練が終わると、試験的な任務がいくつか待っていた。最初の任務は、ネタニヤ市の南にあるドーラ軍事基地にひそかに接近し、そこの建物と設備を写真におさめることだった。だが、ツァイスのカメラをケースから取り出そうとしたところで、陸軍士官の大きな手が肩に置かれた。

「何をしている?」士官が叫んだ。「許可はあるのか?」

彼女はフランス語で答え、ヘブライ語がわからないふりをした。バッグの中のスケッチブックを指差して、写真をもとに風景画を描いていることを手ぶりで説明しようとした。

士官は相手にせず、警察を呼んだ。警官二人にネタニヤ警察署に連れていかれたが、そこでも彼女は不安を見せず、悪気のない画家のふりを通した。警察の移送車が到着し、彼女はヤッファの警察本部へ運ばれた。尋問室で二人の不機嫌な警官に質問攻めにされた。裁判だ、刑務所行きだ、国外追放だと彼らに脅された。彼女はあくまでフランス語で話し、数時間続いた尋問ののち監房に放り込まれた。

一時間後、何の説明もなく釈放された。警察署に近いバストロス通りを歩いていると、いきなりモサドの教官の一人が現われた。「捕まったな」彼は言った。「ひどくまずかった」すべて――軍事基地、逮捕、尋問室での厳しい追及――が仕組まれていたことに彼女ははたと気づいた。プレッシャーと脅しに耐える能力を見るためのモサドの演習だったのだ。「敵国で似たような任務中に捕まれば」教官は続けて言った。「刑務所行きかそれ以上に悪い事態になるかもしれない」イサベルは肩をすくめた。「重要なのは最終結果だわ。わたしは外に出た。そこが肝心よ」

次の任務は、テルアビブの北にあるリーディング発電所に侵入し、そこで目撃した機械類と設備を記憶することだった。五〇年代なかばに完成した発電所は、空から攻撃されないように大半が地下にある。イサベルは夜遅くに発電所に忍び込んだ。ヤーコン川の浅瀬を進み、発電装置の冷却に使用したあとの大量の温水を排出する大きな導管へ入った。導管は地下の大空間とつながっていた。イサベルは二基の巨大タービン、制御盤、複雑に張り巡らされたパイプとチューブを念を入れて調べた。そのあと外に出て、太ももまである温水につかって歩いた。夜、海の近くの真っ暗な川に浸かっている自分は、ハイヒールと高価なドレスを身に着けてパーティに出席する自分とはまったくかけ離れている、と彼女は思った……その後、自分が目にしたことを詳細な報告書にまとめた。教官は、細かな点まで記憶できたことを高く評価した。

初歩訓練はマンツーマンで続けられ、テルアビブ支部のモサドがしかるべき理由をつけて借りた、バグラショフ通りにあるアパートメントで行なわれた。そこでモサド工作員が、空中写真の分析方法、地勢図の読み方、尾行を察知して撒く方法、さまざまな武器の見分け方、モールス電信機やあぶり出しインクの使い方を指導した。また彼女は〝情報源の誘い方〟、情報の収集方法、書類や地図の記憶法を学んだ。彼女がそのアパートメントで四カ月暮らすあいだ、初老の家主自慢の〝ゲフィルテフィッシュ〟という川魚のすり身料理を何度かごちそうになった。

訓練の終わりに、敵国へ派遣されることになったと知らされた。エリート層と政府内の大部分でいまでもフランス語が話されているエジプトが選ばれた。すばらしい古代の遺跡があるエジプトに行けて彼女は喜んだ。

任務に出発する前に、テルアビブのユダヤ家庭料理専門のレストランで長官と面談した。その店でこれまで何度か小柄なハルエルに会っていたが、いつものテーブルに座った彼女の前に現われたのはイサル・ハルエルではなかった。

ハルエル長官と首相の関係が決定的に悪くなった事件の噂を聞いたことはあった。意見の食い違いで激しく口論し、ハルエルとベングリオンは初めて対立したのだ。ベングリオンはモサド工作員によるドイツ人科学者の暗殺に大反対した。また、科学者たちの反イスラエル的活動をドイツ政府が裏で援助しているというハルエルの見方にも異議を唱えた。アイヒマン裁判のあと、イサル・ハルエルは人が変わったように、新生ドイツに対する不信感と敵意にとりつかれているとモサドの上級工作員の多くが感じていた。首相執務室で激しく衝突したのち、ハルエルは辞任した。

次の長官が決まった。ＩＤＦ情報部（アマン）部長のメイール・アミート将軍だ。イスラエル建国のために戦ってきた、痩せ型で浅黒いアミートは、一九二〇年にウクライナからイスラエルのティベリアスへ移住したユダヤ人家庭に生まれた。軍一筋でやってきた彼はハルエルより若く、彼の信奉者ではなかった。アマン司令官だったアミートは、エジプト国内のドイツ人科学者がイスラエルの存続に関わる脅威だとは考えていなかった。また、エジプトで製造されているミサイルは時代遅れで、命中率は低いと主張した。さらに、ドイツ人科学者はすべての生物を抹殺できる死の光線を開発中であると断言するハルエルの報告も認めなかった。ゴルダ・メイア外相は、ケネディ大統領との緊急会談でその兵器について言及した。だがケネディは真剣に受けとめなかった。ＳＦ漫画フラッシュ・ゴードンに出てくる話に聞こえたのだ。その後の未来はアミート（とケネディ）が正しかったことを証明している。

長官任命の数日後、イサベルの出発前夜にアミートは彼女と顔を合わせた。面談に先がけて、アミートは担当教官の報告書を読んだ。〝彼女は頭の回転が速く、不慣れな場所の地理の理解力が高く、空中写真の分析に長けている〟。彼は任務について指示するつもりだったが、話は思わぬ方向から始まった。拍子抜けするくらい率直にイサベルは言ったのだ。「モサド工作員と呼ばれる人間になれたことを光栄に思います。でも、武器の使い方を知らないし、武器の使い方を知りたいとは思わないし、メラです」

どんな殺しにも加担するつもりはありません。私の武器はこの目と耳と記憶力と、そしてもちろんカメラです」

アミートは黙って話を聞いていた。モサドやアマンで彼にそこまで率直に話した者はいなかった。彼は実際の用件へと話を向け、エジプトでの彼女の任務について語った。「我々には、軍事施設、軍の動き、軍事基地に関する情報が必要になる」

「わかっています。かなりの数の状況説明を受け、エジプトに関する書物や記事をたくさん読みました。それに、エジプトの古代遺跡が大好きなので見に行くのが楽しみです……」

彼は微笑んだ。別れぎわに、彼女の豊満な体型を際立たせるトリコットという織物の服をさっと見た。「その服を忘れないように」彼は助言した。「とても似合っている」

彼女はこの上ない幸せを感じながら帰途についた。夢が実現する。あと数日でモサドの任務を遂行する敵国へ出発する。必ずや任務を成功させよう。上官の期待にまちがいなく応えよう。彼女は自分の能力と幸運を信じていた。

一九六三年四月末日、モサドの職員が運転する車でロッド空港へ行き、パリ行きのエルアル航空機のタラップまで付き添ってもらった。高度を上げる飛行機の中で、彼女はこれが人生の新しい章の始まりだと思った。偽の経歴と偽の素性を与えられて、これから一人でやっていくのだ。どこへ行こうが恐ろしい危険はついてまわる。だが彼女が感じていたのは恐怖ではなく、わくわくする期待感だけだった。

パリに到着し、翌朝、高級ホテル〝ジョルジュサンク〟のカフェへ入った。小さなテーブルについて数分後、灰色のスーツを着た中年男性がそこに座った。小柄でがっしりした男で、しわの寄った顔のもじゃもじゃの眉と形を整えられた口ひげが目を引いた。

「私はマイケル」彼は言った。敵国に潜入している工作員と情報員を統轄するモサドの実働部隊〝ハミフラッツ〟の隊長だった。ハルエルの命令で彼がドイツ人科学者暗殺作戦を率いたことを、彼女はあとで知った。

二人はパリのあちこちのカフェで何度か顔を合わせた。〝マイケル〟は質問をした。彼女の個人的な状況や、命の危険を冒す覚悟についてしつこく尋ね、エジプトのエリート支配層に潜りこむ能力を確かめた。「彼はわたしの答えに満足したようだった」のちに彼女は《マアリーブ》新聞社のダリア・マゾーリ記者に語った。「エジプト行きが近づいてくると、彼は言った。『行って、自分のやりたいことを、やりたい場所でやりたいときにやれ』これ以上のはなむけの言葉はないと思う。わたしの判断力と行動力をまったく疑っていない言葉だった」

マイケルは長時間の面談はしなかった。安全上の理由から、彼は手短な打ち合わせを好んだ。カフェやレストラン、閉店時間を過ぎたあとのバーやナイトクラブでもだ。「慎重を期した打ち合わせには絶好の場所だ」マイケルは、ハルエルが考案した手法を活用していると説明した。

だが、今回に限ってマイケルは自分の方針を離れ、もっと時間をかけてイサベルと話し合った。彼は、自らを危険にさらす覚悟をした女性によるエジプトでの任務を重視していた。彼は以前、地下組織である過激派右翼グループ〝シュテルン〟の指揮官を務めたことがあった。人生の大半を、イギリス統治のパレスチナで、変装し偽名を使い、イギリス警察から身を隠して過ごしてきた。とうとうイギリス警察に逮捕され、アフリカのエリトリアに数年間追放された。イサベルには自分のようになってほしくなかったので、骨を折って絶対にばれない隠れみのを作り上げた。

彼がイサベルのために思いついた〝経歴〟とは、華やかなパリ社会の外縁にいる人々とつきあいのある裕福なアマチュア女性画家だった。十月革命のあとソ連からフランスへ避難してきた〝白系ロシア人〟と呼ばれるロシア人がいる。彼らは、パリのオペラ座の前にある有名な〝カフェ・ド・ラペ〟によく集まっていた。イサベルはそうしたロシア人と一緒にそこで過ごすようになり、まもなく彼らの仲間として認められた。イサベルがモンテビデオから持ってきた絢爛たる毛皮のコートを着てそのカフェに入っていくと、すべての目が美しくあでやかな女性に釘付けになる。それこそマイケルが望んだものだった。誰かが彼女の経歴を確認しにきたとしても、カフェ・ド・ラペの常連の多くが、白い毛皮のコートを着た華麗な女性のことを思い出すだろう……。

イサベルとの打ち合わせの折、マイケルはイスラエルとエジプトとの長期にわたる争いについて長々と話し、ガマル・アブドゥル・ナセルをイスラエル史上最悪の敵と呼んだ。ナセルが近代的兵器を軍に装備しようとしていることや、ユダヤ人国家を抹殺するというナセルの目標を話し、「エジプトはイスラエルにとって決して目を離せない国だ。きみの任務はその国内をくまなく旅して、軍事施設に注目し、いつもと違うできごとを調べ、エリート層とつきあい、しかるべきときにきみの直感を働かせることだ」と彼は最後に言った。

マイケルは、隠れみのの信頼性を高めるために、本名とパスポートをそのまま使わせることにしたとイサベルに話した。だが、彼女が出発する直前、そのパスポートが致命的な落とし穴になりうることが判明した——イスラエルの入国ビザと出入国管理局のスタンプが押してあったのだ。そのパスポートでエジプトへ行くなど問題外だった。マイケルが解決法を思いついた。イサベルは赤いマニキュアの液体をパスポートにぶちまけた。ページのほとんどが汚れて使えなくなった。彼女は列車でアムステルダムへ行き、大げさに謝りながら、ひどく汚れたパスポートをウルグアイ領事に提出した。領事が発行した新しいパスポートを手にして、彼女はミラノへ飛んだ。そこのエジプト領事館へ行って、長期間の観光ビザを申請した。領事に旅行の目的と長期間の滞在予定について尋ねられると、彼女はエジプト考古学を勉強したいからと説明した。「領事は」のちに彼女は言った。「私の答えよりむき出しの脚を気にしていたから、それ以上質問されなかった」

そして、エジプトへ発つ前の最後の行程でスペインへ行き、モンテビデオからジェノバまでの船旅で彼女に言い寄ってきた海軍士官のホセ・アントニオのカスティーリャ地方にある実家を訪ねた。ホセは不在だったが彼の両親は温かく迎えてくれた。彼女は、そこの住所へ手紙を送るので、郵便物をイスラエルへ転送してもらえないかと頼んだ。「世界を旅しているのですが、イスラエルの家族に滞在地を逐一知らせたくないのです。だから、スペインのこの住所経由で自分の家族に手紙や絵葉書を送ろうと思います。そうさせてもらっていいですか？」

彼らは快く承諾した。イサベルは、彼らはマラーノ（中世後期に迫害を恐れてキリスト教に改宗したユダヤ人）の子孫ではないかと思った。また、息子の花嫁候補として見られているようにも思った。とても仲良くなった夫妻と別れて彼女はカイロへ飛んだ。

カイロに到着し、ウルグアイのパスポートで入国した。入国審査官に、自分は建築家兼画家で、古美術を勉強するためにエジプトに来たと告げた。そして列車で市中心部へ向かった。列車で彼女と並んで座ったアメリカ人観光客が、女の一人旅ならヒルトンかセミラミスに泊まれば安全だと教えてくれた。彼女がセミラミスを選んだのは、上流階級のエジプト人に人気があるホテルだとそのアメリカ人が言ったからだ。

ロビーで観光客向けパンフレットをいろいろ見て、すぐにカイロのエリート層のお気に入りスポットであるザマレク・スポーツクラブに着目した。クラブに行ってみると、利用者の多くは外国人で、大半はドイツ人だった。その中の一人に彼女の目が吸い寄せられた。イスラエルのスパイのような気がした。ドイツ人から情報を聞き出すやり方が、危険なほど見え透いていたのだ。イサベルは自分のほかにも、エジプトで活動するイスラエルのスパイがいることを確信した。たぶん彼はその一人なのだろう。彼女は至急モサドに、男のやり方を説明し——彼が確かにイスラエルのスパイなら——すぐに呼び戻すことを勧めるメッセージを送った。彼女は正しかった。男の名はヴォルフガング・ロッツ……呼び戻されなかったものの、二年後に妻とともに逮捕された。

彼女の急務はエジプトの首都カイロで人脈を作ることだった。ザマレククラブで知り合った上流階級の女性数人から自宅に招かれた。そこで知り合ったイタリア人の若い女性がイタリア領事を紹介してくれて、その領事が高官や軍士官を紹介してくれた。セミラミスの骨董店〝アリババ〟にいたときに出会った若い考古学者のムラード・ガーリ（仮名）から、国内をまわって調査するので一緒にどうぞと誘われた。イサベルは、アルゼンチンの考古学者による古代エジプトとピラミッドの研究書を贈った。ガーリとの最初の調査旅行はエジプト南部だった。その旅行で、南方のスーダンに向かって移動する部隊と重兵器を目撃した。エジプト軍は移動に列車を利用しており、こうした目的のために国内の鉄道網を拡張している最中だった。

その次はギザのピラミッドへの小旅行だった。イサベルは〝大ピラミッド〟に登り、その複雑な造りに畏敬の念を覚えた。「四千年以上前にファラオの奴隷だった古代イスラエルの人々が作ったものかしら？」と彼女は思った。見てまわったあと、そばのホテル、メナハウスで友人と会った。そこのロビーで、政府関係者と深いつながりで知られる有名テレビレポーターを見かけた。イサベルは近づいていって自己紹介した。自分のスケッチを見せ、エジプト考古学に興味があるのですと話した。二人は二度、三度と会った。何度めかに会ったときに彼が機甲部隊の大佐を紹介してくれて、その後、その大佐本人が気づかないうちに、エジプト陸軍機甲部隊に関する彼女の情報源となった。

イサベルは自動車を購入し、カイロからアレクサンドリアへ走っていたときに一度、ソ連製の戦略爆撃機ツポレフ16が多数駐機する大きな航空基地のそばを通った。彼女は車を停めて爆撃機を数え、機種と特徴を記憶してからまた車を走らせた。アレクサンドリア港へ行き、エジプト海軍艦の数と特徴を記録した。「いろいろなテーマの情報報告をイスラエルに送ったわ」彼女はダリア・マゾーリに話した。「空軍関係が多かった。兵器と歩兵部隊の動きを観察した。気に入らなかったけれど止めることはできないし……」

エジプト最南部のアスワンに、ソ連の資金援助によりナイル川の巨大ダムが建設中だった。そのダムがイスラエル軍の攻撃目標となることはわかっていた。「ダムの設計図を入手しなければならなかった。それが私の最も重要な任務だと思ったの。戦車や戦闘機や大砲で攻撃しなくても、爆弾一個あればダムを破壊できる」そして、ナイル川クルーズ船でダムの近くまで来たとき、彼女は設計図を手に入れた。「クルーズ中に仲良くなった一等航海士が、ダム建設のことを詳しく話してくれた。ラムセス二世時代に岩を掘って作ったアブシンベル神殿を保存することになって」ダム湖に沈もうとしていた唯一無二の古代遺跡である巨大なアブシンベルの石像を別の高地に移築するという、なんとも大がかりで前例のないプロジェクトが考案された。「わたしは考古学に興味を持つ建築家だと自己紹介したの。航海士は新しいダムのナイル川の底の基礎構造を含む精密な設計図のファイルを持ってきてくれた」

イサベルは地図と設計図を写真に撮り、すべての資料を大封筒に入れて、スペインのホセ・アントニオの実家へ送った。取り決めのとおり、そこからテルアビブの私書箱へ転送された。イサベルはその任務を彼女の仕事人生で最重要だと考えていた。悪意のない手紙に報告書を入れてスペイン経由で送り続けた。エジプトに無線送信機をひそかに持ち込んであったが、送信は最小限にとどめた。電子的なメッセージはエジプトのムハバラトに傍受される可能性があると知っていたのだ。

その間、エジプトとイスラエル間の緊張は増すばかりで、いますぐ紛争が起きてもおかしくないとイサベルは思ったが、エジプト人の友人たちにはその気持ちを隠しとおした。

イサベルは三年ものあいだエジプトで活動した。その間、彼女は、パリ経由でイスラエルを三度訪れた。イスラエルでは親戚の家に滞在したが、自分が〝ヨーロッパで〟していることを匂わせもしなかった。ただ、ある朝化粧をしながら、マスカラの小さなボトルを手に取り、姪のルーシーにこう言った。「これはカイロの市場で買ったのよ」ルーシーは内心笑っていた。ああ、またイサベルが現実離れしたことを言ってる。それとは別の訪問時に、イサベルはルーシーと一緒にアトリットの専門学校の会合に行った。「わたしは前にモールス信号を勉強したことがあるのよ」と彼女は言った。ルーシーはまた可笑しくなった。はいはいわかった、イサベルはモールス信号を知ってるのね……。

モサド最大のスパイ、エリ・コーヘンが捕まり、ダマスカスで処刑されたうえ、ロッツ夫妻がカイロで逮捕されたため、エジプトでのイサベルの任務の危険性はかなり増した。「つねに危険な状態にあるのはわかっていた」のちに彼女は言った。「でも怖くはなかった。わたしは恐怖心とは無縁だった」彼女はカイロの社交生活に溶けこみ、カジノやナイトクラブやレストランへ行き、現地のジャーナリストの求愛をやんわり断わった。一九六五年初頭、古代の財宝さがしをテーマにしたイタリア・エジプト合作映画に、彼女は小さな役で出演した。その映画の撮影中に、エジプト人プロデューサーと知り合い、エジプトへやってきた外国人としての彼女の体験をもとに、テレビの週一度の美術番組でフランス語で進行役を務めないかと誘われた。その申し出はとても嬉しかったが、彼女は断わった。「どこで誰が見ているかわからないから」

エジプトで三年を過ごしたのち、彼女はイスラエルへの帰国を希望した。モサド本部で長く、詳細にわたる厳しい聞き取り調査が行なわれた。上官からロッド空港の航空管制官の仕事を勧められたが彼女は断わった。以前の職業である建築内装を再開し、仕事は順調に運んだ。

ある日、運命の輪が出発点へ戻った。彼女に住宅内装の見積もりを依頼した人物はほかでもない、大昔に彼女を勧誘したハルエル長官その人だったのだ。「彼の奥さんはわたしを温かくもてなしてくれたわ。私はあの家を見違えるように変えたの。ハルエルがやってきて、じろりと見て、いいんじゃないかと言って出ていった。彼は思慮深かった。エジプトのことを訊きもしなかった。もちろん、わたしが誰か気づいていたのに」

その後、彼女は地下組織イルグンの元メンバーと結婚し、息子二人をもうけた。「彼の母親がきっかけで結婚することになったの」彼女は言った。「私にべた惚れした彼女はわたしをつかまえて言った。『あなたは私のものよ』未来の夫とはまだ会ってもいなかったのに、彼の母親が勝手に決めたの」結婚式のとき、イサベルは相当の数の花婿の親戚や友人が元モサドだと知った。イルグンとシュテルン武装組織で場数を踏んだ者たちが結婚式の賓客だった。その一人が、将来首相となるメナヘム・ベギンだった。もう一人はパリのハンドラーで、彼女の絵を一枚買ってくれた〝マイケル〟だった。本名はイツハク・シャミル、やはり将来首相になる。

あの華麗な毛皮のコートはいまも、テルアビブのイサベルのクロゼットに掛けられている。

第九章　ネイディーン・フレイ
悲しい愛の物語

この章は本書の全体的な意図とは異なるものの、得がたい物語なのでお許し願いたい。

一九六三年、新長官のメイール・アミートは、モサドの現地作戦センター長としてサミー・モリアをパリへ派遣した。サミーはモサド創設以来最高級の工作員だった。敵国で危険な数々の任務を行なった。その一つが、五〇年代にベイルートのシューラ・コーヘンとの連絡手段を確立することだった。だがいまのサミーは、敵国でのモサドの作戦の監督ではなく、別のつらい任務を担当していた。

ネイディーン・フレイ（仮名）は生まれも育ちもヤッファだった。イスラエル建国のための第一次中東戦争のときも脱出しなかった裕福なアラブ人家庭の末っ子だった。一家はキリスト教徒だったが、パレスチナ人愛国者と同じく、その地を占拠する憎きシオニストを追い払いたいと考えていた。ネイディーンは、教師をうならせるほど聡明なカトリック系の女子校生だった。美しく、長身瘦軀で、肩までの豊かな黒髪を編み、どこを取っても欠点のない顔に吸い込まれるような黒い瞳が光っていた。十六歳のとき、自宅で、若くハンサムなすらりとした男性と出会った。ネイディーンの父親が彼をこう紹介した。「こちらはファド、学校の新任教師だ。しばらくここに住むことになった」

ネイディーンとファドは社交辞令をかわしながらも、お互いから目を離すことができなかった。その後、ファドの礼儀正しさ、アラビア語の使い方、話の端々からうかがえる幅広い知識に、ネイディーンは感心した。最初は家族がそばにいるときに二人で何時間も話し、あとになって密かに二人きりで会うようになった。深い愛情が芽生え、二人は結婚を決意した。父親が認めてくれたのでネイディーンは喜んだ。だが問題があった。ファドはイスラム教徒で、ネイディーンはキリスト教徒だ。どうすればいいのか？　最終的に、ファドの宗教指導者の協力を得られなかったので、彼女の父は民事婚を選択した。

一九五七年、フレイ家は新婚夫婦を含めて家族全員がフランスへ移住した。当初、父は深刻な経済的苦境に陥ったが、ファドが助けてくれた。彼は、イスラエルで不動産業を営んでいたときの蓄えがかなりあるから家族のために役立てようとネイディーンに話した。そしてフランスでも何件か商取引をまとめた。しばらくしてファドとネイディーンは親と離れて中東に戻り、アラブの国に住むことにした。しかしシリアとエジプトの長期ビザを取得できず、パリにいるしかなくなった。ネイディーンは女児を出産したが、二、三カ月してその子が死に、悲しみにうちひしがれた。その後、健康な男児を授かった。ファドは仕事でちょくちょくシリアへ出張した。ところが、しばらくして、レバノンに数カ月滞在しなければならなくなったとネイディーンに告げた。「きみと息子はパリにいたほうがいい」と彼は言った。

騒がしすぎて好きになれないパリで一人ぼっちでみじめな思いをしていたネイディーンは、パレスチナ人の若い学生ナビル（仮名）の腕の中に慰めを見いだした。ナビルはフランス在住のアラブ人の集いでネイディーンとファドと知り合ったのち、一家全員と仲良くなった。ナビルはイスラエルとアラブの紛争について過激な意見の持ち主で、全面戦争しかないと考えていた。ネイディーンは彼の意見に賛成し、誰にも内緒で浮気を続けた。だがしばらくして愛人のナビルは、フアドをパレスチナ人として真の愛国者と賞賛し尊敬しているという理由で彼女との別れを決めた。

フアドは二年間ベイルートで一人暮らしをしたのち、ネイディーンと幼い息子を呼び寄せた。家族はまた一つになった。三人の暮らしは普通に戻り、ネイディーンはまた妊娠した。

ある夜、眠れなかったネイディーンは、書斎でかがみこんで無線機をいじっている夫を見つけて驚いた。

ドアのところから動けなかった。

フアドが彼女を見た。その顔に困惑と苦悩と絶望が表われていた。彼は出し抜けに言った。「ぼくはイスラム教徒じゃない、ユダヤ人だ！　イスラエル情報部の任務でここにいる」

一九五四年の末、イスラエルの国内保安機関シャバックで最高機密訓練が行なわれた。〝ミスタアルビム〟すなわち〝アラブ人になりきる〟ための訓練だった。当時、イスラエル国内でアラブ人が居住する村や町は軍が厳しく統治していた。例外なくＩＤＦ軍司令官の統制下にあり、国内でのアラブ人の移動は厳格に制限されていた。それでもイサル・ハルエルは、閉鎖的なアラブ人社会で熟しつつある反感や反イスラエル計画に関する情報が必要だと感じていた。ハルエルは、アラブ諸国との戦争は避けられないと考えていた。アラブ人農民はアラブ軍を補助する〝第五列〟となるはずだ――彼はそう考えて、イスラエル国内のアラブ人村や地域にスパイを潜りこませることにした。そうしたスパイはユダヤ人だが、ふるまいも話し方もアラブ人らしくし、長きにわたってアラブ人社会に溶けこまなくてはならない。でなければアラブ人の考えや計画をじかに知ることはできないだろう。

ハルエルは信憑性のある〝ミスタアルビム〟を求めて長く徹底的な調査を行なった。その計画の責任者にモサド副長官のヤアコフ・カロスと、ベテランのスパイであるサミー・モリアを任命した。その二人は十人の若者を選考した。ほとんどはイラク生まれのユダヤ人だった。彼らはテルアビブ郊外の、かつてはイギリス軍士官学校として、その後第一次中東戦争のときにパレスチナ・アラブ指導者ハッサン・サラメの本部として使用された秘密基地で訓練を受けた。〝ミスタアルビム〟はイスラエルに住むアラブ人のふるまいや考え方を身につけ、イラクの彼らの出身地とは異なる土地の言葉を覚えた。イスラム教を徹底的に学び、コーランを暗記し、地元の村人と同じ装いをした。何人かは不潔で貧しいユダヤ人街に派遣され、近隣アラブ諸国からの〝潜入者〟と警察にみなされて逮捕され留置された。しばらくして釈放されると、割り当てられた村へ向かった。アブナー・ポラト(仮名)はこのような訓練を受けてファド・アヤドとなり、ヤッファに送られた。しかし、厳格な命令に反して、彼はネイディーンと恋に落ち、結婚したのだった。

その夜ベイルートで彼の告白を聞いて、ネイディーンは茫然として身動きできなかった。恐ろしいほどの衝撃だった。一瞬にして彼女の世界は粉々に崩れた。最初、彼の言葉を何ひとつ信じられなかった。だが、そこに立っていたのは、打ちひしがれ、希望をなくした夫だった。彼は何度も言った——ぼくはユダヤ人だ。イスラエル情報部から送りこまれた。

彼女は何も言えずに、彼の前で身体を震わせて立っていた。

脳天を直撃されたようなショックが過ぎた深夜、大きな怒りが湧き上がってきた。彼女が愛した夫は一度や二度でなく、ヤッファの実家で目を合わせたときからずっと彼女を騙していたのだ。涙があふれてきて泣きじゃくった。そして、またはっきり考えられるようになったとき、彼に対する愛情を利用した彼を責めた。「わたしを愛していたからではなく、スパイ活動のために利用したくて結婚したのね！」彼女は叫んだ。

彼女の強い愛国者精神が怒りを増幅した。彼女はシオニストに対するパレスチナ人の闘争を応援してきたのに、自分の結婚相手が非常に危険な敵スパイだったことが突然発覚したのだ。体内ですさまじい嵐が吹き荒れ、正気を失うかと思ったほどだった。

ファドは責め立てる彼女の指摘を否定し、彼女と息子への愛情は本物だと言い張った。任務とは無関係だと。それどころか、彼の教官は二人の関係に賛成しなかった。彼が結婚したのは純粋に彼女への愛情ゆえだ、生涯愛情は変わらないと彼は言った。

ようやくネイディーンは落ち着いた。そしてそこから、告白大会となり、彼女はパリのナビルとの情事を打ち明けた。こんどはファドが彼女の告白を聞いて仰天する番だった。二人の口論と非難合戦は夜明けまで続いた。

修羅場の夜が明けたころネイディーンは倒れ、流産した。回復すると彼女はファドに言った。「ここを出てパリに戻りたい」

彼は首を縦に振らなかった。「自分の意志でここにいるわけじゃない。ここに送りこまれたんだ。いますぐ荷物をまとめて出発などできない。ぼくにはハンドラーがいて、彼の許可なしに移動できないんだ」

ネイディーンは苦しい立場に陥った――彼と別れるか、敵スパイであることを承知のうえでとどまるか。彼女はとどまった。片時も夫の裏切りを許したことはなかった。にもかかわらず、あの夜から彼を守り、協力すらした。ベイルートで彼の手先となってスパイはしなかったものの、夫がスパイであることを当局に通報しなかった――そんなことをしたら彼はまっすぐ絞首台行きだろう。彼が無線機で送信するときには、玄関に錠をかけ、誰も家へ入れないようにした。

この異様な状態は、彼らがパリへ戻るまでさらに半年続いた。ファドの所属はシャバックからモサドへと変わっていた。ネイディーンの元愛人ナビルが、パリの夫婦の前にふたたび現われた。彼は設立されたばかりのテロ組織の活動家だということが判明した。ネイディーンの良心はここでも試された。パレスチナの大義とナビルとの関係を取るか、彼女を裏切った夫への忠誠を取るか。彼女はやはり夫を取り、夫の正体と任務をナビルとその仲間に漏らさなかった。

ファドとパレスチナ過激派グループは親密になっていった。モサドのハンドラーの支援により、ファドは第二事務所を開くという名目でブリュッセルにアパートメントを借りた。モサドは部屋の壁の奥にマイクなどの機器を取りつけて準備し、ファドは〝パレスチナ人の友人たち〟に自由に使わせた。そこで会合した彼らの話や協議や決定は録音され、モサドに送られた。その手柄のおかげでファドの評価は上がった。

だが、まさにこの手柄こそがネイディーンの新たな内省のきっかけとなった。民族自決主義のアラブ人である彼女自身が同胞の闘争の邪魔をしているように思えたのだ。彼女はファドに離婚を申し出た。彼は拒否した。パリ支局長だったサミー・モリアが彼に救いの手を差し伸べた。IDFのラビ長シュロモ・ゴレン師がイスラエルから呼び寄せられた。ゴレン師はネイディーンの説得に成功した。彼女はファドと別れないことにしたばかりか、ユダヤ教への改宗を決心した。改宗の手続きが終了すると、師は彼女とファドの、こんどは伝統的なユダヤ人の結婚式を執り行なった……。

ちょうどそのころ、サミー・モリアに憂慮すべき報告が届きだした。録音されたパレスチナ人の会話から、彼らがファドを怪しんでいることがわかった。彼はイスラエルのスパイだと指弾する声があった。モリアと上官はファドのヨーロッパ滞在を切り上げて、家族ともどもイスラエルへ送り返すことにした。一九六六年夏、彼らは船でハイファへ渡った。

ネイディーンと息子にヘブライ名とイスラエル国籍が与えられた。彼女たちは知らなかったが、二年前にモサド長官とシャバック長官が〝ミスタアルビム〟作戦の廃止を決定していた。ファドを除いて、十年以上におよんだ彼らの任務の成果はまったくなかったのだ。彼らは無意味なことのために自分を犠牲にした。作戦そのものが間違いだった。彼らはまったく役に立たない情報を得るために嘘の人生を生きた。何人かはファドと同じくアラブ人女性と結婚した。サミー・モリアが最も難しい役目――家族をパリに呼び寄せて、アラブ人の妻に真実を教えること――を担当した。

それは身を切られるような面談だった。気の毒な女性たちを見ていると胸が張り裂けるほどつらかった。モリアの話を聞いて気絶する女性がいれば、悲鳴をあげたりわっと泣きだして生まれ故郷の村へ逃げ帰った女性もいた。シュロモ・ゴレンが委員長を務める秘密ラビ会は、二人の女性を改宗させた。子どもの母親は非ユダヤ人だったとしても、父親は秘密任務に従事していたので子どもはユダヤ人と見なされるとラビたちは裁定した。数家族はユダヤ人としてイスラエルへ帰国した。とはいえ、その息子はIDFに徴兵されなかった。ある子が皮肉をこめて母親に尋ねた。「戦争が起きたら、ぼくは誰を撃てばいいの――イスラエル人、それとも身内のアラブ人？」これら家族は深刻な自己認識の危機に苦しみ、ほぼすべてのケースで妻と子は、困難で悲惨な人生を歩んだ。

ミスタアルビム作戦に参加した本人たちは裏切られ、報われなかったと感じた。意味のない作戦のために、かけがえのない青年時代を奪われたのだ。それは、結果的にユダヤ人とアラブ人の両方を傷つけたミスタアルビム作戦の苦々しい結果の一つだった。彼らはアラブ人社会の異教徒の家族に混じって偽りの自分を生き、その年月は、ユダヤ人の男たちにもアラブ人の妻と子どもたちにも取り返しのつかない心の傷を残した。

ファドとネイディーンの家族も苦悶した。改宗し、イスラエルへ帰国したあとも、ネイディーンの怒りと罪悪感は消えなかった。彼女は離婚したいと言い続け、ファドは拒絶し続けたが、とうとう二人は別居を決めた。ネイディーンはヘブライ大学に入学し、社会学で好成績を修めた。そしてようやく離婚し、息子を連れてパリに戻った。息子はイスラエルにとどまりたかったが、たまにパリを訪れる父親に会うことで我慢するしかなかった。だが、時の経過とともに訪問の回数は減っていった。

ファドは再婚した。一九七一年に心臓発作を起こして病院に運ばれ、開胸手術をした。

ネイディーンに毎月の手当を届ける係のモサド職員が、元夫の病気のことを伝えた。彼女はすぐにイスラエルへ飛び、彼の病室へ行ってベッドのそばに腰を下ろした。何週間ものあいだ、昼も夜も愛情こめて彼を世話し、身体を拭き、ひげを剃ってやった。再婚した妻は理解し、その奇妙な関係を受け入れた。

ファドはそのときは回復したが、一九七四年に癌で死んだ。

ネイディーンはパリに住み、パレスチナ人活動家と結婚した。

著者注：**本書はモサドの女性工作員の物語である。ネイディーンはモサドの工作員ではなかった。むしろ逆だった。だが、モサドのスパイとの生活、彼女の心痛と苦悩、ファドに――つまりはイスラエル――に力を貸した自分に対する複雑な心境など、ミスタアルビムの他の妻たちを含めて本書で敬意を払い、貢献を認めるべきであろう。**

第三部　マイク・ハラリと女たち

第十章　マイク

一九六八年

四月のある朝、イスラエルの地に降りたって間もないヴァルトラウトとヴォルフガングのロッツ夫妻が、ザルマン・シャザール大統領官邸に呼ばれた。大統領はじきじきに、夫妻のエジプトでの活動に対するイスラエルの感謝の気持ちを伝えたかったのだ。エジプトに二人の釈放を働きかけたメイール・アミート長官が夫妻に付き添ってエルサレムにやってきた。だが、その朝シャザールの執務室に入っていった数人の中に、氏名も面貌も最高機密となっている男が一人含まれていた。モサドのカエサレア副局長のマイケル（〝マイク〟）・ハラリだ。

テルアビブ市内の美しい一角ネベツェデク生まれのマイク・ハラリは、同僚からはイスラエルの究極の秘密工作員とみなされていた。十三歳のときにはすでにハガナーの伝令を務めていた。その後、出生証明書を偽造して年齢を二歳ごまかし、パルマッハ（ハガナーの〝突撃隊〟）に入隊し、パルマッハの派手な攻撃作戦に何度か参加した。イギリス軍が不法移民を監禁していたアトリット収容所の襲撃もその一つである。また、パレスチナと近隣諸国とをつなぐすべての橋梁を爆破した、パルマッハを象徴する〝橋の夜〟作戦にも参加した。マイクはイギリス軍に逮捕され投獄された。釈放されたあと、船でイタリアへ渡り、イギリス軍の無分別な封鎖をものともせずに、ナチスによる大虐殺を生き延びた人々をパレスチナへひそかに移住させた。イスラエル建国ののち、彼は多数の秘密組織を渡り歩き、モサドに入り、フランスとエチオピアで諜報任務を行ない、最終的に〝カエサレア〟にたどりついた。そこで暗殺を含む最も危険な任務に従事するキドン（銃剣）部隊を創設した。一九七〇年、新長官となったパルマッハ時代からの同志ツビ・ザミールにより、マイクはカエサレア隊長に任じられた。

スリムで黒い髪、広い四角い額の下で鋭い眼光を放つ茶色の目。外国生まれの人材を引き入れ、カエサレアに抜擢したハラリの手腕は、モサド内でひときわ知られるようになった。ザミールと協力してモサドの人員改革に着手した。ザミールが前任のメイール・アミートから長官職を引き継いだとき、カエサレアは〝ヘブライ語とイディッシュ語しか話せない男たち〟の集まりだったらしい。ザミールとハラリは、イスラエル人に見えない人々、外国語を流暢に話す人物に入隊を働きかけることにした。その大半はヨーロッパか英語圏の出身者だった。外国で正体を明かさずに偽名で活動するにはそれしかないとザミールは考えていた。

ハラリの大きな功績の一つは、敵国での危険な最前線任務に女性を送りだしたことだった。ハラリは前任者の誰よりも、女性工作員の限りない可能性と独自の能力に気づいていた。彼は若い女性に自分の部に来ないかと誘い、彼女たちと何時間も本音で話し合い、彼女たちを気にかけ、守ろうとする人間がいることを心に染みこませた。彼女たちの命や自由を危険にさらしかねないとわずかでも思えば、どれほど重要な任務であっても中止すると、彼は女性たちに言ってきた。ハラリは、アマゾンたちの父親のような存在となり、彼女たちも終生ハラリに親近感を持ち続けた。ハラリについて話す彼女たちから深い愛情と敬意が感じられた。ハラリは、ほとんどが外国生まれの若い女性を優秀なモサド工作員へと変身させた。

そのうちの一人が、最も有名なモサド・アマゾンとなるシルビア・ラファエルだった。

第十一章　シルビア・ラファエル（1）

悪名高き女

一九七四年一月のある朝、ヨルダンのフセイン国王がアンマンの宮殿のダイニングルームに入ってきて、朝食のテーブルについた。召使いが濃いコーヒーを注ぎ、国王お気に入りの料理を出した。国王は朝刊を開き、一面を見てぎょっとした。

彼がよく知る女性の顔写真が掲載されていたのだ。幾度となく宮殿を訪れ、国王と家族の写真を撮影した女性だった。彼女が何度も撮影した王子の一人が次のヨルダン国王となるアブドゥッラーだ。報道写真家の彼女は、宮殿職員から非公式宮廷写真家と呼ばれるほど頻繁にやってきた。フセイン国王が知っている彼女は、パリ在住のカナダ人パトリシア・ロクスバラだった。だが目の前の新聞には、イスラエルのモサド工作員シルビア・ラファエルと書かれている。そんなことがありうるのか？　チャーミングなパトリシアが敵スパイ？　彼女が初めてヨルダンに来たのは、ヨルダン政府の公式訪問客としてだった！　思いやりがあって人なつこいパトリシアは――イスラエルのスパイだったのか？

（国王は新聞ではなく配下の秘密情報機関からこの事実を知らされたとの説の信憑性はほとんどない。）

聡明で長身で美しく、茶目っ気ある性格を隠しきれないきらきら光る目をした、機知に富むユーモア感覚の持ち主のシルビアは、一九三七年、南アフリカのケープタウンに近い小さな町グラーフライネットで生まれた。男きょうだいが二人いる。父親はユダヤ人、母親はキリスト教カルバン派だった。ユダヤ教の規定では、非ユダヤ教徒の母親から生まれた子はユダヤ人ではない。さらに、父親が無神論者だったことが事を複雑にした。それでも彼女には反ユダヤ主義の嫌な思い出があった。泣いているユダヤ人の女の子を乗せた手押し車を押しながら「ヒトラーのところへ連れていくぞ！」とわめく子どもたちを見かけたことがあったのだ。

両親はシルビアをポートエリザベスにある一流女子寄宿学校へやり、彼女はそこで数年を過ごした。二十代になったときには、活発で陽気で好奇心が強く機転のきく女性――そして堅固なシオニスト――になっていた。イスラエルが建国されたときに十一歳だった彼女は、反ユダヤ主義に反感を抱いており、ユダヤ人国家に対して無邪気な思いを膨らませた。十六歳のとき、イスラエル建国五周年を祝う会をポートエリザベスで準備した。また、シオニスト青年組織大会を企画し、イスラエル建国のために命を捧げたイスラエルの若者を詠った有名な詩『銀の大皿』を震える声で暗唱した。実家にイスラエル国旗を掲げ、イスラエルに移住すると話した。

ただ、彼女にはほかに夢があった。女優になりたかったようで、学校の友人たちは、廊下でシェイクスピアの戯曲を熱をこめて朗々と読み上げる彼女をしばしば目にしている。その後、南アフリカとローデシアの大学で美術を学んだ。スケッチや水彩画を描くのが好きだった。卒業すると、独立心と好奇心旺盛な彼女はヨーロッパへ旅に出て大陸を横断し、イギリスに落ち着いた。そこで数カ月間滞在し、どんな仕事もいとわなかったが、興味を覚えた唯一の仕事――バーテンダー――では雇ってもらえなかった……そのうち、彼女の心に新しい夢が芽生えた。イスラエルへ行って、その国の防衛に貢献することだ。レオン・ユリスの新刊書『栄光への脱出』を読んで、大きく心を動かされたのだった。

南アフリカに帰国し、ポートエリザベスの著名なユダヤ人一族の息子にして若く有望な弁護士のアブリ・サイモンと知り合った。彼はシルビアに結婚を申し込み、実業家の父親が若い二人のために夢のような家を建ててくれたほどだった。だがシルビアは結婚を延期した。「今はやめておくわ」彼女はアブリに言った。「一、二年イスラエルに行きたいの。一緒に行こう！」彼は拒否した。結局、彼女は父親からのプレゼント——カメラ——を携えて、単身イスラエルへ飛んだ。

イスラエルのための戦いに加わりたいと思っていたものの、二十二歳でイスラエルに来た彼女は別の現実に直面した。最初、ボランティアとしてガンシュミュエル生活共同体に落ち着き、そこから缶詰工場の手伝いに送りだされた。ダビドとドリットの若いカップルから、マーマレードの缶詰作りではなくシオニストの夢の実現に近づくことをしろと助言された。彼女はテルアビブの隣町ホロンに引っ越して、中等学校の英語の教師の職を得た。その仕事も期待はずれだった。ここは彼女が守りたいイスラエルの地なのか？

だが彼女はあきらめなかった。イスラエルにとどまることにした。きっと夢をかなえる方法が見つかるだろう。彼女は南アフリカのアブリに婚約を破棄する手紙を書いた。

思ってもいなかった方向からチャンスがめぐってきた。知り合った女性のハナとテルアビブのアパートメントをシェアして暮らしていた。ハナはバーイラン大学の学生だった。ハナの恋人のツビカが何度か遊びにきて、ときどきシルビアとおしゃべりした。彼は明かさなかったが、秘密情報部員としてＩＤＦ一八八部隊の特殊作戦訓練部の教官をしていた。そこは、ダフナとシュロモのガル夫妻、ヴアルトラウトとヴォルフガングのロッツ夫妻、それにエリ・コーヘンなど敵国で活動するスパイを統轄する部隊だった。その後まもなく部隊はカエサレアと合体する。テルアビブのアレンビー通りにある古い住宅の雑然とした一室がその〝訓練部〟だった。シルビアと二、三度会ったツビカは、上官で訓練部長のモティ・クフィルに相談した。「シルビア・ラファエルに会ってみて損はないと思う。彼女は向いているかもしれない」

こうして一九六二年十月のある晩、シルビアのところに見ず知らずの男から電話がかかってきて、〝仕事を頼みたい〟ので会おうと誘われた。翌日、カフェ・ハーリーでシルビアはモティ・クフィルと対面した。クフィルはとても礼儀正しく愉快な男だった。彼は国防省と連携して仕事をする政府企業に勤める〝ガディ〟と名乗った。彼女は心のうちをぶちまけた――この国のために何かしたいが、歳がいきすぎている――二十五歳！――のでＩＤＦには採用してもらえない。確かに宗教上の規定ではユダヤ人ではないが、自分はユダヤ人だと思っているし、イスラエルでやりがいのあることをさがしている。クフィルは矢継ぎ早に質問した――彼女の両親の親族について、彼女がイスラエルへ来た理由、現在の仕事、習慣、友人……クフィルは彼女の率直さと返事にこめられたユーモアに感心した。彼女からどういった仕事を念頭に置いているのかと繰り返し訊かれた彼は、外国へ出張旅行の多いやりがいのある業務だと答えた。

クフィルは、立ち上がってカフェを出ていく彼女を見守った。歩いていく彼女を客の多くが見つめていた。美人すぎるかもしれない、と彼は思った。モサド工作員が外国で任務を成功させるには、人々の関心をあまり引かないことが重要だ。他方で、魅惑的な容姿を利用すれば目標を達成できるかもしれない。

次の面談ではクフィルはもっと積極的だった。ＩＤＦ情報部の仕事があると話し、とてもおもしろいが〝ときには危険〟な仕事だと認めた。そして彼女にコードネーム〝イラナ〟を授けたうえで、心理テストや身上調査などいくつかの試験に合格し、数カ月の訓練を受けるという条件つきだと明かした。

「それでかまいません」彼女は言った。

クフィルは上官に報告し、〝イラナ〟は精神分析医と面談した。彼女は幼いころからの自分の夢と恐れを医師に話した。大人になるときにほかに不安に思ったことはないかと訊かれて、彼女は笑い声を上げた。「オールドミスになったらいやだなと思っていたわ。十六歳までボーイフレンドがいなかったの」

分析医は詳細な報告書をモサドに提出した。〝責任感と問題解決が彼女の人生の中心課題である。柔軟で工夫の才があるので、未知の状況におじけづくことはない。予想もしていなかった変化、危険、新境地の開拓にひるむどころか、それらを歓迎している〟。

シルビアはさらにいくつかテストを受けた。モサドの職員は、ある会合で彼女が口にしたことをいまでも忘れない。「不可能という言葉は私の辞書に存在しません」身上調査にもみごと合格した。彼女の専用ファイルに綴じられた最終評価報告書にこう書かれている。〝彼女には特殊作戦部隊がふさわしい。独立独歩の傾向が際立って強く、つねに臨機応変に対応し、他者とつながり、迅速に行動する才能がある……信頼できる体制を、誇りを持って所属できる場所をさがしあてたことに彼女は満足している〟。

クフィルは執務室に彼女を招き、握手をした。「決まりだ」彼は言った。

彼女はものも言えなかった。人生最高の日だと思い、それを祝うことにした。だがパーティやレストランで祝杯をあげたのではない。あくる日の早い時間に死海のほとりにあるマサダ山に登ったのだ。マサダは、パレスチナを支配するローマ帝国に対して西暦七〇年に決起したユダヤ人が最後に立てこもった砦だった。ローマ軍に包囲されて、ユダヤ側は集団自決した。マサダになだれこんだローマ兵は、兵士やその妻子の遺体数百を発見した。シルビアは強大なローマ帝国に戦いを挑んだ少数の兵士の気持ちを痛切に感じた。イスラエルの有名なモットー〝マサダは二度と陥落せず〟は、彼女の情熱的な性格と、イスラエルの存続のために戦う人々に加わりたいという無垢な夢にぴったりだった。

テルアビブのディゼンゴフ通りのアパートメントで、〝オデッド〟と名乗る熟練のモサド工作員の指導で訓練が行なわれた。本名をアブラハム・ゲマーといい、父親をイスラエル建国前のアラブのテロ攻撃でなくした、細身でりりしい顔立ちの物静かなゲマーが、影の世界の曲がりくねった道筋を先導した。空中写真と地図の読み方、はっきりしない状況下での行動原則、ありふれたものの中に爆薬を隠す方法、無線交信、外国でのスパイ任務など。

屋外演習のときもゲマーは彼女に付き添った。尾行、監視を察知し逃れる方法、武器の取り扱い、爆発物の準備。ゲマーは、ロンドンの〝デイリー・ミラー〟紙記者になりすましたシルビアを、女性活動家ビバ・アイドルソンのインタビューに送り出した。ビバは喜んだ。

そのあとの演習はもっと難しかった。その一つが、イサベル・ペドロや他のアマゾンも経験した恒例のレディング発電所侵入だ。ほかに、軍事基地への潜入、本物に見せかけた逮捕劇、夜の尋問、暗い監房での拘置も同様だった。今回シルビアはエルサレムのアレンビー基地へ行き、逮捕されて粗暴な〝警察官〟に尋問され、悪臭を放つ監房の床に縛られたまま横たわり、つらい一晩を過ごした。彼女はめげることなく、道に迷った悪意のない観光客のふりをしとおした。朝になり、脅し文句や言いがかりの数々にも降参しなかったので、警察官はあきらめて、アブラハム・ゲマーが待つ別室へ彼女を連れていった。ゲマーは彼女を抱きしめて言った。「よくやった」そのときようやく、逮捕と厳しい尋問は、先の見えない状況における行動をテストするための演習だったことに彼女は気づいた。

しかし、最も難儀だったのは、クフィルとゲマーが彼女のために特別に考案した演習だった。ある夜、彼らはシルビアを国境を越えたところにあるヨルダン人の住む村へ行かせた。ある工作員がその村の中心部にある井戸へ到達するルートをさがすという名目だった。

〝ヨルダン人の住む村〟とはイスラエル領内にあるアラブ人の村カフル・カセムのことだった。クフィルとゲマーがシルビアに渡した地図では、彼女に敵領土にいると思わせるため、本当の国境線は消され、国境線は西方にずらしてあった。シルビアは偽の国境線を越え、内密で村へ忍びこみ、課題をこなして〝イスラエルへ戻った〟。事後報告会で、少し怖かったと彼女は認めた。

訓練は終了した。教官らとシルビアは記念に贈り物を交換した――シルビアはクフィルとゲマーに、自分でスケッチした二人の肖像画を贈った。二人は水彩絵の具のセットとラドヤード・キプリングの有名な詩『もしも』を贈り、イエメン料理レストランで終了祝いの食事会を開いてくれた。ゲマーは上官に正式報告書を提出した。〝候補生はたぐいまれな特質を有していることが判明した。非常に几帳面で、この上なく聡明で、大量の情報を獲得し消化する能力がある……高度な動機づけと、ユダヤの人々との一体感を示している……担当教官全員が彼女を絶賛している。訓練期間を通じて優秀な成績をおさめた。独創性を発揮して厳重に警戒された地域に巧妙に侵入し、無事に調査任務を終えた……困難な状況に適応する特筆すべき能力の持ち主で……可能な最善の手段で自分に与えられた目標を達成する〟。

カエサレアの新しい隊員が偽りの身分とそれを肉付けする作り話を創作するのを、マイク・ハラリは遠くから眺めていた。モサドの専門家たちとともに、外国人プロカメラマンという〝作り話〟を創作したのは彼だった。シルビアはイスラエルで名の知れた報道写真家のポール・ゴールドマンのもとで短期間の修業をした。ゴールドマンは、イギリス委任統治時代の最後数年とイスラエルの建国初期の数年を四万枚のネガに記録していた。彼が世界的な名声を得たのは、ベングリオン首相がテルアビブの砂浜で三点倒立している写真だ……ゴールドマンはシルビアに写真撮影の奥義を伝授し、ベングリオン邸の訪問をはじめとする何件かの仕事に彼女を伴った。彼女は、〝おやじさん〟を撮影するゴールドマンのアシスタントとして働いた。ベングリオン本人が彼女と話し、イスラエルでの〝ボランティア〟としての経験に興味を示した。じつはわたしは……。

撮影技術を習得したシルビアは、辻褄を合わせるための作り話のために外国へ行くことになった。パトリシア・ロクスバラ名義のカナダのパスポートを受け取った。彼女は知らなかったが、パトリシア・ロクスバラは実在の人物だった！　カナダ人で、モントリオールの法律事務所の遺言遺産部門で働く、丸々太って人生に退屈している若い女性だった。ある日、ナイアガラの滝に旅行したとき、ユダヤ人の恋人に優しく抱きしめられた。「頼みがあるんだ」彼は言った。

「何でもどうぞ」彼女はそう答えるしかなかった。

「一、二年ほどパスポートを貸してくれないか。イスラエルが必要としてるんだ」

彼女に断われようか？

モサドの技術者がパスポートを変造し、パトリシアの写真をシルビアの写真に貼り替えた。シルビアは、報道写真家にして野心に燃える画家のロクスバラ嬢となった。彼女はカナダへ飛んで、バンクーバー島でアパートメントを借りた。島の主要都市でブリティッシュコロンビア州の州都であるビクトリアは、大規模な芸術家村と、十九世紀から運ばれてきたような建物が並ぶ旧市街を自慢にしている居心地のよい街だった。

シルビアは絵のように美しいビクトリアの生活にすぐに慣れた。理解力にすぐれ、陽気でおおらかな彼女は友だちを大勢作り、撮影の仕事を開始し、地元の出版社で写真集を何冊か出版した。六カ月後、偽の経歴を確立できたと考えた彼女はパリへ行き、中心部でスタジオを借りた。いっぽう、ヨーロッパ全体に人脈を持つイギリス人のモサド協力者が、パリで休眠状態だった人脈網を覚醒させた。そこに含まれていたパリのさる有名弁護士が、名の知れた著述家でありジャーナリストでありラジオ司会者にして写真広告代理店のオーナーであるルイ・デルマに電話をかけた。弁護士から推薦されて、デルマはパトリシアを事務所に呼んだ。彼女の正体を知らず、モサド・アマゾンだとは思いもしなかったデルマだが、彼女の作品を見ていたく感心し、彼女に仕事をまわすことにした。
二、三週間後、彼はパトリシアに初めての仕事をまかせた。ジブチだ。

〝アフリカの角〟にあるフランス植民地のジブチにエールフランス機が着陸した。銃声が響き、無気味な火が光る小さな町だった。わずかしかいなかった乗客は手荷物をまとめて二台のおんぼろバスへ急いで乗りこみ、フランス軍空挺部隊の装甲車に付き添われて市内へ向かった。シルビアはバスの窓から、破壊された住宅と黒焦げの自動車のそばの道路わきにころがる死体をいくつも見た。彼女はカメラのシャッターを押した。市内に近づくにつれて銃声は大きくなった。ジブチの二大部族のアファル人とイッサ人のごろつきたちが町中をうろつき、自動銃で撃ちあっている。空挺部隊と外人部隊がやめさせようとしても効果はなかった。いくつかのグループは店を荒らしたり、白人入植者の住居に発砲したりしていた。ここ数年で最悪の暴動だった。

パトリシアはミラマーホテルにチェックインした。武装警備員が玄関に立っていた。ホテル係員から、町なかは手がつけられない状態で、暴動から大量虐殺に発展するかもしれないのでやめたほうがいいと注意されたにもかかわらず、彼女は急ぎ足で外に出た。滞在中、カメラを手に町を歩きまわり、荒廃した地区や悲惨な貧民窟や戦闘現場へ出かけた。対抗する両グループの民兵や、略奪された住居、身内の死を悲しむ家族、負傷した子どもや女たちをフィルムにおさめた。そしてフランス空軍機で写真をパリへ送った。ジブチ暴動の現場にいたカメラマンは彼女だけだったので、写真は世界じゅうの新聞や雑誌に掲載された。デルマ代理店から受けた最初の仕事は大成功で終わった。

シルビアがフランスに戻ってまもなく、ルイ・デルマから電話が入った。パリでジブチの写真展を開きたいと言う。フランス文化省も展示会を後援してもいいと言っている。「『ジブチの今を伝える写真家パトリシア・ロクスバラ』というタイトルで」最初、彼女は迷った――注目を浴びることに興味はなかった――が最終的に承諾した。そして、バンドーム広場にある超高級ホテル、リッツの大広間での豪華なパーティで写真展は開幕した。シルビアがジブチで撮った白黒写真が壁に飾られた。実業家、メディアの大物、政府高官、外国人外交官など選ばれた人々がパーティに出席した。高級なスーツが最新流行のドレスをかすめ、白ジャケットのウェイターがシャンパンとオードブルを運んだ。そしてもちろんパーティの華は、すらりとした長身を黒いイブニングドレスで包んだ、うっとりするほど美しいパトリシア・ロクスバラだった。

来客と雑談したり冗談を言い合ったりしていたシルビアは、いつもうしろにいる優雅な紳士に気づいた。彼女に話しかけたいのだろう。その男性がようやく近づいてきて、ヨルダンの駐フランス大使だと自己紹介した。二人はしばらくおしゃべりし、エキゾチックなアラブ諸国で人々や風景を撮影したいと思っていると彼女は話した。

「一緒に昼食をいかがですか?」彼は誘った。数日後、パリのあるレストランで会ったとき、政府を代表する大使から、国王の公式招待客としてヨルダンを訪問してはどうかと打診されて彼女は驚いた。シルビアは行きたいと思い、ルイ・デルマは大喜びし、モサドは許可した。一週間のヨルダン旅行だった。彼女は大歓迎され、国内をまわって写真を撮った。すべて申し分なかったが、アルワフダート難民キャンプに行ったときに事件が起きた。撮影していると、サブマシンガンを構えた若い男数人に囲まれ、シオニストのスパイだと非難されたのだ。パレスチナ人の彼らはシルビアのカメラをひったくってフィルムを取りだし、一人が走って現像しに行った。彼女は冷静に毅然として対応した。さっきの男が持っていったネガには風景と人物しか写っていなかった。パレスチナ人は矛を収め、カメラを返して謝罪した。

帰国する前に王宮に招待され、フセイン国王と家族を撮影した。これが彼女の最初の——だが明らかに最後ではない——宮殿訪問だった。次にヨルダンを訪れたときにも王室一家を撮影し、国王夫妻と親しくなった。

パリに戻ってすぐ、シルビアのアパートメントのドアが短く二度ノックされた。一瞬音が途切れたのち、さらに二度ノックされた。モサドの秘密の合図だった。彼女はドアを開けた。アブラハム・ゲマーが入ってきた。彼はシルビアのハンドラーとしてパリに赴任していた。しばらくして、またノックされた。こんどはモティ・クフィルだった。最近、カエサレアのヨーロッパ作戦本部長となったという。「明日、出発してもらう」ゲマーは言った。「ある人物を消す」

夜行列車でローマまで行くとマイク・ハラリが待っていた。彼から別のカエサレア隊員シュロモ・ガルを紹介された。ベルギー生まれで長身、眼鏡をかけ、まとまらない前髪を額に張りつけたガルは才能あふれる画家だった。IDFのいくつもの戦闘に参加して負傷し、戦場での勇気をたたえる勲章を授かったのち、モサドの一員となった。

ハラリは二人に任務を説明した。二人は、新婚旅行でリビアへ行く芸術家の新婚カップルに扮する。車でナポリへ行き、そこからフェリーでリビアへ渡る。爆薬はその車に隠してある。シルビアと〝夫〟はリビアの首都トリポリへ行き、ムアンマル・カダフィ政権の中心人物である〝対象人物〟の家の近くの広場に駐車する。対象人物はパレスチナ人テロリストを強固に支持し、資金と兵器と情報を提供している。危険人物なので抹殺しなければならない。

数日後の国民の祝日にトリポリで行なわれる記念行事のため、対象人物は家を出て広場にやってくるはずだった。シルビアとガルは近くから家を見張り、対象人物が家を出た瞬間にリモコンで起爆させよというのがハラリの指示だった。細部までおろそかにしないハラリは、新婚カップルに結婚指輪まで渡した。

翌朝、シルビアとガルは指輪をはめ、車を受け取ってナポリへ走った。だが、想定外の事態が起きて作戦は失敗に終わるかと思われた。カップルが港に着いたときにはフェリーの乗船券は売り切れになっていた。購入担当のモサド工作員は乗船券を買えなかった。作戦決行の数日前にトリポリに到着するには、何があろうとそのフェリーに乗らなければならない。このとき、ガルとシルビアは、マイク・ハラリの柔軟性を垣間見た。彼はフェリーの積み込み場所へ走り、車両と旅客の乗船責任者のジヨバンニの両手にすばやく札束を握らせた。二人のモサドを乗せた爆発物入り車両は、もめることもなく船内におさまった。

彼らはトリポリに着き、ホテルにチェックインし、広場の決めてあった場所に車を駐めた。にぎやかなカフェのそばで、対象人物の家を見張れる場所を見つけた。あとは、起爆せよという本部からの最終命令を待つだけだ。それまではホテルで待機するしかないので、彼らは部屋に入った。だが、シルビアは不安だった。ホテルのスタッフに、外国人二人が一日じゅう部屋にいてどこへも出かけなければ怪しまれてしまう。彼女はホテルのフロントへ行き、画材――三脚、カンバス、絵の具、絵筆――を買いに行かせた……画材を受け取るとすぐにシルビアとガルは部屋に三脚を立て、窓から見えるモスクや建物を描き始めた。

掃除婦や他の係員がその絵を見た。すぐにホテルのスタッフ全員が、新婚旅行客は見慣れないトリポリの風景を描かずにはいられない熱心な画家のカップルだったことを知った。

ようやく、認証コードがパリから届いた。祝日は明日にせまっていた。ガルとシルビアは精神的な重圧を感じ、ピリピリしながら日の出を待った。ところが、朝になり、広場へ駆けつけた二人が見たのは、そこでひしめく家族連れや陽気に騒ぐ未成年のグループなどお祭り気分の人々だった。対象人物の家のすぐそばで露天商が屋台を出し、軽食やみやげものや旗を売っていた。ガルは本部に、作戦は可能だが、大勢の市民が巻き添えになるという内容の信号を急遽送った。返事はすぐに届いた。

〝母親が病気。すぐ帰れ！〟

作戦は中止された。二人のモサドは車に乗りこみ、数時間後にはイタリアに戻るフェリーの中だった。彼らは上甲板へ行き、結婚指輪をはずして海へ投げ捨てた。新婚旅行は終わった。同じ列車の別の車両で二人はパリへ戻った。

任務は取りやめになったにもかかわらず、シルビアは喜んだ。「決して忘れないでしょう」彼女は上官に言った。「罪のない人々を傷つけないために作戦が中止されたことを。その道徳基準に感銘を受けました」

六〇年代の初めごろに、モサドは、情報収集機関から対テロリズム突撃部隊へと役割を徐々に変えていった。一九六五年一月一日、ヤセル・アラファトが中心となって創設したパレスチナ解放機構《PLO》の軍事部門であるファタハが、イスラエルで初めての攻撃を行なった。ヨルダンから侵入したゲリラ部隊はイスラエル国内の数カ所を爆破しようとして失敗した。その後数年にわたってファタハの爆破や殺人などの活動は拡大した。

初期に行なわれたある対テロリスト作戦のため、シルビア・ラファエルはレバノンの首都ベイルートに送りだされた。ローネン・バーグマン博士の意見をもとに、ヤセル・アラファトおよびファタハ幹部を殺害する必要があると、モサド長官はレビ・エシュコル首相を説得した。殺害方法は、致死量の爆薬二十グラムを封筒に入れてそれぞれに送付することに決まった。封筒にベイルートの消印が押されていなければ不審がられるだろう。シルビアは飛行機でベイルートへ飛び、切手を買って、現地のポストへ封筒を投函した。手紙は各宛先へ届いたが、期待外れの結果に終わった――何通かは爆発しなかった。何通かは受取人がからくりを見破り、信管を除去した。数人のアラブ人が軽傷を負った。作戦は中止された。

シルビアはパリに戻ったが、またすぐに次から次へと任務に引っ張り出された。ルイ・デルマの写真撮影の仕事もあったが、ほとんどはモサドの任務での渡航だった。パリからダマスカス、バグダッド、アンマン、カイロ、そして北アフリカへも飛んだ。パトリシア・ロクスバラの名前に守られて情報を集め、対テロリスト攻撃作戦にも参加した。カメラマンとしてヨルダンとレバノンにあるパレスチナ人テロ組織の野営地を訪ねた。複数のアラブ諸国で緊急事態宣言が出されていたときでさえ、彼女は怪しまれなかった。一説によると、一九六七年六月五日、彼女はカイロのホテルのバルコニーから、国際空港上空で急降下するイスラエル空軍機を目撃したという。第三次中東戦争の皮切りとなった攻撃だった。

一九六八年の彼女の三十一歳の誕生日に、デルマから依頼されてセーヌ川の新造船の進水式の撮影に行った。進水式の最後は、いつものように船上パーティだった。浮かれた人々と一緒に楽しみながら、ほかにもカメラマンがいることにシルビアは気づいた。デッキで、プロ仕様のカメラを携えた、明るい色の髪と青い瞳のハンサムな若者と知り合った。名の知れたマグナム代理店の仕事をしているカメラマンでエリック・ストラウス（仮名）だと彼は名乗った。シルビアに対して同業者だからというだけではない興味を持っているようだった……食事のとき、二人は並んで座った。彼は頭の回転が速く、機知に富み、旅行や趣味――登山――の話をして笑わせてくれた。まだ三十前で年下の彼を、彼女はとても気に入った。

悲しいことにシルビアは孤独だった。他のアマゾン以上に、彼女は人のぬくもりと優しさを必要としていた。南アフリカの家族に出す手紙は、本当の仕事のことに一言も触れず、あこがれと愛情があふれていた。だが両親からの手紙を読んでも彼女の孤独感は消えなかった。任務と任務のあいだの彼女は、たわいないことを話せる友人も家族もおらず、ずっと独りぼっちだった。一人で街をぶらつき、一人で映画やコンサートや美術館へ行く……そこへ突然、この若い男が現われた。

パーティが終わったとき、エリックは彼女を食事に誘ったが、シルビアは断わった。カメラマンに扮した敵国人または彼女に近づこうとしている敵スパイかもしれないと思ったのだ。電話番号を聞いて、必ず電話すると約束した。だが、まずモサドのハンドラーのゲマーにかけて、エリック・ストラウスに好感を持ち、もう一度会いたいと思っていることを話した。

「確認する」ゲマーは言った。

モサドは所属の工作員と部外者とが親密な関係になることをよしとしなかった。他方で、できるかぎり普通の生活を送らせてやりたいと考えていた。シルビアは若く情熱的で夢見る女性だった。その男に後ろ暗いところがなければ、二人の関係に口出しすべきでないとハンドラーたちは考えた。すぐにモサドは調査にかかった。ドイツ情報部へ要請し、エリック・ストラウスに関する詳細な情報ファイルが作成された。インターポールから別のファイルが提出された。フランスの情報部からも報告書が届いた。結果はシロだった。エリック・ストラウスは確かにエリック・ストラウスであり、疑わしい活動も関係性も見つからなかった。

シルビアに許可がおり、その夜彼女はエリックに電話をした。二人は会って食事をし、食後にエリックの一人暮らしのアパートメントへ行って、その時間は朝まで続いた。シルビアがエリックの部屋をあとにしたときには、恋する女になっていた。ポートエリザベスのアブリとの関係を考えてみて、あれは友情以外の何物でもなかったと今になって気づいた。彼女はエリックに夢中になり、エリックも彼女に夢中になった。二人の関係は熱烈な恋愛へと発展した。

二人はだいたいいつも一緒だった。ときどきはデルマの仕事でしばらく留守にすると告げたが、具体的な場所と理由と期間は明かさなかった。彼としては、彼女の謎につつまれた旅行に慣れるしかなかった。シルビアとしては、本当の仕事を恋人に隠しておかなければならないことが苦しかった。そして数カ月後、彼女は上官に斬新なアイデアを打ち明けた。

エリックは最近マグナムを辞めた、と彼女は言った。彼はやりがいのある刺激的な仕事をさがしている。モサドに勧誘してはどうか。そうすれば二人を隔てる最後の壁が取り除かれるかもしれない。

マイク・ハラリは悩んだが、最後は同意した。「情報を収集する会社があるの」シルビアはエリックに言った。「ヨーロッパなどで働ける要員をさがしているの。イスラエルと関連のある会社よ。興味ない？」エリックはもっと詳しい話を訊きたがったが、彼女はそれしか知らないと言いはった。エリックはとうとう〝情報収集会社〟との面接に行こうと答えた。パリでモサド数人が彼を面接した。そのあと彼をイスラエルへ行かせ、テルアビブのブロック通りのモサド専用のアパートメントに泊まらせた。モサドの隠れ家で事前の相談は続き、モサドの専門家と精神分析医とも面談した。モサドは、有望な候補者のためにイスラエル国内を見てまわる観光ツアーも手配した。

エリックは、モサドに入るために自分がテストされていることにすぐに気づいた。恋人のパトリシアがモサド工作員であることも知った。彼はモサドの申し出を受け、長期の訓練を受けたのち、カエサレア隊員としてパリに戻った。仕事のことをあけすけに話せるようになると、シルビアとの関係はいっそう親密になった。

しかし二人の喜びはあっというまに消え失せた。二、三年間、エリックは在住スパイとしてあるアラブ国に潜入することになったのだ。最初彼とシルビアは、ときどきパリに来て恋人関係を維持できるものと思いこんでいた。ところがすぐに、それは不可能だとわかった。手紙やメッセージのやりとりや電話をかけることは許されなかった。休暇の日程は合わなかった。二人はだんだん疎遠になり、相手に対する気持ちは薄れていった。皮肉なことに、エリックがモサドに入ったことが恋愛関係を壊す原因となった。あてがはずれたシルビアは、そんなことをしてしまった自分を許せなかった。彼女は三十代だった。いずれ結婚して子どもをもうけて家庭を築きたいという夢を描いていたのに、もう実現不可能に思えた。

その失敗がこたえたのか、次に恋をしたときには違うやり方をした。二年が経ったころ、パリでロンドンの《タイムズ》紙のジョン・スウェインというまだ二十一歳の記者と知り合った。彼は、シルビアに〝追いかけ〟られ、〝彼の欲望の対象〟として見てほしいと迫られているような印象を受けた。彼女の美しさと知性と色気に参って彼は恋に落ちた。パリのセーヌ川右岸にあるシルビアの小さなアパートメントで、二人は情熱的な夜を過ごした。エリック・ストラウスとの恋愛と異なる点は一つ。今回彼女は上官に報告しなかった。

その関係は、モサドの誰にも知られることはなかった。ジョン・スウェインによると、パトリシアはリビアとカダフィにいたく興味を持っていたので、二人でトリポリに行こうと提案した。彼がカダフィに会って話を聞き、彼女が写真を撮影する。スウェインは賛成したが、リビアの入国ビザを取得できなかったので計画を断念した。

二人の関係は数カ月続き、時間の経過とともに静かに衰えていった。一九七三年になってようやく、パトリシアの正体が暴露されたとき（第十三章）、スウェインはこれまでにない大きなショックを受けた。数年後、彼は〝プロの殺し屋〟シルビア・ラファエルとの関係を《サンデー・タイムズ》で赤裸々に告白した。〝駆け出しだった私は、イスラエルのマタハリが仕掛けた甘い罠にはまった〟。ジョン・スウェインは、シルビア・ラファエル――いまの彼は彼女の本名を知っている――とのつきあいを詳しく描写し、記事を締めくくった。〝私は今後ずっと、この自分が国際的スパイの世界に触れ、冷酷な殺し屋のスパイと親密な関係を持ったことを信じられない思いで振り返るだろう〟。

一九七二年九月五日、シルビアがパリのアパートメントに一人でいたとき、テレビで、オリンピック開催中のミュンヘンでテロ事件発生という〝緊急速報〟が入った。パレスチナのテロ組織〝黒い九月〟による攻撃だった。第一報では、テログループがオリンピックの選手村に侵入し、イスラエルの選手らを隔離し殺害したとされた。

黒い九月は、ごく最近ヤセル・アラファトによって秘密裏に設立された新しいテログループだった。そのころ、ファタハは大きな危機にあった。一九七〇年九月、自国の支配権を奪われることを恐れたフセイン国王が、ファタハをヨルダンから追放したのだ。一九六七年に勃発した第三次中東戦争でアラブ諸国が完敗して以降、イスラエルとの戦闘を続けたのはそのテログループだけだった。彼らの人気は高まり、主張は広まって、パレスチナ人の若者の多くが組織に加わった。ファタハはヨルダンを自分たちの本部基地へと変えた。彼らは武器を携えて何のとがめも受けずにヨルダン国内を動きまわった。難民キャンプや首都アンマンの多くの地区、イスラエルとヨルダンの国境であるヨルダン川沿いの町や村を支配した。彼らにとって、フセイン国王の権威などもはや存在しなかった。彼らが事実上のヨルダンの君主だった。国王はそれにどう対処すべきか、ずっと考えてきた。ヨルダン軍も不満と不安を抱えるようになっていた。フセイン国王が機甲部隊を視察したとき、戦車のアンテナの上で旗のように翻るブラジャーを見つけた。「これは何だ？」王は怒った声で言った。

「我々は女だという意味です」戦車指揮官は答えた。「陛下が我々を戦わせないからです」

ついにフセイン国王は自分の国の支配権を取り戻すことを決心し、テログループの拠点や難民キャンプに軍隊を送った。死者数千人におよぶ大虐殺事件だった。テログループのメンバーは街中で撃たれるか、捕らわれて裁判もせずに処刑され、その間もヨルダン軍は難民キャンプを容赦なく砲撃した。大量殺戮が始まってから、テロリストの多くはシリアとレバノンへ逃亡した。こうしてパレスチナ人の記憶に、一九七〇年九月は〝黒い九月〟と刻まれることになる。

ヤセル・アラファトは報復を誓った。しかし、彼は平和を望む男というイメージを広めようとしており、流血の惨事なしのパレスチナ問題の解決法をさがそうと考えていた。ファタハを使って手荒な報復作戦を行なえば、自分の差し金だとばれてしまう。だから、流血の攻撃を実行させるため、ファタハ内部に極秘で新しいテロ組織を創設した。その組織はアラファトのファタハとはいかなる関係もないと主張し、アラファトがオリーブの枝を手にして国連総会の会場へ入ったことなど気にせずに爆破や殺害事件を起こした。彼は新しい組織を〝黒い九月〟と名付けた。黒い九月の長は、ファタハ幹部の一人であるアブ・ユセフとなっていたが、実質的な指揮官は、〝赤い王子〟の愛称で知られた、若く目鼻立ちの整ったカリスマ性のあるアリ・ハッサン・サラメだった。

　黒い九月の最初の攻撃はヨルダンを標的にしたものだった——一九七〇年九月の大虐殺事件の報復としての破壊工作、秘密諜報員の暗殺、元ヨルダン首相殺害だ。だが、ヨルダン攻撃ののち——その目はイスラエルに向けられた。


　シルビアは、黒い九月がミュンヘンで起こしている残虐な事件の展開を茫然と見守った。スキーマスクをかぶった武装テロリスト八人が選手村のイスラエル人宿舎に侵入したという。二人を殺害し、九人を人質に取った。西ドイツ警察が到着したが、テロリストにどう対処してよいかわからないようだった。報道記者やカメラマンやテレビ撮影班が世界じゅうからオリンピック村に押し寄せ、史上初めて、人々はテロ事件の実況中継を生放送で見ていた。イスラエルはＩＤＦ対テロ特殊部隊の派遣を申し出たが、西ドイツは拒否した。申し出に感謝はするが必要ない、事態は掌握しており、対処法を心得ていると西ドイツ人は言った。彼らが認めたのは、モサドのツビ・ザミール長官がミュンヘンへ入り、ミュンヘン警察によるテロリスト無力化作戦を見学することだけだった。

　西ドイツ警察はテロリストを欺く計略を立てた。人質を解放すれば、テログループが選んだアラブ国へ安全に出国させるという条件を提示した。黒い九月は同意した。テロリストと人質は、飛行機が用意されているとされるフュルステンフェルトブルック基地へ車で運ばれた。テロリストは罠を見抜き、警察と銃撃戦になった。その後の撃ち合いで人質全員が死亡した。警察官一名とテロリスト八名のうち五名も死んだ。残る三名は逮捕されたが、やはり黒い九月によるルフトハンザ機ハイジャック事件後に解放された。

　ツビ・ザミール長官は、西ドイツ警察の目もあてられない失態を目撃したのちイスラエルへ帰国した。ゴルダ・メイア首相はうちひしがれていた。「またもや」彼女は言った。「縛られてつながれたユダヤ人がドイツの地で殺された」衝撃を受けたメイアは、報復を決意した。

だが、どのように？

ミュンヘンオリンピック事件から数日たって、ツビ・ザミールと、対テロリズム担当首相補佐官アハロン・ヤリフがメイアの執務室へやってきた。黒い九月はイスラエルおよび複数の西側諸国に対して総攻撃をかけるつもりです、と彼らは進言した。それを止めなければなりません。黒い九月のテロリスト全員を殺害し逮捕することはできません。彼らの攻撃を防ぐには、幹部を殺害するしかありません。ザミールとヤリフは、ミュンヘン事件の報復をすべきであるともほのめかした。準備はできています、と彼らは言った。カエサレアなら作戦を開始し、テロ組織の幹部を追うことができます。ヘビの頭をつぶせば黒い九月は崩壊するでしょう、と訪れた二人は言った。

メイアはしばらく考えていた。暗殺作戦に若者たちを送り出すことは、彼女にとって容易なことではなかった。独り言のような低い声で彼女は切りだした。迫害され虐殺されてきたユダヤ人の悲惨な歴史について語った。ナチスによる大虐殺について語った。そしてようやく、彼女は顔を上げた。

「男たちを派遣して」彼女は言った。

ザミールは、新任のカエサレア隊長マイク・ハラリを呼び、〝神の怒り〟作戦の指揮官に任命した。だがゴルダ・メイアは、その作戦を文民が統制しなければならないと考えた。カエサレアはテロ組織の幹部のみを殺害するというヤリフとザミールの約束をあてにはできなかった。罪のない人々を決して巻き込まないようにしなければならない。そう考えたメイアは、自分とモシェ・ダヤン国防相とイーガル・アロン副首相の三人の極秘委員会を設けた。その三人が〝神の怒り〟実行チームによる殺害対象を検討し承認する一種の裁決機関となったのだ。それはX委員会と呼ばれた。ヤリフとザミールに、その委員会のために氏名とあらゆるファイルを提出せよとの指示が出た。だが、そうしたファイルを整理し用意できるほど冷静で知識豊富で信頼できる人物がいるか？　ザミールはその任務に最適な人物に思い当たった。アライザ・マゲンだ。

アライザ・マゲンは、対ドイツ人科学者作戦以降、モサドで積極的に活動してきた。一九六五年の初めに、イェフディット・ニシヤフと協力して、ナチスの犯罪者ヘルベルトス・ツクルスのモンテビデオの居場所を特定して殺害する作戦の準備を行なったのは彼女だった。

彼女はのちに、国外のモサドの作戦の多くに参加または指揮した。そのころには、彼女を高く評価していたマイク・ハラリの緊密な協力者となっていた。そして一九七二年に〝神の怒り〟作戦の対象人物選定を任された。アライザのチームは、消さなければならないテロリストのリーダーたちのファイルを整えた。「まず彼らに関する資料をすべて集めた」数年後に彼女は話した。「アマンやシャバクやその他から情報を入手して、対象人物になって当然のことをしてきたことをはっきりさせなければならなかった」

一人めはワエル・アデル・ツバイターだった。アライザのチームは数週間かけて尾行と調査を行ない、その男が黒い九月のローマ支部長である確証をつかんだ。

〝神の怒り〟作戦の最初の志願者は――シルビア・ラファエルだった。

ミュンヘンオリンピック事件が終わった日の朝、シルビアは、パリの新しいハンドラーである〝デイビッド〟に急いで会いにいった。事件の恐ろしい映像が彼女の頭から離れず、つらく悲しかった。犯人に対する作戦が行なわれるのなら参加したかった。デイビッドはその要望を上官に送ると約束したが、作戦に誰を参加させるかは実際的な理由で決められるもので、工作員個人の希望は関係ないと釘を差した。彼女はそんな注意など気にも留めなかった。そこまで動揺した彼女を見るのは彼も初めてだった。

ひと月ほど何の音沙汰もなかった。シルビアはいらいらしながら待った。十月上旬のある夜、彼女はキャプシーヌ大通りのオランピア劇場へ入り、舞台までの裏通路を歩いていって、熱烈なファンの前で歌うフランスの大スター、イブ・モンタンを撮影した。それが終わるとデルマの事務所へ急ぎ、フィルムを現像にまわした。深夜すぎに帰宅すると、電話が鳴っていた。

デイビッドだった。「こんなことを知らせるのは気が進まないが、きみの妹さんが交通事故に遭った」彼は英語で言った。「重体だ……明日会いにいこう」

シルビアに即座にその意味がわかった。緊急を要する作戦が開始され、彼女の参加が決まったのだ。翌朝、彼女はデイビッドに会い、数時間後にローマ行きの夜行列車に乗った。列車の中で一睡もできなかった。

ローマ中央駅で、カエサレアの隊員が彼女を待っていた。彼女の知らない男だったが、デイビッドから聞いていたとおり、目印の小さな白い星をちりばめた青いネクタイをしていた。彼は〝ダニー〟と名乗り、隠しカメラが取りつけられたバッグを彼女に渡した。パトリシア・ロクスバラの名で予約されたホテルの部屋に荷物を置いてから、ダニーはイタリアの首都のとても美しい通りに彼女を連れていき、さほど大きくない建物を指さした。「これがリビア大使館だ。事務官のワエル・アデル・ツバイターがいる」

ダニーはツバイターの特徴を述べ、彼に関する詳細をまとめたファイルをシルビアに渡した。極悪非道な黒い九月を象徴する人間だとシルビアは思った。表面上はワエル・ツバイターはがりがりに痩せた菜食主義者で、物腰は柔らかく、いかなる暴力にも反対だと公言する内気なパレスチナ人だった。

ヨルダン川西岸のナブルスで生まれ、ダマスカス大学およびバグダッド大学で哲学とアラブ古典文学を専攻して卒業し、現在三十歳だった。親族は教師や頭脳労働に携わっている。父親のムハンマドは有名な歴史家にして、ルソーとボルテールの優れた翻訳家だった。おばのファイザはナブルス屈指の知識人だった。ワエル・ツバイターはかれこれ十四年間ローマに住み、百リビアポンドというわずかな月給でリビア大使館で通訳として働いていた。父親同様、アラビア語と外国語の書物や記事の翻訳を手掛けていた。

ローマのアラブ人社会では、穏やかなツバイターは恐怖や暴力を拒絶する平和主義者と知られ、噂によると、過去にはヨルダンとヨルダン川西岸にパレスチナ国家を樹立することをイスラエルに提案したらしい。

この感じのよいジキル博士が、黒い九月のローマ秘密支部を率いる残虐なテロリスト、ハイド氏への変身を続けていたことを世間は知らなかった。最近、ツバイターの命令で、パレスチナ人の美男子二人組がローマに観光旅行に来たイギリス人女性二人を誘惑した。男たちは、イスラエルに足を伸ばしてはどうかとお人好しの女たちを説得した。女たらしのパレスチナ人は、数日のうちに彼女たちと合流すると約束した。さらに彼らは、ヨルダン川西岸に住む親類へいくつか贈り物を持っていってくれないかと女たちに頼んだ。贈り物の一つは高価なレコードプレーヤーだった。女たちは知るよしもなかったが、できたてのボーイフレンドは彼女たちを死の世界へ送ろうとしていたのだ。そのプレーヤーには高度計と接続された爆発物が仕掛けてあり、飛行機が巡航高度に達した瞬間に爆発するようになっていた。女性二人は空港で荷物を預け、イスラエル行きのエルアル航空機に乗って出発した。そして爆薬は確かに飛行機の貨物室で爆発した。だが、飛行中のエルアル機の爆破未遂事件が何件かあったのち、貨物室に厚い装甲板が貼られたため、爆発による損傷はなかった。飛行機は緊急着陸し、イギリス人女性二人が見つけ出された。もちろんパレスチナ人は二、三日前にイタリアを出国していたが、彼らの足跡はワエル・ツバイターとつながっていた。警察はツバイターを尋問したのち釈放した。イタリア警察は何も見つけられなかった。

だが、見つけた人間がいた。

十月のその日、大使館を出たツバイターは、建物に向けて駐めた車の中にいるカップルに気づかなかった。女は大きなバッグを見慣れないやり方で抱えていた。パトリシア・ロクスバラはここでも写真を撮ったが、今回はデルマへ送らなかった。フィルムはテルアビブのキング・サウル大通りの巨大な要塞のような建物〝ハダール・ダフナ〟に送られた。モサドの本部である。

次の日から、シルビアとダニーはツバイターを尾行した。彼の友人の氏名と住所、それに本人の住むアンニバリアーノ広場付近の質素なアパートメントの住所を突きとめた。いっぽう、工作員数人がイスラエルから到着し、レンタカーと隠れ家として使うアパートメントを借りた。十月十七日、シルビアとダニーは大使館から出てきたツバイターのあとをつけ、彼の友人のジャネット・フォン・ブラウンの自宅へ入る彼を見守った。五十歳の女性は軽い夕食を用意していた。午後十時半にツバイターはそこを出て、近所の店で丸いパンと新聞、イチジク酒を一本買って帰った。そのとき彼がイタリア語に翻訳中だった『千夜一夜物語』の本をポケットに入れていた。

中年のカップルが彼とすれ違った。その二人は、ツバイターがモサドの対象人物であることを確認するための工作員だった。

建物の中のエレベーターのそばで、ツバイターを待っていた二人のよそ者が、二二口径のベレッタで彼に十二発を撃ち込んだ。

それと同じ夜、シルビアはパリ行きの夜行列車に乗った。

ツバイターが死んだいま、正体を隠しておく必要はもうなかった。ベイルートの新聞は〝最高の戦闘員のひとり〟だったツバイターの死を悲しむ複数のテロ組織による追悼記事を掲載した。だが、羊の皮をかぶったオオカミは彼だけではなかった。

十二月上旬、パレスチナ出身の左派の学識者で歴史家のマフムド・アムシャリ博士のパリのアパートメントで電話が鳴った。アムシャリは受話器を取った。

「パトリシア・ロクスバラです。覚えていらっしゃいます？」

「もちろん」アムシャリとパトリシアは数年前、彼女のジブチ写真展の開幕パーティで会っている。

「お元気ですか？　次の写真展の準備とか？」

「そうなんです」準備中の写真展について、ほとんどが人物写真であることなどを彼女は熱をこめて説明した。また、ヨルダンへ行き、そこでいい写真をたくさん撮ったことも話した。そのあと付け加えて言った。「博士にインタビューさせていただきたいんです」

「何に関して？」

「博士の研究と政治的見解を」

彼は、パリの週刊誌《ジョヌ・アフリーク》（若いアフリカ）のインタビューをすでに受けたと答えた。彼は慎重で用心深かった。またインタビューを受けたい気分ではなかった。ローマでツバイターが暗殺されたあと、彼はことに気を引き締めて注意を怠らないようにしていた。街中を歩くときは、尾行されていないことを確認した。注文したものが運ばれてくる前にカフェやレストランを出た。彼についで何か訊かれなかったか隣人にしばしば尋ねた。

「《ジョヌ・アフリーク》に博士のインタビュー記事が載ったのは一年前ですわ」パトリシアは言っ

た。彼女は食いさがり、彼はついに折れた。彼はアレジア通り一七五番地の自宅からそう遠くないカフェを選び、数日後にそこで会うことを承諾した。

シルビアは受話器を置いた。アムシャリを少なくとも一時間は引きとめておかなければならない。パリにかなり長く住んでいるこの上品なパレスチナ人には、フランス人の妻マリー・クロードと幼い娘がいる。彼はパリでアラファトのPLOの公式代理人を務めてはいるものの、暴力とテロリズムに反対していることは広く知られていた。一年前に《ジョヌ・アフリーク》のインタビューをしたアニー・フランコは次のように書いている。〝彼は外交および広報活動のみ行なっている。危険人物ではないので警戒する必要はない。イスラエル秘密情報部はそのことをよくわかっている〟。

ただし、イスラエル秘密情報部とシルビア・ラファエルは、フランコが知らないことを知っていた。重そうなスーツケースを持った若いパレスチナ人たちが夕方、アムシャリのアパートメントを訪れていたこと。アムシャリ家のポルトガル人メイドは、若者たちが家に来たときはキッチンから出るなと言いつけられていること。また、アムシャリが一九六九年にデンマークでのダビド・ベングリオン暗殺未遂事件に関与したこと。四十七名が死んだ一九七〇年のイスラエル行きスイス航空機爆破事件に関与したこと。現在アムシャリは黒い九月ヨーロッパ支部のナンバー2であり、彼の自宅はヨーロッパで活動するテロリストのための武器庫となっていた。

シルビアのアムシャリ博士のインタビューは約一時間続いた。彼女は彼の話をきちんと書き留め、彼の写真を数枚撮った。そのころ、アムシャリの無人のアパートメントに二人のモサドが侵入し、書斎の電話に細工した。

次の日の十二月八日の朝八時にマリー・クロード・アムシャリは幼い娘を連れて出かけた。半時間後、一台の車が走ってきて、家の向かいの歩道脇に停まった。男二人が乗っていた。別の男が隣のカフェへ入っていき、コーヒーとクロワッサンを注文した。その男はカウンターの電話を使っていいかと訊いてから、暗記していた番号にかけた。

「もしもし？」男が出た。

「アムシャリ博士はいらっしゃいますか？」

「私です」

電話のかけ手が左手を挙げた。男二人は車の窓から、向かいのカフェを見つめていた。事前に決めてあった合図を見て、一人が手にしていたリモコンのボタンを押した。アムシャリは受話器で甲高い笛のような音を、それに続いて爆発音を聞いた。デスクの下に爆薬が仕掛けてあった。アムシャリは重傷を負って倒れた。数日後、彼は病院で死亡した。死ぬ前に彼は友人にささやいた。「モサドだ。彼らにしかできない」


これらは〝神の怒り〟作戦の手始めだった。その後、キプロス、アテネ、またキプロス、再びパリで多数の作戦が実行された。その作戦でシルビアは重要な役割を果たした。ヨーロッパ在住の黒い九月の主要テロリストは一人ずつ消されていった。

だが、謎めいた赤い王子を含め、組織の幹部には手つかずだったのには訳がある。彼らはモサドの手の届かない安全なベイルートで守られていたのだ。

果たしてそうだったのか？

第十二章　ヤエル
イギリス人女性冒険家の物語を脚本に

一九七二年十一月、ロンドン。

「どんなものをご覧になりたいのですか？」ロンドンのビクトリア&アルバート博物館のベテランガイド、エミリー・ジョーンズ（仮名）は尋ねた。目の前には、若くきれいでスリムなシャロン・ハリス（仮名）が立っている。目当てのものをさがすかのように博物館内をすでに何度も行き来して展示を見てきたらしい。

「女性の物語をさがしているんです、イギリス人の」シャロンはアメリカ英語で答えた。「どこか遠い国へ旅して、そこで活躍した……あまり知られていない人物」

「よろしければ目的を聞かせてもらえますか？」

「わたしは物書きをしていて、どこかの国へ、たとえば中東へ船で旅した強くて勇敢な女性を主人公にした映画の脚本を書きたいと思っているのですが……」

中東？　じゃガートルード・ベルかしら。エミリー・ジョーンズは頭に浮かんだその考えを追いはらった。二十世紀初頭に中東へ行ったガートルード・ベルは近代イラクの建国者の一人とみなされており、政治的な影響力を巧みに使ったといわれている。だが、ベルを題材にした書物や記事、研究論文やドキュメンタリー映画はすでに多く作られている。ベルの人生をもとにした伝記映画が撮影中という話を、ジョーンズは最近耳にした。

そのときジョーンズは思いついた。「こちらへどうぞ」彼女は言って、一般公開されていない翼棟へシャロンを案内した。そこは、遺物、写本、記録文書、歴史的人物の遺品などが保管された部屋だった。二人は小部屋へ入った。壁ぎわに置かれた戸棚にはたくさんの抽斗《ひきだし》があり、タイトルや日付や氏名のラベルが貼ってあった。

ジョーンズは次々と抽斗を開けた。そこには過去に実在した人物が書いた日記や手紙、公式書類や書籍などが詰まった箱が入っていた。箱がいくつかシャロン・ハリスに手渡されたが、彼女は中をさっと見てすぐに返した。

「これなら興味を引くかも」しばらくのち、抽斗から箱を取りだしながらジョーンズが言った。〝ヘスター・スタンホープ嬢〟という名前がついていた。そのあと、ずっと大きな別の抽斗から、古い書物を数冊と、びっしりと文字が手書きされた黄色くなった紙の山を取りだした。

シャロンは、『主治医のチャールズ・ルイス・マリオン医師に語ったヘスター・スタンホープ嬢の回想録』全三巻を手に取った。一八四五年に出版されたものだ。シャロンはその本や手書きの手紙をぱらぱらと見ていった。ジョーンズはシャロンがいきなり大きな興味を示したことに驚いた。その書物と手紙は、英国首相ウィリアム・ピット（小）の姪である女性貴族の驚くべき人生の実録だった。

彼女は十七世紀の末に横暴な父親のもとから逃げ出し、ピット首相の秘書官となった。小ピットの死後、人々の関心を引く恋愛関係を何度か経験したこともあり、ロンドンで名を知られるようになった。その後彼女は中東へ渡り、たくさんの冒険や恋愛をしたあとレバノンに流れ着き、その地でイスラム教ドルーズ派とベドウィンの忠実な戦士たちの一団に見守られて一生を生きた。

シャロンの目は輝いていた。これこそ彼女がさがしていた物語——女性貴族の暮らし、ロンドンでの陰謀、スキャンダラスな恋愛、なじみのない土地での命知らずの旅、山中の暗い砦で迎えた死……。

次の日もここへ来て続きを読んでいいかと彼女はジョーンズに尋ねた。ジョーンズは了承し、シャロンは毎日ビクトリア&アルバート博物館にやってきて、ヘスター嬢の物語を夢中で閲読した。ジョーンズは喜んで協力したが、シャロン・ハリスはシャロン・ハリスではなく、脚本家でもなく、世界を驚かせる秘密任務の準備をしているヤエル（出生名イレイン）という名のモサドのスパイだった。

ユダヤ人のイレインは両親同様シオニストだったことはないし、ユダヤ教に関心を示したこともなかった。彼女はカナダで生まれ、物理学者である父の職場だったアメリカのニュージャージー州プリンストンで育った。父親の頭には科学のことしかなかった。その地区でユダヤ人家族は三軒だけだった。毎年十二月になると、イレインの家はクリスマスツリーを飾った。イレインが反ユダヤ主義を身をもって経験したのは、子どものときに町を歩いていたら、うしろから「あっちへ行け、薄汚いユダヤ人め」と怒鳴られたときだけだ。少女は振り向いて言い返した。「あたしはユダヤ人じゃないし薄汚くない」

当時プリンストンに住んでいた世界的物理学者のアルバート・アインシュタインと父の名前を混同して、郵便配達員が郵便物を頻繁に誤配するのを、小さなイレインは面白がっていた。

イレインは一家の三女で、本人が認めるように〝いちばんかわいいが頭はそれほどでもなかった〟。愛情にあふれた和《なご》やかな家庭で〝おおらかで無邪気に〟育った。だが、おおらかさの奥で強い正義感がはぐくまれ、人間でも動物でも、いつも勝ち目の薄い側の肩を持った。紫色は過小評価されていると感じた彼女は、それを詩にした。

『紫色が好きになった、
日々の暮らしの色調に合わず、
目立ちすぎず地味すぎず、
〝勝てそうにな〟く〝足蹴にされ〟ているが
もっと大きな関心と注目と敬意に値すると思う……』

彼女が家族に初めて見せた反抗は、自宅に黒人の子を連れてきて、アメリカの日常的な人種差別に立ち向かったときだった。彼女は黒人専用の歩道をわざと歩いた。いまでも彼女の友人や家族は、動物が大好きで、獣医になりたいと言っていた無口で内気な少女だったころの彼女を覚えている。

父親の強い勧めで一流の看護学校に入学したものの中退し、進路を変えてコンピューターを専攻する。卒業後、マンハッタンで恵まれた職についた——高給、社用車、高級アパートメントつき。燃えるような恋愛をして結婚した相手ウェインは、強硬だが、イスラエルへ移住するのがせいぜいのシオニスト家庭の息子だった。

結婚生活は五年でこわれた。結婚は失敗だったと思ってしまうことが恥ずかしかった。だから別の人生を模索した。父親にはゼブルンというイスラエル人のいとこがいた。彼は航空機製造会社の代表者としてアメリカに来ていた。イレインは彼と話しこんだことがきっかけで、イスラエルへ行って仕事をさがし、ヘブライ語を学ぼうと考えるようになった。イスラエルとの深いつながりを感じるようになっていた。そこは、滅ぼしてやると言いきる卑劣な敵国に囲まれた小さな国、勝ち目の薄い国だと思った。自分も力になりたい。そして一九六七年に第三次中東戦争が始まった。彼女は荷造りを始めた。父は反対したが母は何も言わなかった。イレインはアパートメントを出て、持ち家具を売り、本人が言うように〝人生を小さなスーツケースに詰めた〟。イスラエルの地を踏んだとき、彼女は三十二歳で、新生活に胸をふくらませていた。

コンピューター会社に職を得て、テルアビブ近郊の高級地区ヘルツリーヤの高層アパートメントの小さな一室を借りた。中古のスポーツカーも買った。ぴかぴかの車でエンジン音を高鳴らせてテルアビブの街中を走る、若く美しい女性はかなり人目を引いた。

だが友だちはほとんどできず、やがて自分はイスラエル社会の一員ではないと感じた。彼女は孤独で憂鬱で、自分の暮らしがつまらなかった。彼女がほしかったのは平和と静寂だけだったのに、イスラエルは彼女が夢見た安らかな国ではなかった。アメリカに帰ることを考えていた一九六八年に消耗戦争とテロ攻撃が続き、彼女がこれまで感じたことのない国を愛する気持ちが芽生えた。もう一度イスラエルでやってみようと決心した。

ヘブライ語が話せないことが、そこに溶けこめない大きな原因だった。彼女は夜間ウルパン――移住者対象のヘブライ語学校――に入学した。大してヘブライ語は学べなかったものの、ウルパン職員のイアンと知り合った。彼は、主要政治家の警備を担当する秘密情報部の支部でアルバイトをしており、モサドとの関係もあると話した。

最初、彼は気を引こうとしているだけだと思い、イレインは彼の話を信じなかった。それまでスパイ活動や諜報作戦などの影の世界に興味を持ったこともなかった。だがイアンの話を聞いて、彼女は夢中になった。もしモサドに入れば、イスラエルのために貢献できる。のちに本人が言ったように、「衝動としか言いようのない、モサドにどうしても入りたいという気持ち……そのことしか考えられなくなった。とにかくそこで働きたかった。どうしてなのかはわからなかったけれど。私はずっとこのときのために生きてきたんだと思った」スパイ映画を好きだったことはなかった。それに、自分は怖がりだからスパイにはなれないだろうと思っていた。

それでも彼女は、モサドの知り合いに紹介してほしいとイアンに頼んだ。数週間後の一九七一年初め、彼女に電話がかかってきた。相手は言った。「イレインだね？　イスラエルの役に立ちたいか？」

「はい」彼女は答えた。

その一語が彼女の人生を変えることになる。


数日後、また電話がかかってきた。「テルアビブのカフェ・スターンに来られるか？」そう言って、日付と時刻と指示を伝えてきた。

カフェ・スターンで、若いモサド二名、〝シュロモ〟と〝エイタン〟に会った。彼らに自分を印象づけるために、新品の優美なスーツを着てスポーツカーで乗りつけた。ところが、これは失敗だったと彼女が思ったのは、車をどこに駐車したか忘れてしまって、車をさがすのを手伝ってくれと二人のモサドに頼むことになったときだ。かなりあとになって彼女は、シュロモが〝カエサレア〟隊長のマイク・ハラリに提出した報告書を読んだ。〝非常にあか抜けていて上品、他を圧倒するほどの美人ではないが女らしく、愛想がよく、裕福（ボルボのスポーツカーに乗っている）な女性。迷うところだ。かたや、まさに我々がさがしていた女性である。だが、彼女の純真さ、動機全体の中に私を不安にさせる何かがある。『うますぎる話』のような何かがある。会ってみてほしい〟。

イレインは、テルアビブのキング・サウル通りにある、見てくれの悪い要塞のような建物〝ハダール・ダフナ〟のモサド本部でマイク・ハラリと対面した。安息日の午後だったので、迷路のような通路にひとけはなかった。ハラリは灰色の小部屋で待っていた。イレインは彼のことを何も知らなかったが、彼の思いやり、的を射た質問、低い声に心を動かされた。なんとなく照れながら質問に答え、宗教に関心のないユダヤ人家庭で幸せな子ども時代を送ったこと、失敗した結婚生活、イスラエルへ来た理由を話した。ハラリはさらに突っ込んだ質問をしてきた。「きみは、たとえばフランスではなく、なぜイスラエルへ来たんだ？　両親はそれをどう受けとめた？　友だちは何と言った？　イスラエルの生活になじもうとするのはいいが夢はどうなった？」

「夢はほとんどばらばらに壊れました」そう認め、アメリカへ帰ることを考えたが、まわりの敵と必死で闘うイスラエルを見て、イスラエル社会の特徴である〝団結〟に今なら自分も加われるかもしれないと感じたと打ち明けた。イスラエルのために何かしたい、いまイスラエルは八方ふさがりで、親の自分を必要とする子どものようだとまで思っていた。とはいえ、モサドに入りたいと思うようになったきっかけは特になかった。

しばらくのあいだ、ハラリは無言だった。イレインは純真で世間知らずな女性だと彼は感じた。人の目を欺いて活動するプレッシャーに耐えられるとは思わなかった。「きみは部外者みたいなもので」何年かして彼はイレインに言った。「一人で生きることに慣れているが、心温まる気遣いのある環境を強く求めているというのが私が受けた印象だった。私は自分に問いかけたよ――この女性はほんとうに、敵国でたった一人で活動できるだろうかと」彼女の女らしさ、身のこなし、生来の美しさ――イレインの大きな財産――が同時に弱点にならないかと考えた。それに、彼女が突然モサドへ入りたいと思いたったことが彼の疑いをかき立てた。「熱心すぎる人を」と彼は何度か口にした。「つい疑いの目で見てしまう」面接が長引いても、彼はまだ決めきれないでいた。とはいえ、ハラリの決断の決め手になったのは、彼の目をまっすぐ見て彼女が言った一言だった。「わたしは価値のある人間になりたいんです。やりがいのあることをしたいんです。あなたの目に映るわたしに少しでも価値があるなら、わたしはイスラエルのためになることをしたいんです」
真心の訴えがハラリの心を揺り動かした。イレインは〝きっとだめだろう〟と思い、気を滅入らせて帰った。だがひと月後、長官本人と会うことになった。彼女と対面したザミール長官も迷った。この若い女性は、敵国での過酷な秘密作戦の重圧に耐えられるのか？　だが最終的に彼はハラリの助言に従った——彼女の入局に同意したのだ。彼女はもはやイレインではなかった。〝ヤエル〟の誕生だ。

四カ月後、ヤエルはモサドの研修に召集された。「彼らは〝基礎訓練〟と呼んでいたけれど」と彼女は思い出して語った。「生徒はわたし一人だった……」彼女はホテルの一室に入り、そこで多くの昼と夜を過ごした。さまざまなモサドの職員が入れ代わり立ち代わりやってきて〝基礎訓練〟を行ない、秘密戦のさまざまな局面について講義した。「型の異なる戦車の見分け方や地図の読み方なんかを習った」射撃練習場へ連れていかれ、射撃を学んだ。実地訓練もあった。そういう訓練で、あるビジネスマンに対して、自分を社会福祉士だと信じ込ませ、商品サンプルを寄付させよという課題を与えられたことがあった。テルアビブの街中で、彼女を尾行する要員を見つけ、尾行をまくか、一瞬のうちに外見を変える方法を考案するなどの演習が行なわれた。ときには教官のアブラハムから「向かいのアパートメントが見えるか？　五分以内に、水の入ったグラスを持って三階のバルコニーに姿を見せろ。行け！」という予想もしていなかった課題を与えられた。

振り返ってみると、その研修は彼女の人生でもっともつらい期間だった。基礎訓練を無事に終えることを決意していたが、落第を恐れていた。期間中はずっと緊張し、重圧を感じていた。多くのアマゾンたちが受けてきた伝統的なカエサレアの課題が彼女にも与えられた。最高機密の軍事施設へ接近し、写真におさめるのだ。彼女はエルサレムの軍事施設へ送りだされ、警察に逮捕され、警察署へ連行され、そこで尋問された。

これまでと同じく、一晩じゅう警官や刑事らが順に現われて、彼女が撮影した写真を広げて彼女を怒鳴りつけ、質問を浴びせかけ、強力な照明で彼女の目をくらませた。圧力をかけられて彼女は支離滅裂なことを口にしたが負けなかった。でないと落第すると思ったからだ。なぜ逮捕された？　彼らの注意を引くようなミスをしたのか？

夜が明けるころにようやく彼女は解放され、警察署の外に出たら教官たちがいたので驚いた。これは彼女がどれだけプレッシャーに耐えられるかを見るためのテストだった、テストは合格だと言われた。そして、警察署で過ごした夜が新しい真実を見せてくれたことに気づいた。ものごとはしばしば見かけどおりのものではないこと、すべての現実の奥にまた別の真実が隠されていることを突然悟った。「人やものに対する私の素朴ですなおで単純な見方はすっかり変わってしまった」

彼女は基礎訓練に全力を注いだ。あるモサドから折にふれて言われた。「おれたちのためにどうしてここまでやるんだ？」こう言われて彼女はひどく傷ついた。彼らはいまでも彼女を部外者として、仲間でない人間として見ているが、彼女は〝おれたち〟の一員だと思ってもらいたかった。ある教官が意外そうに、彼女は敵国で任務につくことをまったく恐れていないように見えると言った。彼女は心の奥で別のことを恐れていた。そうした任務で失敗することだ。彼女にはカエサレア隊員になる自信があった。実際になって――立派に任務を遂行する。くわえて、女が男と同程度の能力を持つことを証明したかった。基礎訓練を無事に終えたら、彼女は男と同じ訓練と任務をこなすことになると教官たちは受けあった。そのときのヤエルは、カエサレアの女性隊員を一人も知らなかったが、自分以外にもいるはずだと考えていた。

数カ月続いた訓練中、私生活はなかった。ときには、二、三時間の睡眠を取りに自分のアパートメントに戻れることもあった。建物のロビーで同じ建物に住む人たちとすれ違うと、自分がいかに彼らと違うかを痛感した。彼らは何も知らない、彼女はそう思った。一度、地下駐車場で、空挺部隊の制服に士官の肩章をつけた、赤いベレー帽をかぶったハンサムな若い男に会った。二人はしばらく見つめあった。彼女は好感を抱いた。翌朝、二人はまた出くわし、にっこり笑って〝おはよう〟と挨拶した。うわっ、彼はこのビルに住んでるの？　そのとき一瞬、遠くから吹いてきた一陣の風とともに、同世代の女の子と同じような、今とは違う人生を送りたかったという欲望を感じた。ほんの一瞬だけ――そしてすぐに元の自分に戻った。

基礎訓練は終わった。教官による評価報告書を読んだのは退職して数年たったあとだった。〝……(彼女は) 何事もまじめに取り組み、非常に誠実で率直に、失敗も含めて報告する。勇気があり大胆で、並外れて強い目的意識を持ち、自分の任務を国への奉仕と考えている……〟。そこにこう付け加えられていた。〝いまだ自信に欠けるところがある。命令を遂行する意志はきわめて強いので、危険にかまわず任務を実行するだろう。とくにナンバー2として最高の能力を発揮するだろう〟。彼女が独力で任務を遂行できると彼らは思っておらず、補佐役として使うことを勧めていた。

だがマイク・ハラリはその評価を重視しなかった。「彼女には外から見える以上のものがある。私は彼女をカエサレア隊員として任務につけることに決めた」

一九七二年五月、三十六歳のヤエルはブリュッセルに降り立った。そこにモサドの秘密現地本部があった。ド・ゴール大統領が敵対政策を打ちだしたため、パリの基地を捨てざるをえなかったのだ。いま、ヤエルはヨーロッパ人になりきらなければならなかった。アパートメントを借り、郵便配達用住所を登録し、銀行口座を開き、コンピューター会社に就職した。基礎訓練は終わったが、まだ多数の訓練任務を、最初はヨーロッパで、そのあと〝対象国〟つまり敵対するアラブ諸国で行なうことになっていた。最初のころにはエジプトへ行き、葦毛の馬に乗ってピラミッドを見に行った。古代エジプトの女性に関する碑文や古文書を調べる研究者を装った。

彼女はさまざまな偽名で行動した。「いろいろな国のいろいろな名前のパスポートを持っていました。私は誰かだけど誰でもなかった」ブリュッセルで、彼女のすべてを知るハンドラーのショウルと会った。彼女が数回の任務を終えたあと、ショウルはマイク・ハラリへの報告書に、ヤエルは〝非常に落ち着いていて冷静で、各任務の目的を理解し、経験で得た知識をもとに一つ一つの仕事をこなし、静かな自信をうかがわせ……彼女の持つ女らしさ、気品、礼儀正しさ、控えめなふるまい、自制心と口論を避けることなどは、弱さと、厳格な命令への依存との誤解を招くかもしれない。だが彼女はこれらの資質を用いて任務完遂までの道筋を描き、それを実行する〟。ショウルは彼女の〝どんな任務でも達成するという揺るぎない決意〟を見抜いていた。たしかにヤエルは自分の弱さと見かけの純朴さを利用して他人の信頼を獲得し、その人たちにこのか弱い女を助けたいし守りたいと思わせる方法を学んでいた。

ブリュッセルで、ヤエルは任務に集中するという目標を決め、それ以外のことに関わらないようにした。近くに住む盲目の老婦人をヤエルは気にかけて手助けしていた。二人は親しくなったが、ヤエルは老婦人との関係を断った。彼女が勤めるコンピューター会社の部長のマークと恋愛関係に発展したが、身を引き裂かれるような思いをして短期間で別れた。自分の過去や友人や家族のことを話し合うような親密な関係に誰ともならないことを彼女は決心していた。イスラエルの自分のアパートメントへ帰ると、郵便受けに、彼女の留守中に部屋に出入りする人たちを目撃したことをお知らせしますというメモが入っていた。メモには〝マイケル（制服の男）〟とサインしてあった。彼女は、以前駐車場で会ったハンサムな空挺部隊員のことを覚えていた。少し考えてから、彼の車のフロントガラスにメモを残した。〝だいじょうぶです。ありがとう。ヤエル〟。ここでもまた、彼女はけりをつけた。レバノンの初任務のときも、偵察に集中するためにフランス人の若い実業家の誘いをうまく断わった。

一九七二年九月、ベイルートから戻ったあと、ミュンヘンオリンピックでイスラエル人選手ら十一名が殺されたニュースを見てぞっとした。モサドは〝神の怒り〟作戦の立案に取りかかった。だがヤエルはそのことを知らなかった。黒い九月に対して〝神の怒り〟作戦を実行するキドン隊の一員ではなかったのだ。

しばらくして、彼女の新しい任務が具体化したことをショウルから知らされた。またベイルートに赴くが、前回のように数日ではなく、今回は数カ月滞在することになる。問題は——どんな人間になりすますかだ。ショウルとヤエルはああでもないこうでもないと数日議論し、レバノンの過去の実話をもとにした映画かテレビドラマの脚本家に扮することに決まった。

アイデアは完璧に思えたが、最初彼女はやや不安だった。読書は大好きだが、すぐれた著述家ではなかった。というより著述家でさえなかったが、それらしく振る舞うことはできる。彼女はイスラエルへ飛んで、マイク・ハラリの友人で作家のシャブタイ・テベットに紹介してもらった。テベットは彼女を自分の書斎に招いて——書物や紙や鉛筆などが心地よく散らかっている——デスクを見せた。ある抽斗には白紙の紙が、別の抽斗に下書きが入っていた。そして欠かせないのは、書きかけの紙とカーボン紙がはさまった頑丈なタイプライター。ブリュッセルに戻ったときには、ベイルートのデスクをどういうふうに見せればよいか、明確にわかっていた。

次に、新人〝脚本家〟は題材を見つけなければならなかった。この調査が、ロンドンへ、ビクトリア&アルバート博物館へ、そしてヘスター・スタンホープ嬢の冒険に満ちた人生へと彼女を引き寄せたのだった。

「ヘスター嬢とその人生に夢中になりました」のちにヤエルは思い出して語った。「それに彼女がどんな生きた時代に生きたのかもすぐにわかりました。彼女は女で、情熱的で魅力的で、開拓者で、冒険家で、自分の野望実現にひたすら邁進し、積極果敢だけれど弱く、わがままだけど寛大で、家族や祖国から遠く離れた外国の地で孤独な人生を送ったひとなんです」ヤエルの友人数人は、ヘスター嬢に対する彼女の共感と尊敬は実のところ、彼女自身の願望の表われだと思っていた。

ヘスター嬢の手紙や文書や文献を読んだヤエルは、全十三話のテレビドラマシリーズの概要をまとめた。ショウルの手引で、イギリス人の有名プロデューサーと会う約束を取りつけた（誰かが陰で糸を引いたのかもしれない）。そのプロデューサーは、ストーリーとヤエルの意気込みに感心した。そして彼の事務所を出たときには、彼女が作った概要をもとに『砂漠の女王』というテレビドラマシリーズ全話の脚本を担当するという署名済みの契約書が彼女のバッグに入っていた。この話がまとまったことと、自分が作った概要のできを褒められたことが嬉しかったので、脚本を書くことがなりすましの作り話にすぎないことを残念に思った。

だが、これで彼女の偽の素性は確実なものになった。ベイルート行きの便を予約した。そこへ行くのは二度めだったが、騒がしい街になんとなく違和感を感じた。〝中東のパリ〟だと聞いていたが、そうは思えなかった。西ベイルートは、パレスチナ人テロリストの巣窟だった。彼らは街の大部分を支配し、武器を持ち歩き、民間人の居住区域に本部や武器貯蔵庫や訓練施設を作っていた。武装組織が道路にバリケードを築き、通行人の身元を確認していた。PLO指導者のヤセル・アラファトがベイルートに秘密本部を設けていた。黒い九月の秘密本部も、もっと小さく同様に狂信的なテログループの本部もベイルートにあった。

そういう場所でヤエルは任務を行なうのだ。とはいえ、大半の住民がキリスト教徒の東ベイルートは、銀行や事業所や高級品のブティック、ナイトクラブやディスコなどが並ぶ、華やかな国際都市だった。だがヤエルの心に響いたのは、そこで出会った人々の優しさと度量の大きさだった。その人たちが彼女の親友に、さらには保護者となる。

ベイルートへ発つ前に、この任務用のコードネーム〝ニルセン〟を与えられた。カエサレア情報士官のロミ・ベンポラトは、〝パレスチナのテロリズムを動かす頭脳〟とされる三人の男の情報を集めろと彼女に指示した。イスラエルおよびヨルダン川西岸におけるテロ攻撃の責任者のカマル・アドワン。ファタハの政治部門トップでスポークスマンのカマル・ナセル。黒い九月指揮官のムハンマド・ユスフ・アルナジャル（アブ・ユスフ）。三人ともベルダン通りにあるツインタワーと呼ばれる高層アパートメント二棟からなる複合施設に住んでいた。その施設に近いアパートメントを借り、三人のパレスチナ人を監視し、動向を報告することがヤエルの任務だ。

出発前に、マイク・ハラリが彼女に会いにブリュッセルへやってきた。「ハラリから、対象人物の昼と夜の動きをリアルタイムで知らせろと指示されました。連絡手段と起こりうる事柄の対処法を話し合いました」ハラリは次のように言った。「ヤエル、最後にはきみはそこで一人になる。きみの知識と経験、きみの人となりをいかし、きみがすべてをまとめ、きみのやり方でやるんだ。きみを信頼している」

ベイルートに着いてすぐの数晩はブリストルホテルに泊まり、そこを拠点にして徒歩でベルダン通りを見てまわった。彼女は思いがけない幸運に恵まれた。例のツインタワーの道路をはさんだ真向かいに共同住宅を見つけたのだ。そこの所有者で、感じがよく、まずまずの英語を話し、実の姉妹と住んでいる中年男性のファアドに会って話を聞いた。ええ、四階に空いている部屋がありますよ。ヤエルはその部屋を見せてもらった。完璧だった。居間の窓から、ファタハ幹部三人の部屋の窓とバルコニーがよく見える。第一タワー二階のカマル・アドワンと三階のカマル・ナセル、第二タワー六階のアブ・ユスフ。彼女はその部屋を借りた。

これからは、ベイルートでごく普通に暮らさなければならない。車を買い、近隣の地域を探索した。通りを歩いていると使い勝手のよい食料品店を見つけたので、そこへ通い始めた。日課をこなすようにした――一日のほとんどは脚本を書き、たいていは少額の食料品を買い、ベルギーの〝エミールという友人〟に手紙を書く。見かけは害のなさそうな手紙だが、彼女がしたことや見たものが暗号で書かれていた。

ツインタワーの外にいたファタハの警備員が彼女を引きとめて、いくつか質問してきたので、彼女は何気なく答えた。「ここに住んでるの」そのあと彼らは何も言ってこなくなった。彼女は美容院を見つけてそこの常連客になり、ベイルートじゅうを歩きまわって街に詳しくなった。

ヘスター嬢とその時代のレバノンに関する資料が保管されているアメリカン大学図書館の貸出カードも作った。実際、ヤエルをベイルート社会にうまく引き入れてくれたのは、波乱に富んだ十九世紀から現われたヘスター嬢だった。ヤエルが『砂漠の女王』の脚本を書いていることを聞きつけた家主は放っておけなくなった。すぐに新しい借家人の歓迎会を催し、ヘスター嬢に関する書籍を出版したレバノン人作家をはじめ、知識人を多数招待した。ヤエルと家主に共通の話題ができ、二人があこがれるヘスター嬢について、ヒジャブを巻くのを拒否したこと、ベドウィンの護衛を連れてパルミラへ旅したこと、黄金の遺物を求めてパレスチナ地方アシュケロンで初めての考古学発掘調査を行ない――

—黄金ではなく見事な彫刻を発見したことなど話は尽きなかった。自分の部屋には、ベルダン通りと向かいのツインタワーがよく見える窓の下にデスクが置いてあった。だから昼でも夜でもその二棟を観察できた。

一九七三年四月七日、そこに落ち着いて二カ月後、彼女はインターコンチネンタルホテルの豪奢なバーへ入っていった。若い男が隅に座っていた。彼女はその男を見て、どこかで見かけた顔だというように眉をひそめた。「パリのルーブル美術館でお会いしませんでした？」彼女は尋ねた。

彼は肩をすくめた。「パリに行ったことはないんです」

それはあらかじめ決めてあった合言葉だった。彼は、前回彼女がレバノンに来たときに同行したカエサレア隊員のイビアターだった。

ヤエルは、ベイルートで自分以外のカエサレア隊員に会えて嬉しかった。二人はレストランへ行き、彼女はこれまで集めてきたデータを報告した。三人の部屋の明かりはいつ灯るか、いつ消えるか、誰がいつ窓から顔を出すか、三人がアパートメントを出るときと帰ってくるおおよその時刻、彼らが乗っている車種、彼らに付き添う運転手または護衛、訪ねてくる客……加えて近くのブリストルホテルや、近隣の駐車場、警察の巡回などに関する情報も報告した。

イビアターに口頭で報告したほか、ブリュッセルにいる〝恋人エミール〟宛ての手紙に暗号メッセージをしのばせて、それらのデータを送ってあった。

二日後の一九七三年四月九日に、もう一度イビアターに会った。二人は楽しいときを過ごした。ヤエルはしゃれたスポーツジャケットを着て、首に緑色のシルクのスカーフを巻いていた。二人はフィニーシャンホテルの屋上レストランへ向かった。きれいでさわやかな夜だった。「ヘスター嬢のことを聞かせてくれ」イビアターが頼むと、ヤエルはヘスター・スタンホープの波乱に満ちた人生を語った。あるとき彼が何気なく訊いた。「道の向かいの家にいるご近所さんはどう？」

「今日は三人とも自宅にいるわ」

「よし」彼は言った。「まっすぐ帰宅して、窓から離れていろ」

彼女と別れると、彼はモサドの連絡員に緊急メッセージを送った。

ヤエルの一言によって〝若さの泉〟作戦が始まったことを彼女本人は知らなかった。

まさにそのとき、イスラエル海軍のミサイル艇がレバノン沿岸に忍び寄っていた。ＩＤＦの特殊部隊サエレトマトカルの隊員たちが私服姿で甲板に立ち、ゴムボートを待っている。ゴムボートに最初に乗るのは、サエレト隊長のエフード・バラク、副長のアミラム・レビンとロニ・ラファエリ軍曹だ。三人とも女物の衣類とかつらを身につけ、顔に化粧をほどこしていた。バラクは身体にフィットした黒いワンピースを着て、胸のカップに手榴弾と古い靴下を詰めてあった。作戦開始または中止の合図が来るのを待っている。ファタハと黒い九月の幹部三人全員がベルダン通りの自宅にいないなら作戦は中止だ。

イビアターのメッセージが届いた。「鳥たちはみな巣にいる」

こうして兵士を乗せたゴムボートは、ベイルートの外れのひとけのないビーチに向かって速度を上げた。

始まったのは数カ月前のことだった。ヨーロッパでは怒りに燃えたキドン部隊が、ローマ、パリ、アテネなどの都市で黒い九月の幹部を暗殺していたものの、かたやベイルートは世界最高峰のテロリストの安らぎの地となっていた。テルアビブからわずか二百キロの場所でテロリストたちは大手を振って歩き、攻撃を計画し、銃と爆弾を用意し、残忍な作戦を展開している。イスラエルは彼らの聖域を尊重する気はなかった。「ベイルートへ行き、やつらの寝首を搔いてやる」ある上級士官は言った。「どこに隠れようとイスラエルの手が届くことを知らしめてやる」

ＩＤＦ参謀長のダビド（ダド）・エラザール将軍は、ベイルートに三百人の精鋭部隊を送り、中心部を占拠してそこに住む黒い九月幹部を殺害することを考えていた。だがサエレト隊長のバラク（のちの首相）は反対した。「三百人の兵を送れば戦争になる」彼は言った。「俺がやる。十三人いれば足りる」

エラザールはその提案を受け入れたが、襲撃の規模を拡大することにした。バラクの隊が黒い九月幹部の自宅を襲撃し、別の部隊が〝パレスチナ解放人民戦線《ＰＦＬＰ》〟本部を爆破する。他の部隊は二次的目標を攻撃するか陽動作戦を行なう。私服を着た隊員たちがベイルートに入り、車に乗って、にぎやかな街を動きまわるという大胆で野心的な作戦だった。だが、すべては得られる情報にかかっていた。

エラザールはマイク・ハラリと会い、リアルタイムの報告を強く要求した。「三人の幹部が確実に自宅にいるとわかったときにのみ、作戦を実行する。〝対象人物〟がそこにいるかどうか確信がもてないのに、大勢の兵の命を危険にさらすわけにはいかない」

「まかせてください」ハラリは答えた。ヤエルからの正確な報告がきわめて重大だった。

その夜、ヤエルと別れたイビアターは、イスラエル軍部隊がすぐに上陸することを知っていた。そうなればベルダン通りは大混乱に陥る。だからディナーのあと、ヤエルにまっすぐ帰宅して窓から離れていろと注意したのだ。

だがヤエルはすぐには帰らなかった……「とても楽しかった」とジャーナリストのアミラ・ラムに思い出を語った。「のんびりして気持ちよかった。〝事務所〟の人に会えてうれしかったし、くつろいだ気分だった。すばらしい夜だったから、そのときは何の重圧も感じなかった」彼女はベイルートの街並みをぶらぶら歩いてから、しばらくして車で家に帰った。まず、留守中に部屋に侵入されていないか確認してから、向かいのツインタワーを見た。三人の部屋の明かりがついている。彼女が報告したことは正しかった。「部屋のソファで身体を丸めて座っていたら突然、両親のことや、アメリカからここまでの道のりが思い浮かんだの。いまのわたしの居場所を両親が知ったらショックを受けるだろうし、世間知らずの優しい娘がこうなったことを理解できないだろうと思ったわ」

その同じころ、暗い闇からゴムボートが現われ、ベイルートの砂浜にのりあげた。そこで六台の車が待っていた。運転手は全員モサドで、数日前に偽造パスポートでベイルートへ入り、レンタカーを借りていた。その一人がイビアタ一だった。バラクの部隊は三台に飛び乗り、ベルダン通りへと走り去った。残る車両に詰め込まれたアムノン・リプキン大佐率いる部隊はＰＦＬＰ本部へ向かった。

眠っていたヤエルはふと、銃声で目を覚ました。窓まで這っていって、外をのぞいた。「三台の大型車が道に駐まっていた。銃声はだんだん大きくなって、叫び声がした。向かいの三部屋の明かりはついていた」パレスチナ人の撃ち合いだと思ったが、「こっちだ、こっちだ！」というヘブライ語が聞こえた。いまここでイスラエルの作戦が進行中なのだ。そして、窓の外の光景と、さっきイビアタ一に告げた報告とが結びついた。ただし、この襲撃作戦のことは彼女には知らされていなかった。

テロリストの部屋の窓と彼女の部屋とは細い道路で隔てられているだけなので、流れ弾が飛んでこないともかぎらない。あっというまに事態は進展し、彼女の家の前ですさまじい銃撃戦がはじまり、向かいの三部屋からも銃声が聞こえた。だが、戦闘はすぐに終わり、地元の警察か軍が到着する前に襲撃部隊は車両に乗りこんで逃亡した。同じころ、イスラエル軍空挺部隊がＰＦＬＰのビルを爆破し、中にいたテロリストを殺害して姿を消したことを、彼女はあとで知った。

通りはしんと静まり返ったが、数分後に警察官と兵士が集まってきた。

何年かのち、ヤエルは、その作戦で〝女〟に扮した一人、アミラム・レビン将軍と知り合った。必須の情報を彼の部隊に提供した人物がその近辺にいるのはわかっていたが、それが誰かは知らなかったと彼は言った。

まわりに落ち着きが戻ると、ヤエルはデスクについて、〝恋人〟のエミールに手紙を書いた。レバノン人検閲官に開封され読まれることは承知のうえだ。

〝愛しのエミール、昨夜のことがあったから今でも身体が震えています。真夜中に爆発音がしてふと目が覚めたの。窓際へ走っていったら、通りで戦闘をしていたわ。怖かった。別の窓へ走った。そこなら流れ弾にあたらないだろうと思って。しばらくしたら静かになったけれど、わたしはぐっすり眠ってしまったみたい。朝起きて、悪い夢を見たのだと思った。でも違った。現実だった。イスラエル人がここに来たの。復活祭の祝日に休暇を取って、あなたに会いに行こうと思っています。

あなたに一途なレバノンのリーバより〟

彼女はその手紙に暗号文をしのばせた。〝昨夜はすごかったです。お見事でした！〟

「彼女がいなければ」マイク・ハラリは言った。「実現しなかっただろう」

次の日、〝若さの泉〟作戦は世界じゅうの新聞の第一面を飾った。マスコミは、ベイルート中心部でのイスラエル軍特殊部隊による大胆な攻撃作戦の詳細を報道した。多くのテロリストを閉じ込めたまま、ファタハ本部は崩れ落ちた。ファタハと黒い九月の幹部三人は死んだ。イスラエル軍はやってきてすぐにいなくなり、残っていたのは、ベイルートの砂浜にきちんと駐車され、キーが差さったままの六台の車だけだった。

ベイルートにいたモサドは全員、即座に出国しろと命じられていた。ヤエルを除いて。彼女には、ただちにアパートメントを出て、二、三日はホテルに滞在し、そのあと空路でヨーロッパへ戻れと指示がくだった。出発の準備を始めた彼女を、家主のファドが引きとめた。彼女を心配しているようだった。「ホテルに行かないほうがいい」彼は言った。「危険すぎる。いま外国人は厳しく監視されているし、イスラエルの協力者の捜索が行なわれている。きみが慌てて動けば疑われるだろう。ぼくの家に来なさい、みんなで守ってあげるから」彼が姉妹と住む部屋に滞在しろとヤエルに提案した。

ヤエルは迷った。受けた命令は明快だった。だが、ファドが言うことにも一理ある。彼女は自分の直感に従うことにして街にとどまり、だんだんといつもの日課に戻していった。彼女はおびえてはいなかったが、ベイルートの空気は張りつめ、人々はひどく疑り深かった。「その地域の店はほとんど閉店していました。わたしは服を着て一階へおり、書いた手紙を投函しました。そのあと図書館と美容院へ行きました。いつもやっていたことをやろうとしました……自分が怖がっていないことに自分でも驚きました。わたしはアメリカ人だから、イスラエル人のように――アラブを怖がって育っていなかったから、自分は別だと思っていたのでしょう」

五日後、ベイルートにいるのが怖いので出ていきたいとファドに話した。彼は空港まで車で彼女を送り、別れ際に頬に軽くキスをした。彼女は何事もなく出国手続きをし、ブリュッセル行きの飛行機に搭乗した。

いっぽう、マイク・ハラリはひどく落ち着かない気持ちで、彼女の帰りを待っていた。ハラリと長官が彼女の出国を遅らせたのには訳があった。彼女の正体は〝ばれて〟いないし、誰も彼女を怪しんでいないので、この先も敵国で活動できる。だが、それは危険すぎる賭けだろうか？　若さの泉作戦を立案したアライザ・マゲンも、あとに残された女工作員のことをひどく心配していた。

四月十五日にヤエルはブリュッセルに到着した。大喜びのマイク・ハラリは、〝ニルセン〟が無事に到着したことを知らせる〝大至急〟の電報をザミール長官に送った。彼は〝おめでとうございます！〟と電報に走り書きし、署名を入れた。

ハラリとザミールは、ゴルダ・メイア首相にヤエルを引き合わせた。「わたしが入っていくと、首相はとても驚いていました」ヤエルは思い出して語った。「そして言いました。『こんな若い女性がそれを全部したの？』首相はソファの彼女の横にわたしを座らせました。辞去するとき、わたしを抱きしめてキスしてくれました」

ヤエルは自分の偽の身元を維持するためだけでなく、友情に感謝していたので、家主のファドから頼まれていた――前もって八ポンドを預かっていた――印刷物をロンドンで購入し、彼に送った。彼だけでなく、ベイルートで知り合った人々は彼女が〝若さの泉〟作戦の一味だったとは思ってもいなかった。だから、二〇一五年に彼女のことが一部公表されたとき、彼らがショックを受けることを残念に思い、心が痛んだ。

若さの泉作戦のあとまもなく、ヤエルの父親がイスラエルを訪れた。父には本当の仕事のことを一言も話していなかった。そして父は、娘はいまもコンピューター会社で国防省から依頼された秘密研究を行なっていると信じたまま帰っていった。ヤエルの両親は、娘の人生の真実を知ることはなかった。彼女は両親を愛していたが、ほとんど手紙を書かなかった。モサドで本当の家族を見つけたからだろう。

若さの泉作戦参加者による小さな集いが開かれ、そこでヤエルはサエレトの士官として参加したマイケルという長身の男性と出会った。ツインタワーへ侵入しテロリストを殺害した一人だった。会合が終わり、出ていこうとした彼はヤエルに顔を向けた。「どこかで会ったような気がするが、どこだったか思い出せないんだ」

「当時住んでいた家の駐車場よ」彼女は答えた。「ヘルツリーヤハイツの」

彼は仰天した。「今夜きみは何も言わなかったから、僕のことを知らないのかと思った」

「親しくなかったけれど」彼女は言った。「親しくなりたかったのかもしれない。二人の絆を深めることもできたけれど、わたしは別の道を選んだ」

マイケルと別れてから、彼女は書いた。〝自分の人生の物語を書いていたなら、マイケルのような男性と恋に落ちていたかもしれない。ふたりの情熱的な恋愛から、わたしがひどく望んでいた関係が生まれたかもしれない……〟

だがそのとき、彼女はブリュッセルで知り合ったずっと年上の男ピーターに恋をしていた。上官というだけでなく父親のような存在でもあるマイク・ハラリに彼のことを話した。それだけでなく、三人で食事をしないかとハラリを誘った。あとで、どう思うかと彼に訊くと、彼は「自分の心に従え」と言った。しかしこの関係も立ち消えた。「しばらくして、自分で終わらせました。いつものように──誰かと親しくなったころに遠くへ引っ越し、離れるつらさを胸の奥にしまって部隊に戻りました」

レバノンにおけるヤエルの任務について書かれた、エフラット・マース著の短篇がイスラエルで出版された。それによって明らかになったことはあるものの、はるかに大きな真実は隠されたままだった。その後十四年がたち、ベイルートでの任務は、彼女のモサド人生で最も小さな功績だったことがはっきりする。ヤエルはイスラエル周辺のシリア、エジプト、そして新しく作りなおした身元で再びレバノンへ赴き、危険な任務に携わった。バグダッドへも行き、一九八一年のイラクの原子炉爆撃作戦のために重要な情報を集めた。一度は、あるアラブ国で四年を費やし、驚くべき成果をいくつも上げた。彼女は昇進し、多くの作戦を指揮し、ＩＤＦの兵士やモサド工作員が彼女の命令に従った。強靭で厳しい彼女は成果を上げつづけた。だが……「十五年たってわたしは退職しました。アラブ人の町で任務についていたとき、町の真ん中で叫びたくてしかたありませんでした。『わたしはユダヤ人よ！　ユダヤ人！』と」彼女は最高のモサド・アマゾンの一人となったが、彼女が行なった任務のほとんどは今でも最高機密に指定されている。

イラクの原子炉の破壊に成功したあと、ヤエルはＩＤＦ参謀長ラファエル・エイタン将軍から表彰された。その他の褒章および勲章はいまだに非公開だ。

「ヤエルが受けた勲章や賞や表彰を全部身につけるには」元モサド長官のタミール・パルドは私に言った。「胸元のスペースが足りないだろう」

ヤエルは五十歳でモサドを去った。彼女はヘブライ語を学ぶため、もう一度ウルパンへ入った。またしても、そこではあまりヘブライ語を学ばなかった。南アフリカ人建築家で思いやりある教師のジョニーと出会い、結婚した。今回は、愛情と天職のどちらを選ぶかで悩まずにすんだ。

数年後、重病にかかった彼女を、ジョニーは献身的に看病した。そして今でも、ヤエルは油断することなく秘密を守っている。「結婚してかなりの年月がたつのに、ぼくは知らない……」

テルアビブ郊外でヤエルはジョニーと暮らしている。「ヘスター嬢が主人公のわたしの脚本は映像にならなかった」彼女は私に言った。「残念だわ、いい出来だったのに」

第十三章　シルビア・ラファエル（2）

大失態

シルビアはヤエルのことを知らなかったし、〝若さの泉〟作戦には参加しなかった。だがしばらくして、サエレト隊員がファタハの幹部三人の自宅に侵入したころ、最強の敵――アリ・ハッサン・サラメ――が、そこからほんの数百メートル離れたファタハの隠れ家でぐっすり眠っていたことを彼女は知った。イスラエル軍部隊はその男がベイルートにいるとは知らず、さがしもしなかったため、取り逃がした。ずる賢く抜け目のないサラメは、足跡を消すことに長けており、モサドは彼の隠れ家をつかめないでいた。

若く魅力的で狡猾なサラメは、一九四八年の第一次中東戦争でパレスチナ人武装組織の指導者を務めたシーク・ハッサン・サラメの息子だった。ヒトラーを敬愛していたハッサン・サラメは、第二次世界大戦中はドイツに滞在していた。その後、ある秘密作戦――パレスチナ人をけしかけて対イギリス暴動を起こすことと、テルアビブの井戸に毒を入れること――にそなえてパレスチナに落下傘降下した。その作戦は、仲間が殺されたり逮捕されたりして頓挫した。サラメは逃亡したものの一九四八年の第一次中東戦争で死亡した。生前、彼は大きな財産を蓄えており、レバノンとヨーロッパで育った息子のアリは金持ちのプレイボーイとなった。だが、一九六七年の戦争でアラブ軍が敗北したのをきっかけに、彼はパレスチナの愛国者となり、ファタハに加わった。一九七〇年、アラファトは彼を黒い九月の作戦部長に任命した。偉大なるサラメの息子であることから、そして流血と殺しに血道をあげることから、アリは〝赤い王子〟と呼ばれた。アラファトは彼を自分の後継者と考えていると公言した。赤い王子こそ、ミュンヘンオリンピックのイスラエル選手団襲撃を考案し計画した人物だった。

パリ、ローマ、アテネ、キプロス、そしてベイルートで次々と黒い九月幹部が消されていった。残る赤い王子だけが、いまだ流血の作戦の糸を引いていた。スーダンの首都ハルツームで、彼の配下は外交関係のパーティを襲撃し、アメリカ大使およびアメリカ副大使とベルギー代理大使の三名を殺害した。もう黙認できなかった。ゴルダ・メイアのX委員会はカエサレアにゴーサインを出した。なんとしてもサラメを見つけて殺さなければならない。

マイク・ハラリはとりつかれたように赤い王子をさがし求めた。隊員をヨーロッパ全域に派遣し、諜報ネットワークと通信情報の専門家に注意を促し、他の秘密情報部の知り合いに電話をかけた。捜索開始から三カ月経っても結果は得られなかったが、サラメはドイツかスカンジナビアで対イスラエル攻撃の準備をしているという漠然とした噂をつかんだ。噂によると、サラメは〝若さの泉〟と、最近暗殺された黒い九月フランス支部長のモハメド・ブーディアの報復を望んでいるという。だが、情報の裏づけは取れなかった。

そして七月中旬――かすかな希望が見えた。

スイスのジュネーブに、黒い九月の密使と知られているアルジェリア人カマル・ベナマンが住んでいた。一九七三年七月十四日、彼が突然コペンハーゲンへ飛び、そこでオスロ行きの便に乗り継ぎ、ホテル・パノラマで一泊したあと、リレハンメル行きの列車に乗った。そこはオスロから百五十キロほど離れた、雪深い山中に位置するノルウェー屈指の冬のリゾート地で、冬季オリンピックの開催が決まっていた。〝オーストリア人〟のグスタフ・ピスタウア、〝フランス人〟のジャンリュック・サバニエ、〝スウェーデン人〟のダン・アート（本名ダン・アーベル）という三人のモサドが彼を追った。

その三人の報告がモサド本部に届くやいなや、マイク・ハラリは猛然と動きはじめた。サラメがスカンジナビアにいるという噂を知っていたハラリは、ベナマンはサラメに会いにリレハンメルへ行ったのだと考えた。急遽、経験豊富な工作員と未熟な新人から成る作戦チームが編成された。コペンハーゲン生まれのダン・アーベルは熟練工作員ではなかったが、デンマーク語と他のスカンジナビアの言語を話せるので加えられた。若い女性のマリアンヌ・グラドニコフも同様だった。シオニズムを信奉する彼女は、最近スウェーデンからイスラエルへ移住してきたソフトウェア・エンジニアで、モサドの新人訓練が始まったばかりだった。スウェーデン語はノルウェー語と似ているので彼女もチームに加えられ、急ぎチューリヒ経由でノルウェーへ送られた。金髪のふくよかな若い女は本名とスウェーデンのパスポートを使って搭乗した。テルアビブからの旅の道連れは、黒い髪のカナダ人カメラマン、パトリシアだった。

このこぢんまりした作戦チームには、ヨーロッパで実行中の〝神の怒り〟作戦の主要メンバーが数人いた。シルビア・ラファエルとアブラハム・ゲマーもだ。ゲマーは、リーズ出身の教師であるレスリー・オーボーム名義のイギリスパスポートを所有していた。マイク・ハラリは、エドゥアルド・スタニスラス・ラスカー名義のフランスのパスポートでノルウェーにやってきた。そのあとから、タル・サリグの名のイスラエルのパスポートを持つツビ・ザミール長官が到着した。チームは複数のホテルと、ダン・アーベルが借りたアパートメントに分かれて入った。アーベルらはオスロ空港でレンタカーを数台借りていた。シルビアとダン・アーベルは、一九七〇年に二人で港湾を偵察しながらアラブ諸国を一緒にまわったときからの知り合いだった。

シルビアは最初から、何かが間違っているような気がしていた。この数カ月間、彼女は似たような作戦に何度か参加し、経験を積んできた。だから、万一の場合の代替計画と逃亡ルートについて作戦主任に尋ねてみると、何も計画されていなかったので驚いた。アブラハム・ゲマーに不満を訴えると、彼もそのとおりだと同意した。

シルビアはリレハンメルでの仲間の行動を見て大きな不安を感じていた。冬のリレハンメルは大勢の観光客で混みあうが、夏のあいだは静かな地方都市だ。七月十九日にやってきた十五人のモサドは、町中でレンタカーを乗りまわし、トランシーバーで連絡を取りあって、いらざる注目を集めていた。

それはともかくとして、とシルビアは思った。対象人物の確認はどうなっている？　ほんとうに赤い王子はこの小さな町にいるのか？　いるとすれば――どこに？

カマル・ベナマンが偽名でホテル・レジーナにチェックインしたことをモサドは突きとめた。次の日、ホテルを出た彼を尾行した。彼は横丁へ入ってはまた戻ってきて、カフェへ入り、裏口から出るという、モサドからすれば彼は熟練の秘密諜報員で、予想される尾行をまこうとしているとしか思えない動きをした。サラメと会う前に予想される監視の目を逃れようとしているというのが論理的な結論だった。

真昼、ベナマンはカフェ・カロラインのテラスで色とりどりのパラソルの下に座っていた。グスタフ・ピスタウアとマリアンヌ・グラドニコフともう一人が、通りの向かいのベンチから彼を監視している。そのとき、よそ者二人がベナマンに近づいた。一人が振り向いた。ピスタウアの血が騒いだ。アラブ人だ！　ピスタウアは、ポケットからそれとなく取りだしたサラメがぼんやり写っている写真とその男を見比べた。写真のサラメのひげは剃ってあるが、ベナマンに近づいたアラブ人は口ひげをはやしている。だが、口ひげなら伸ばせるし、糊でつけられる。ピスタウアは長い時間をかけてよそ者の顔を見、写真をよくよく吟味した。くっきり写っていないどころか、粒子は粗く、ぼやけた写真だった。だが、その写真しかない。ようやくピスタウアはうなずいた。

近くに駐めた車の中にいたマイク・ハラリはメッセージを受け取った。そして即座に、工作員がサラメを本人と確認したことをツビ・ザミールに報告した。

このときからモサドは、ベナマンではなく、口ひげの男に的を絞った。その男はカフェを出て、延々と自転車を走らせ、安っぽい見捨てられたような町へ行った。その夜は、崩れかかった建物の一軒で過ごした。翌朝、また自転車に乗って市営プールへ行った。数分後、プールの端に腰かけ、ほかの男と話す彼が見えた。

何を話しているのか？　水着を借りてプールに入り、口ひげの男とその話し相手に近づけとマリアンヌ・グラドニコフは命じられた。彼女は急いでビキニを借りに行き、プールに飛びこんで男二人が腰かけている端まで泳いだ。彼女はフランス語ができないので、彼らのフランス語の会話を理解できなかった。プールを何往復かしたものの、結果は変わらなかった。プールへ入る前にサラメの写真を念入りに見ていた彼女は、プールから出てくると「同じ男ではないと思います」と班長に告げた。

「眉の形が違います。写真の男のほうがいくぶん尖っています。あれはサラメではありません」

「きみにはわからないんだ」が答えだった。「きみはわかっていない」

シルビアは同じ結論に達していた。プロのカメラマンであるシルビアには、はっきり写っていないぼやけた写真を使った本人確認など受け入れられなかった。アブラハム・ゲマーも彼女と同意見だったが、作戦指揮官たちは彼女たちの意見に耳を貸さなかった。あの男を見た者の多くが、男はサラメだったと思うと言った。マイク・ハラリも疑っていなかった。

シルビアには不安に思う別の理由があった。カエサレアの情報収集の天才ロミがまとめた報告書のどこにも、サラメにフランス語会話能力があると書かれていなかったのだ。プールの男はフランス語を流暢に話していたという。ほかにも――黒い九月の首領であれば、モサドが尾行していれば必ず気づくだろうに、男は予防対策もせず、尾行されていた場合を考えてそれを阻止する動きも見せずにリレハンメルじゅうを自転車で走っていた。それに、リレハンメルの貧しい地区に住んでいるようだ。また、市営プールへ行ってまったく無防備な自分をさらした。シルビアは疑問点を作戦指揮官たちにぶつけた――そしてまた退けられた。ハラリとザミールは作戦強行を決意していた。神の怒り作戦の成功によって、手順を確認しながら任務を進める慎重さがおざなりにされたのだろう。指揮官たちは決行日《Dデイ》を七月二十一日と決定した。

霧雨のその夜、サラメと金髪の妊婦は町中心部にある映画館に入り、クリント・イーストウッドとリチャード・バートン出演の映画『荒鷲の要塞』を観た。上映中、キドンの隊員一名がカップルの近くに座り、お菓子を分けあって食べる二人を見張った。映画が終わった二十二時十五分、バスに乗った二人を、マリアンヌ・グラドニコフがレンタカーで追いかけた。そのあとを白い車に乗った三人――ジョナサン・イングルビイ、ロルフ・ベアー（運転手）、ジェラードエミール・ラフォンド――がついていった。彼らが実行班だ。サラメと女がバスから降りて静かでひとけのないストリトン通りに立ったとき、そのそばに数台の車が停まった。イングルビイとラフォンドが白い車から飛び出し、ベレッタを抜いて、アリ・サラメに十四発を撃ちこんだ。そばにいた女には指一本触れなかった。あっというまのことだった。二人の殺し屋が飛び乗ると、白い車は急発進し、通りの先に消えた。うしろの車に乗るマリアンヌは簡潔な報告を耳にした。「彼をやった！」

ツビ・ザミールとマイク・ハラリは大喜びした。史上最大のテロリストは死んだ。「よくやった」トランシーバーでハラリは勝ち誇った声を上げた。「さあみんなで帰るぞ！」

じきに警察や救急車が現場に到着したが、サラメを殺した犯人はとっくに去っていた。その地域を最初に出たのは彼らだった。白い車の三人は、車を町外れに置き去りにして別の車に乗り換えた。その同じ夜、ほか四人の工作員とともに二台の逃亡用車両でリレハンメルを離れ、次の朝、ノルウェーのオスロ空港を出発した。ツビ・ザミールとマイク・ハラリも飛行機とフェリーでノルウェーをあとにした。残ったのは、借りたアパートメントとレンタカーを処理する工作員二、三人だけだ。オスロとリレハンメルでモサドが活動した足跡を拭き取るのも彼らの仕事だった。

彼らは知らなかったが、昨夜ストリトン通りにいたのは彼らだけではなかった。殺害現場の近く、市立公園の茂みの中で、若いカップルが愛の行為の最中だった。そんな二人が銃声を聞き、射手の車の一台が速度をあげて走り去るのを見ていた。カップルは車の色、車種、ナンバーまで書き留め、それを警察に渡した。あるチーム員の話では、ダン・アーベルは乗り捨てた白い車——プジョー——に前日に置き忘れた荷物を取りに引き返し、その車でオスロへ行った。グラドニコフと一緒に列車でオスロへ行き、出国せよという命令に反した行動だった。

次の日、アーベルはオスロ空港の〝ハーツレンタカー〟事務所へ入り、白いプジョーを返却したいと申し出た。マリアンヌ・グラドニコフはその車の中で、アーベルが手続きを終えるのを待っていた。それは重大な職務怠慢だった。なぜなら、脱出のさい、作戦で使用した車両をレンタカー会社に返却することは厳格に禁じられていたからだ。

致命的なミスだった。そのときちょうど、ノルウェーのラジオで逃亡車の詳細を知らせる警察速報が放送された。マリアンヌのうしろの車でラジオを聴いていたノルウェー人がふと目を上げると、前に指名手配中の車がいるではないか！　彼は色めきたって警察へ通報した。アーベルとグラドニコフは現行犯で逮捕された。二人はオスロ警察の取調官スタイナ・ラブロたちに尋問され、すぐに屈した。アーベルは閉所恐怖症だった。第二次世界大戦のときに子どもだった彼は、何カ月も地下室に隠れていなければならなかったせいだと警察に話した。狭い取調室に入れられた彼は、部屋のドアを開けておいてくれれば全面的に協力すると請け合った……。

警察は仰天した。それまで、リレハンメルの殺人事件は麻薬取引がらみだと思いこんでいたのに、実は国際スパイ事件であり、自分たちがそれを暴いたことが突然判明したのだ。「一九七三年に」のちにスタイナ・ラブロは言った。「こんなことがノルウェーで起きるとは思っていなかった」

グラドニコフとアーベルは、シルビア・ラファエルとアブラハム・ゲマーがノルウェーから出国するために待機していた隠れ家へ警察を案内した。ほかにマイケル・ドーフとツビ・スタインバーグの二人のイスラエル人もそのアパートメントにいた。シルビアはひどく神経過敏になっていた。錠をかけたアパートメントでぼんやり座って待ってはいられなかった。アパートメントを出ようと仲間を誘った。だが、そこを出た瞬間、武装した警察官に取り囲まれた。ダン・アーベルが所持していた書類から、イスラエル大使館公安部のイガル・イヤルの電話番号が発見された。イーガル・イヤルは〝好ましくない外交官〟の烙印を押され、家族ともどもノルウェーを追放された。

シルビアはカナダ人のパトリシア・ロクスバラだとあくまで言い張り、警察には複雑な作り話を語った。チューリヒで知り合ったレスリー・オーバウム（アブラハム・ゲマー）と再会し、オスロで一緒に休暇を過ごすことにし、そこでダン・アーベルとマリアンヌ・グラドニコフと出会い、レスリーと口論し、その後彼は去った……警察の尋問官ヘラルド・ロミンゲンは何一つ信じなかった。だがアーベルとグラドニコフが空白を埋めた。その二人はモサドの諜報員だと認め、実名だけでなくオスロやパリや他の国での隠れ家の住所、秘密の決まりごとや行動方式などの詳細を白状した。アーベルは、テルアビブのマイク・ハラリの極秘の電話番号さえも暴露した。

モサドにとっては有害で厄介でしかない証言だった。またパトリシア・ロクスバラの実名も明かしたため、その後警察は彼女をシルビア・ラファエルと呼ぶようになった。

だが、逮捕されたあとになってようやく、彼らは最悪の災難を知った。

別人を殺害したことだ。

あの夜リレハンメルで彼らが殺害した若者は、赤い王子ではなかった。男は町のレストランでウェイターをしていたモロッコ人のアハメド・ブシキだった。黒い九月とは何の関係もなかった。運命の夜、彼と一緒に映画館へ入った女性は、妊娠中の妻のトリルだった。モサド工作員は恐ろしい過ちを犯し、無実の男を殺したのだ。年月が経って一九九六年、責任を認めることを拒否しながらも、イスラエルはブシキの遺族に賠償金四十万ドルを支払った。

モサドの幹部は誰も、ハラリもザミールさえも非難も譴責もされず、辞任も求められなかった。モサド創設このかた最悪の失態を調査する査問委員会も設けられなかった。ザミールとハラリが辞表を提出すると思われたがそうはならなかった。後年、リレハンメルの作戦が失敗したのは、黒い九月に対する複数の作戦を成功させて〝自信過剰〟になったせいだとザミールは認めた。とはいえ、リレハンメルでの大失敗が公になったあと、ゴルダ・メイアは世界各地で行なわれていた〝神の怒り〟作戦の中断を命じた。

数カ月たってから、モサドの指揮官たちは、標的だったサラメにあと少しのところまで迫っていたことを知った。モサドがリレハンメルで動いていたころ、赤い王子はスウェーデンの首都ストックホルムにいたのだ。「彼らがブシキを殺したとき、おれはヨーロッパにいた」サラメはレバノンの《アサヤド》新聞に語った。「顔貌も体つきもおれとは異なっていた……自分の力量ではなく、イスラエル情報部の無能のせいでおれは助かった」

国際メディアは、リレハンメルの殺人とモサドの暗殺チームの逮捕を第一面で報じた。収監者の釈放をめざしたモサドの努力は実らなかった。シルビア、アブラハム・ゲマー、マリアンヌ・グラドニコフ、ダン・アーベルともう一名は起訴され、裁判にかけられることになった。

シルビアの実名が明らかになる前に、フランスの警察からノルウェー政府にパトリシア・ロクスバラの尋問をさせてほしいという要請があった。彼女は、一九七三年四月と六月に起きたムハメド・ブーディアとバシル・アルクバイシという二人のテロリストを暗殺した容疑者だった。ノルウェーは拒絶したものの、パリに二名を派遣して、セーヌ川河岸にあるパトリシアのアパートメントを捜索した。アパートメントには、カルバドス一瓶と、ブーディア暗殺の前日の一九七三年六月二十七日付けの《ル・フィガロ》紙のほかは何もなかった。パトリシアはその作戦に参加したのち、テルアビブで数週間身を隠し、そののちノルウェーへ向かったのだろうと彼らは結論づけた。だが、それを裏づける証拠は見つからなかった。

オスロの刑務所で、シルビアはモサドに大きく失望していた。ずさんな作戦計画と実行。経験の浅いグラドニコフとアーベルをチームに加えたこと。おざなりなサラメ本人確認。加えて、投獄されてすぐのころに何の連絡もなく、誰も訪ねてきてくれなかったので、イスラエルに見捨てられたと感じていた。数カ月後、彼女は苦しい心中を吐露した手紙をアブラハム・ゲマー宛てにしたためた。

〝あのできごとを何度も何度も思い返さずにはいられません。考えれば考えるほど、リレハンメルの不幸な出来事は避けることができたと思ってしまいます……とても尊敬していた人たちと一緒にずっと働きたいという希望が削がれました。心から信頼できる高潔で誠実な人たちだと尊敬してきた勇士たちを、突然別の目で見るようになりました。残念です……〟

その手紙は（テルアビブ市内の）キング・サウル大通りに届いたらしく、数日後彼女のもとにモサドから無署名の手紙が届いた。そこにはやはり無署名の、彼女に献呈された詩が書かれていた。モサドの誰が書いたのか、彼女が知ることはなかった。

〝巨大な掃除機のように
さまざまな人々を
モサドは吸い込むが、
最高のものだけが残る――

堂々とした女たち、
すばらしい男たち、
彼らはみな最上級の秘密戦闘員で、
なにより――最後まで忠実だ。

彼らはすべての目標を達成すると
固く心に誓っている。
彼らは真っ暗な夜も

それを追う技術を身につけている。

その中に一人の女あり、
美しく、聡明で有能だが、
ひときわ突出した
欠点がある。

彼女はわれわれが
完全無欠だと思っている。
彼女はわれわれを
神が地上に遣わした使者だとみなしている。

だから彼女にはっきりと教えてやってくれ
われわれは、陸でも海でも、
有能かもしれないが、
しょせんはただの人間だと。

どうか諭してやってくれ
われわれは天から降臨したのではなく、
みな欠点があり

わずかな翼も持たないことを
そして過ちを犯すこともあると……〟

シルビアは失望していただけでなく、孤独感にもさいなまれていた。愛情と友情、人との付き合いをあれほど求めたシルビアが、ノルウェーの拘置所の音のない独房に閉じ込められているのだ。拘留の条件がほんの少し向上して拘置所の中庭に出られたときに、マリアンヌ・グラドニコフとばったり顔を合わせた。マリアンヌはよく知った顔を見て大喜びしたが、シルビアは顔をそむけ、話そうとしなかった。尋問されて自白した彼女を許せなかった。数週間後にまた別の不幸がシルビアを襲った。父親が心臓発作を起こし、南アフリカの病院で死んだという。彼女は父のそばにいてやれず、この世の最後の日々に話すことすらできなかった。

ところが、驚きが待っていた。しばらくして所長室に呼ばれて行くと、そこに南アフリカから彼女に会いにやってきた母親と、きょうだいの一人であるジョナサンがいたのだ。こうなってようやく、家族はこれまでシルビアがしていたことを知った。連絡もよこさず、何も言わずに旅に出て、電話番号も自宅の住所も教えようとしなかった訳を理解した。彼女は家族との再会に胸を打たれ、自分に対する二人の愛情を感じた。だが陰気な独房へ戻るなり、いっそうの孤独を味わった。

しかし、法廷の被告席についた彼女が孤独感と失意を漏らすことはなかった。モサドとの関係について、彼女の人生の大部分を占める多くの秘密については一言も発さなかった。彼女の裁判が始まる前、世界じゅうの大手新聞社は競うようにシルビアに〝マタハリ〟だの〝モサドの刺客〟だのという大げさな呼び名をつけた。誇りを持ち、胸を張って立つ彼女の真情あふれる申し立ては、裁判官も傍聴席の一般市民も等しく驚かせた。彼女は、第二次世界大戦時に多くのユダヤ人の命を奪った大虐殺のこと、ミュンヘンオリンピック事件のようなテロ組織による無辜のイスラエル人の殺害について話した。イスラエルの最も大切な願いは他の国のように平穏に生きることであると強調した。ところが、テロ行為はエスカレートし、世界各国は相変わらず無関心で怠惰なので、「わたしたち有志はもう我慢できなくなり、わたしたちを狙ってテロ行為をする指導者たちを追いつめることを決心しました。わたしたちは大殺人鬼アリ・ハッサン・サラメを追ってリレハンメルに行きました。わたしたちの目的は、ほかの誰でもなく彼を仕留めることでした。悪意のまったくない致命的なミスにより、無実の人が死にました」

彼女の言葉と毅然とした態度は人々に深い感動を与えた。そして、彼女が申し立てを終えたとき、期せずして聴衆は拍手喝采した。一般の人々同様、裁判官も心を動かされはしたが、もちろん法廷はシルビアの〝我慢できなかった有志たち〟という説明を認めるはずはなかった。リレハンメルの作戦がモサドによって実行されたことを示す動かぬ証拠にもとづいて、裁判官は評決を下した。

そんなことはシルビアもわかっていた。〝有志〟についての発言は、モサドが雇ったノルウェーで一流弁護士とされるアネウス・シュートの助言に従ったものだった。熱心にシルビアを弁護した彼と彼女は親密になり、やがて二人――三十七歳のモサド・アマゾンと、妻と二人の子を持つ五十四歳の刑事弁護士――は恋愛感情を抑えきれなくなった。発展した恋愛関係は、話題沸騰の裁判中のシルビアの力の源となった。

下された判決は比較的軽かった。アブラハム・ゲマーとシルビアはともに五年半の禁固刑で、マリアンヌ・グラドニコフとダン・アーベルの刑期はもっと短かった。悲惨な状況にもかかわらず、シルビアはユーモアのセンスを忘れなかった。検察官が禁固七年を求刑したが、最終的に五年半の刑が下ったとき、彼女は冗談を言った。「これまで自分は007だと思っていたけれど、実際は005・5

でしかなかったわ」

刑が宣告されたあとのシルビアの暮らしはよくなった。移送された女性刑務所では、基本的な設備のついた小部屋が与えられた。イスラエルの外交官であるエリエゼル・パルマーがしばしば面会に訪れた。モサド人事部長のイェフディット・ニシヤフがイスラエルからやってきて、若きアマゾンと信頼関係を築いた。イスラエル在住だったシルビアの弟のデビッドも、姉に会いにオスロへ飛んできた。シルビアは、目立たない警護つきで幾度かオスロへ行く許可を与えられた。一九七四年の過越しの祭りの前夜の食事会に、収監されていた他のモサドと共にパルマーの自宅に招待された。アネウス・シユートとその妻が主賓だった。食事中に、パルマーの末の娘で八歳のエイミーが大きな秘密を発見した。テーブルの下をのぞいた少女は、手を握り合っているアナエウスとシルビアを見つけたのだ！少女がそれを母親に告げ、シルビアとアネウスの秘密の関係はすぐにパルマー公使とモサド関係者の知るところとなった。はるか遠いノルウェーで、シルビアは自由を失ったが愛する人を見つけたのだった。

もう一つ別の愛情がじきにシルビアを包みこんだ。彼女の名が知れ渡ると、また、彼女の任務に関する詳細がいくつか明らかになると、イスラエルや他の国々から励ましや応援の手紙が届きだしたのだ。シルビアの弟デビッドがボランティアで働いていたラマット・ハコベシュというキブツのメンバーたちは、釈放されたらシルビアを引き取り、キブツを第二の実家にしてもらおうと考えた。

最初に釈放されたのはマリアンヌ・グラドニコフとダン・アーベルだった。ある記者は二人を大失敗に終わったリレハンメル作戦の〝悲劇のヒーロー〟と呼んだ。モサドに復帰できなかったマリアンヌは、ソフトウェアのエンジニアの仕事に戻ったが、その後は孤独で暗い一生を送った。釈放後しばらくは失敗した作戦によって人生を狂わされたもう一人がアブラハム・ゲマーだった。

モサド本部に勤務していたものの、リレハンメルのことが頭を離れなかった。大災難で終わったリレハンメル作戦を調査委員会が検証すべきだと彼は考えていたが、だれも耳を貸さなかった。彼はモサドを去り、名字をエイタンに変え、ビツァロン村で花を栽培して暮らした。

収監から一年十カ月後の一九七五年五月、シルビアは釈放された。アネウス・シュートは妻と離婚し、シルビアと結婚した。秘密諜報員の身分に大きな傷がついたため、彼女はモサドに復帰できなかった。新婚夫婦はノルウェーと南アフリカとイスラエルで二十年以上暮らした。しばらくはテルアビブのアパートメントを借りていたが、ラマットハコベシュでキブツの一員として働きながら数カ月滞在した。シルビアはとても幸せだったものの、子どもを持つという夢をあきらめざるを得なかった。

「それがわたしに課せられた代償なのよ」と友人のセアラ・ローゼンバウムに語った。

テロ組織は、釈放されたシルビアへの報復を決定し、彼女の暗殺を計画した。スカンジナビアと地中海地方でいくつか計画されたが、結局は実行されなかった。シルビアとアネウスは幸せに暮らした。彼女は明るさを取り戻した。末期癌と診断され、しなやかな彼女の身体が急速に衰弱していた苦しい日々でも、彼女は冗談を言い続けた。「これまで全人生で体重を減らすためにダイエットしてきたのに、そんな努力をしなくてもよくなったわ」二〇〇五年、夫よりも九年早く、南アフリカで息を引き取った。キブツ・ラマットハコベシュに埋葬してほしいというのが彼女の遺志だった。

「彼女は秘密諜報員ではなかった」モサドの幹部全員が参列した葬儀でマイク・ハラリは述べた。「彼女は、数多くの敵国で工作員としての活動を運命づけられていた高貴な一族の女帝だった……」

彼女の墓石に、キブツの友人たちは彼女本人の言葉を刻んだ。〝わたしは心から祖国を愛した。その日が来たら、わたしをその土に還してほしい〟

第十四章　ダニエール
恋に落ちた二人のスパイ

リレハンメルの大失態から三カ月とたたないころ、エジプトとシリアが同時にイスラエルを攻撃した。一九七三年十月六日、イスラエルがヨムキプル、すなわち贖罪の日の断食中で動きの取れないあいだに、二国の軍隊が襲いかかった。エジプト軍はスエズ運河を渡り、多数の兵士を倒して運河沿いのイスラエル軍陣地を制圧しながらシナイ半島に拠点を築いた。シリア軍はゴラン高原の大部分を掌握し、機甲部隊の指揮官は有頂天になって「ティベリアス湖が見えるぞ！」とマイクで叫んだ。

イスラエルの指導者は、国家が抹殺されるのではないかと恐れた。のちにゴルダ・メイアは自殺することを考えたと話している。伝説的なモシェ・ダヤン国防相は、〝第三神殿〟と呼ばれることもある国家イスラエルがいまにも絶滅しようとしているという懸念を表明した。不意をつかれて最初は混乱したＩＤＦだが、再編成ののち、合同攻撃を撃退し、必殺の攻勢を繰り出すことに成功した。戦争が終結したとき、イスラエル軍はシリアの首都ダマスカスまであと四十キロメートル、エジプトの首都カイロまで百一キロメートルの地点に達していた。とはいえ、その代価は大きく、イスラエル軍は二千六百五十六人を失った。そして国家指導部は、敵国による新たな攻撃を恐れていた。

戦争中および終戦直後に、イスラエルは信頼できる最新の情報を喉から手が出るほど必要としていた。ライオンの巣穴に第一陣で送り込まれた一人が、われわれがダニエールと呼ぶことになる若い女性だった。

一九七三年十月、パリ。

そろそろ夕方というころ、ドアをノックする音がした。打ち合わせ通りだ。マイク・ハラリが椅子から立ち上がってドアを開けると、金髪のたくましい男性がパリの隠れ家に入ってきた。ダニエールはその男を気に入らなかった。彼女の好みは、長身の黒髪の男性なのだ……。

「ジュリオ、タマルを紹介しよう」ハラリが言った。タマルは彼女のコードネームだ。

「はじめまして」ジュリオが挨拶した。ダニエールはかすかな南アフリカ人風のアクセントを聞き取った。

ハラリがダニエールに向かって言った。「ジュリオはエジプトできみの夫となる人だ」

ダニエールの準備はできていた。第四次中東戦争（ヨムキプル戦争）が始まってすぐにパリに派遣されたとき、カエサレア隊長から、これまで長いあいだエジプトで活動してきた情報員の〝妻〟としてカイロへ行ってもらうことになると説明を受けた。その情報員は協力者と援助を必要としているため、女性工作員は妻の役目を演じ彼の活動を支援しなければならない。

彼女はパリで徹底した準備を行ない、彼女のために作られた過去や現在の物語を暗記した。アラブ軍によるシナイ半島とゴラン高原の再攻撃をイスラエルは恐れていたので、できるだけ早くエジプトに行かなければならないのを彼女はわかっていた。

隠れ家での初顔合わせのあと、彼女はジュリオと昼食を共にし、長々と話し込んだ。彼は自分の生活と、上流階級の住むザマレク地区にある邸宅について話した。カイロに送られたのは二年前だ、と彼は語った。外国企業の支社長という堅固な隠れみのがある。

数日後、偽造の結婚証明書を入手してから、二人はカイロ行きの旅客機に乗り込んだ。


これはダニエールに初めて与えられた任務だった。フランスの美しい地方都市で生まれ、二千人の少女のうちの一人として学校へ通った。「わたしは恵まれた子どもで、クラスの道化者でした」のちに彼女は語った。多才で、頭の回転が早く、クラスで最優秀で、演劇部の花形だった。脳に障害を持つ女きょうだいの一人を〝寡黙な天使〟と呼んでいた。幼いころから、自宅へ友人を招いてはならないし、きょうだいの病気のことを話してはいけないし、明かしてはならない秘密があることをダニエールは知っていた。両親の離婚後、イスラエルへ移住したかったのだが、成人と認められる二十一歳未満だったため、自分で決めることはできなかった。

パリへ出てきてソルボンヌ大学で勉強し、一九六八年五月の学生蜂起に参加、自立と自由を求めてたたかう数百名の女子学生と共にパリ市街をデモ行進した。講演のためパリにやって来た高名なイスラエル人のソール・フリードランダー教授（現ＵＣＬＡ）に、二十一歳になっていた彼女は近づいた。「いつイスラエルに移住すればいいでしょうか」と彼女は尋ねた。「今すぐですか、それとも卒業してから？」

「今すぐだ」教授は答えた。

彼女は助言に従った。エルサレムに住み、ヘブライ大学政治学国際関係学部に入学した。学生寮では、アングロサクソンおよびラテンアメリカ系の学生グループに入った。「フランス人とは距離を置いた」彼女は語った。「彼らの半分は親パレスチナの急進派で、あと半分は狂信的右派だった。わたしは左派だったから、どっちのグループとも合わなかった」

この可愛いじゃじゃ馬娘は、自分の中の冒険好きな気質に気づいてもいなかった。オートバイの免許を取り、エルサレムから親戚の住むテルアビブとネタニヤへＢＭＷの大型オートバイを飛ばした。つねに予備のヘルメットを携行したのは、エルサレムの街外れでヒッチハイカーを乗せることがあったからだ。バイクに乗せる前に、彼女は男に念を押す。「わたしの後部席に座って、両横のハンドルをつかむのよ。わたしに触らないで。わたしは生きたまま目的地に着きたいの」そのようにして彼女はいつも面倒を避けてきた。

学生寮に一通の手紙が届く日までは。〝国際協力局〟からの手紙は、ある番号に電話をして、テルアビブでの会合時刻の調整を要請する内容だった。最初はいたずらだと思った。ところが、手紙をじっくりと調べた知り合いの学生が彼女に言った。「見て、国の正式紋章が打ち出してある。たぶんこれは本物よ」

フランスからやって来たばかりの母親とテルアビブで会い、母と一緒に買い物に行って、会合に着ていくための地味で上品な服を買った。政府施設の小さな事務室で顔を合わせた男は、彼女の日常について質問攻めにし、それを一時間ほど続けたのち、彼女に尋ねた。「わが国のパイロットにも、特殊部隊にも、歩兵部隊にもできないのにあなたならできる仕事があると私が言ったら、どう思いますか？」

「やります！」彼女は即座に答えた。そして、しばらくしてようやく尋ねた。「わたしに何をさせたいのですか？」

男は答えた。「敵国でわれわれの目となることです」

「やります」彼女はもう一度言った。〝国際協力局〟はモサドの別局だった。

男は彼女に数枚の書類に署名させ、彼女との連絡手段と方法を確認してから、彼女の知り合い――

友人、恋人、同級生——との関係を全部断てと要求した。また、学校を中退するよう求めた。採用の条件の一つは、今後五年間は結婚しないことだった。

なぜわたしをスカウトしたのか？　彼女は推測した——多国語を話せるから、外国のパスポートを所持しているから、予期せぬ状況に対応できる知性があるから。そして、モサドの訓練過程に呼ばれるだろうと待っていたのに呼ばれなかった。その代わりに、テルアビブに呼び出された。部屋へ入っていくと、モサドの〝ボスたち〟全員がそこに座っていた。彼らは繰り返し彼女に質問し、最後にある人物が言った。「きみはまだ若い。大学に戻って、卒業してからここに来なさい。ここで働いてからでも結婚して家庭を持つことはできる」

「いやです」彼女は答えた。「いま二十二歳です。大学に戻ればあと三年勉強することになります。そのあとモサドに入ったとして、五年間は結婚しないとなると、そのときわたしは三十歳になっています。三十歳で結婚する人はいません」

面接のあと、彼女はオートバイでエルサレムに帰った。すっかりあきらめ気分だったが、そうではなかった。二、三カ月して、さる場所に出頭せよという電報を受け取った。そしてカエサレアの基礎訓練が始まった。

ダニエールは訓練も、自分に課せられた難題も好きだった。教官らは彼女を報道写真家として仕込んだ。訓練中に、パリでの活動を終えようとしていたシルビア・ラファエルと顔合わせをした。おそらくシルビアの後を引き継ぐのだ。二人は親密になり、彼女はシルビアを〝お姉さんのように〟思った。

ある日、〝ベルギーの雑誌〟のために、〝ＷＩＺＯ〟すなわちシオニスト女性組織の委員長にインタビューしに行った。女どうしで話がはずんだだけでなく、チーズケーキのレシピまで聞き出した。

教官に持ち帰ったレシピを見せると、そのうちの一人が言った。「今日はシオニスト組織の委員長からレシピを引き出したが、明日はジハーン・サダト（エジプト大統領夫人）かもな」

初めての任務はマイク・ハラリと一緒だった。二人はヨーロッパのフランス語圏の主要都市へ飛行機で入った。彼女の仕事は、現地の大学の学生としてアパートメントを借りることだった。簡単な任務だったものの、かなりの時間をハラリと一緒に過ごした。彼は、彼女の知識と根性に感心したようだった。一九七三年に第四次中東戦争が始まってすぐ、彼女は敵国での初めての任務に送り出された。母親には、外務省からアフリカへ派遣されることになったと知らせた。とはいえ、秘密任務としては異例だった——カイロでジュリオの新婚ほやほやの妻になりすますのだ。

エジプト行きの機内でジュリオは言った。「カイロの高級アパートメントに行けばわかるが、きみには素敵な別室を用意してある」

彼女はむっとした。「なんですって？　あなたは潔癖主義者なの？　それでは筋が通らないでしょ？　せっかく連れてきた若妻を別室に入れるの？　召使いがいるのよね？　到着したそのときからあるじの妻が別室に入ったのを見られたら——すぐにムハバラトに通報される。自分のミスのせいで逮捕されて投獄されても仕方ないけれど、そんなばかばかしいことで逮捕されたくはないわ。わたしは一九六八年の学生暴動に参加したのよ！」学生によるその蜂起は学生主導ということで大目で見られ、進歩的な若い女たちが自由恋愛主義のスローガンをシュプレヒコールし、大学のキャンパスやパリ市街地でブラジャーを燃やしたにすぎなかった。「あなたと同じ部屋で同じベッドでも異存はないわ！」

これで決まった。あるじと妻は同じ部屋で眠ることになる。

カイロの街並みや、古代の壮麗な遺跡、どんより濁ったナイル川だけでなく、軍施設や路上バリケード、立ち入り禁止区域にもすぐに慣れた。ヨムキプル戦争でのエジプトの〝圧倒的勝利〟を祝うポスターや新聞、テレビ放送や聞こえてくる歌曲から、イスラエルに対する憎しみがまき散らされ、息をするたびに体内に入ってきた。だが、彼女はそのすべてとともに生きなければならないばかりか、イスラエル非難の声に加わらなければならなかった。

ジュリオはエジプトのナイトライフを彼女に見せた。最初に連れていかれたのは〝サハラシティ〟だった。巨大な天幕の下で、音楽とアラブの歌とベリーダンスのショーが行なわれている。音楽のリズムに合わせて自分の太ももを叩いている彼を見て、カイロの環境にすっかりなじんでいるようだと感じた。その後、彼は友人や知人――外国の外交官やビジネスマン、エジプト人の役人や高官、カイロの高級ナイトクラブで心ゆくまで夜を楽しみたい社交界の名士たち――に妻を紹介した。ジュリオは友人たちと乗馬に行く習慣があった。イスラエルで乗馬が趣味だった彼女は一緒に行きたかった。だが、イスラエルで一緒に乗馬をしたり、ガリラヤに一泊旅行の乗馬ツアーで行ったりしたときに多くの外国人観光客と知り合っていたため、乗馬は厳しく禁じられた。たまたまカイロにやってきたそうした知り合いと出くわすことをマイク・ハラリは恐れた。身元がばれれば、彼女はまっすぐ絞首台行きだ。

ジュリオの支援者として急遽カイロに送られた理由がだんだん明らかになってきた。

ジュリオは、カイロ駐在のヨーロッパ人外交官の娘と恋愛関係にあったようだ。熱烈な恋愛は危険な段階に達していた。ジュリオは女との関係を断つようハンドラーから命じられた。命じられたとおりにやったものの、強制的な別離は彼を打ちのめし、彼の意識と自制心は鈍ってしまった。また、上官から見ると、ここ数カ月の彼の報告書は不十分で、エジプトの長期滞在と乱れがちな生活のせいで日々の活動に気の緩みが生じていた。ダニエールは彼を補佐し、複雑な任務を実行し、彼を安定した規則正しい生活へ導くことになっていた。

だが、ことはそう単純ではなかった。ジュリオの友人たちは、ジュリオが心から愛していた恋人となぜ突然別れたのか疑問に思っていた。そんなとき、ヨーロッパに休暇に出たジュリオが、見知らぬ女と結婚して帰ってきた。ヨーロッパのどこかに別に好きな女がいるとは、ましてフィアンセがいるとは誰も想像すらしていなかった。その友人たちがしきりに下腹部を見てくるのを感じたダニエールは、彼が孕ませてしまったので結婚を余儀なくされたのだと友人たちは考えているらしいと推測した。それで彼女は世間知らずの若い娘を演じることにし、ヨーロッパでの休暇中にジュリオに会って、結婚を申し込まれるとすぐに承諾したと全員に話した。

二、三カ月して、活動報告のためにパリに呼び戻された。ジュリオの仕事について話していると、マイク・ハラリが怒った様子で遮った。「タマルを送ったのに、ジュリエッタ（ジュリオの女性形）が戻ってきた。私が聞きたいのはタマルの様子だ！」

彼女はみずからも行動し、まもなく夫以上の成果を上げた。彼女は巧妙に情報を収集した。スエズ市へ出張し、その地の戦争博物館を訪れて、第四次中東戦争で捕獲されたイスラエル軍戦車と人員運搬車をこっそりと調べた。行方不明のイスラエル軍兵に関する情報を得たかったので、装甲車のそばで写真を撮っていいかと警備員に尋ねた。戦車のシリアルナンバーが写真に写るように、側面の近くに立ってポーズを取った。装甲車内部をのぞいて乾いた血の染みを見たときには、身体が震えた……。

カイロでは、自分専用の小型車を運転して何度も軍事施設へ行き、エジプトが次の戦争を計画しているかどうかをさぐった。彼女がさがしていたのは路上封鎖物や移動する部隊、閉鎖された道路および地域だった。夜になると、陸軍一般幕僚棟の近くへ行き、遅い時間まで電灯がついているかどうか調べた。車を走らせるときには、〝バワブ〟と呼ばれる門番に注意しなければならなかった。一日じゅうドアのそばに座って、行き来する車両を見ているからだ。女が乗る車が何度も前を通ることに気づいて不審に思い、当局に通報するかもしれない。

とはいえ、夫婦としてジュリオと共に動くことで二人の仕事はずっと楽になった。タブー視される怪しい地域を夜一人で歩く男は不審を招くだろうが、カップルで通りを歩いたり車に乗っていたりすると自然に見える。ダニエールとジュリオは、カイロとアレクサンドリアを結ぶ〝新砂漠ハイウェイ〟が完成してすぐに、そこを車で走った。そして、道路沿いの基地や軍事施設に関する報告を母国へ送付した。また、二人は夜間に制限地域で車を走らせて、路上のバリケードのそばで警察に止められたこともあった。「どこへ行く?」警察官は尋ねた。ダニエールはにっこり笑って、有名なナイトクラブの名をあげた。「どこから走ってきた?」彼女は別のクラブの名をあげた。警官は眉をひそめて彼女を見て言った。「そのクラブを出てきた理由は?」彼女はうぶで純真な顔を向けた。「だって退屈だったんだもの」と甘い声で答えた。警官は車を調べもせずに通してくれた。「調べていたら」数年後に彼女は思い出して語った。「あってはならないものをたくさん見つけたでしょうね……」

カイロでは同居していたが、〝休暇でヨーロッパへ行った〟ときには分かれて、各自で行動した。彼女は空港で人に見られるのを恐れ、帽子と大きなサングラスをはずさなかった。また、ヘブライ語で話しかけられても反応しなかった。イスラエルに来たときでも、ずっと自宅にいて、出かけたのはツビ・ザミール夫妻との夕食会の一度だけだった。大学時代の友人にばったり会って、いまの生活や仕事のことで嘘をつくのが嫌だった。モサドの事務所に母親から送られてきた手紙の山が待っていたが、返事を書くとしても、届くのはかなり先になる。母親は、他のアフリカ大陸の都市から届くものより返事がずっと遅いことに首を傾げているにちがいなかった。

空港でジュリオと再会したとき、彼の言動が以前と大きく変わったことにダニエールは気がついた。「きみに会いたかった」彼は静かにそう言ってから、離れているあいだずっと彼女のことを考えていたと話した。そう言われて彼女は嬉しかった。ジュリオとの共同生活に慣れてきて、彼に好意を抱き始めていたし、共同任務が二人の絆を強めていた。彼女は迷うことなく彼に向かってはっきりと言い放った。「わたしたちは同居してるのよ。行けるところまで行きましょう。結果はいずれわかるわ」

こうして、二人の同居生活にセックスが加わった。そして二人のあいだで情熱的な関係が急速に発展した。二人は離れられなくなった。深い燃えるような愛が育まれた。二人はイスラエルに戻ったあとも一緒に暮らし、結婚し、家庭を持つことを考えるようになった。彼はイスラエルに恋人がいた時期もあったが、ずいぶん前に別れたと彼女は聞いていた。いまのダニエールの望みは、彼と結婚し、残りの人生を彼と共に過ごすことだけだった。

一年半後、ジュリオより少し早く、ダニエールはイスラエルに帰国した。彼と話し合って決めたとおり、彼との結婚の許可を上官に求めた。二人ともモサドを離れるつもりはなかったので結婚の許可が必要だった。ハラリの回答は明快だったが期待はずれだった。だめだ、彼は言った。二人の偽りの結婚はカイロで仕事をするためのものであって、ここで終わらさなければならない。腹を立てて反感を抱いた彼女は、自分に可能なすべてのルートでその命令に抵抗した。ジュリオが帰国したら、彼もその戦いに加わってくれるはずと信じていた。

ところが、またも期待がはずれて、彼女は悲嘆にくれた。ジュリオは帰ってきた――が抵抗しなかった。彼女を応援してくれず、彼女との結婚の許可も求めなかった。彼女は〝最後の最後まで〟戦うつもりだったのに、ジュリオは臆病にも引き下がった。イスラエルに帰っても一緒に暮らそうねとエジプトで誓いあったのに、ジュリオはまずは引っ越し荷物が届くのを待とうと言って引き延ばした。そのあと彼は、また別の口実を見つけて引き延ばした。

ダニエールにはどうしてなのかわからなかった。全身全霊で彼を愛していたのだ——なのに、彼から敬遠されている。ついに、彼女は自分用のアパートメントを借りた。すると彼は突然姿を消し、モサドも辞めた。いっぽうで彼女は出世した。フランス語からヘブライ語への通訳者となり、続いてカエサレアで先任教官に任命され、魅力的な若い女性の命令を受けたくない男たちにうまく対処した。彼らはタフで筋金入りで〝IDFの精鋭部隊で最高の元隊員たち〟ではなかったのか？　だが彼女はそうした障害を突破した。国外で彼女の正体がばれるのを恐れて、彼女の活動は長きにわたってイスラエル国内に限定されていた。だが、その措置がようやく撤回され、世界各地で行なわれる作戦の後方支援という〝実戦補佐〟として現場に戻った。

カエサレア出身の元モサド情報員の集会が開催されるというので、彼女はジュリオに電話をかけた。「一緒に行きましょうよ」

「そうだね」彼ははっきりそう言った。「集会の前に連絡する。迎えに行くよ」

彼は連絡をよこさず、迎えに来なかった。彼女は一人で集会に出た。ジュリオは顔を見せなかった。しばらくして、彼女はラミ（仮名）という男と恋に落ち、結婚した。婚礼の日の前夜、ラミは彼女に尋ねた。「今日か明日にでも、ドアの呼び鈴が鳴ってドアを開けると、そこに花束を抱えたジュリオが立っていて、『すまなかった、ぼくが間違っていたよ。さあ、結婚しよう』と言われたらきみはどうした？」

ダニエールは答えた。「すぐに彼と結婚したでしょうね！」

簡単には受け入れがたい答えだったが、ラミは彼女を許した。二人は結婚し、子どもと孫を育て、四十六年のあいだ幸せに暮らした。

ジュリオはどうなったのだろう？　元恋人と結婚して娘が二人いると彼女は聞いていた。だが彼は、モサドを辞めたあとの人生をうまく生きられなかった。以前出てきたヴォルフガング・ロッツと同じく、彼も普通の暮らしになじめなかったのだ。次から次へと仕事を変え、何をしてもうまくいかず、離婚し、生まれ故郷の南アメリカへ帰った。そこでも失敗した。ギリシアのコルフ島に別れた妻と娘二人を招待して一家で集まろうとしたが、土壇場で中止した。彼は孤独と絶望のどん底にいた。

南アメリカの浜で通行人が、こめかみが撃ち抜かれた彼の遺体を発見した。彼の手にはリボルバーが握られていた。

ダニエールは、生涯にわたる〝自己犠牲的行為〟に対する賞賛と感謝の波を残してモサドを退職した。

その後彼女は、自宅で元アマゾンたちの会を何度か開いた。彼女たちが思い出にふけり、口にされることがなかった逸話を打ち明けて、みんなに聞いてもらえる初めての機会だった。彼女と同様、元モサドの恩給生活者の多くは、本当の自分と自分が携わった数々の任務を伏せたままでいろという厳格な命令にいまだに縛られていた。禁止令が解除されても、見えない壁や柵の中に囚われており、自由に話したり、自然に振る舞うことができなかった。ダニエールの自宅でのそうした会でだけ、アマゾンたちは思うさま話すことができ、友人や家族に思い出を話せない切ない気持ちをわかってくれる元同業者と楽しいひとときを過ごすことができた。

現在ダニエールは、テルアビブ近郊にあるトロピカルガーデンつきのだだっ広い邸宅で暮らしている。時折、変名を使ってギターを手にステージにあがり、遠い過去のヨーロッパの歌曲を歌うことがある。

第十五章　エリカ
二人の女とテロリスト

リレハンメル裁判のあと、モサドの人事部長となっていたイェフディット・ニシヤフがオスロへ飛び、投獄中のシルビア・ラファエルに面会した。去り際、彼女はシルビアに訊いた。

「わたしたちにしてほしいことはある？」

「一つだけある」シルビアは答えた。「アリ・ハッサン・サラメの件にけりをつけて！　わたしにはもう無理だから、あなたたちにまかせるわ」


「ジョルジーナ・リザーク！」司会者ががなりたてた。「一九七一年のミス・ユニバース！」

マイアミビーチのフォンテンブローホテルの豪華な舞踏ホールに詰めかけた観客から拍手喝采と歓声が飛び出した。ステージ上の美女たちが中央の特に華やかな女性に駆け寄り、ハグと（多分の嫉妬の混じった）キスぜめにした。大会責任者がジョルジーナの頭にきらきら輝く冠をのせた。こうして、レバノン生まれで息を呑むほど美しいジョルジーナ・リザークは世界で最も美しい女性に選ばれたのだった。

キリスト教徒であるレバノン人の父親とハンガリー人の母親を持つまだ十八歳のジョルジーナは、

各国を代表する美女が集まるミス・ユニバース世界大会に出場するためマイアミにやってきた。一カ月の選考期間中に参加者同士も親しくなった。ジョルジーナは、イスラエル代表のエステル・オーガッドとともても仲良くなった。レバノンの外交官二人から〝敵と親しくなった〟と叱責されて、彼女は反論した。「これは美人コンテストなの、政治大会ではないわ……対立は政府間の問題で、わたしには関係ない」

世界一に選ばれたのち、新女王はアメリカ国内をめぐり、あちこちで州知事を訪問した。その一人が将来大統領となるジミー・カーターだった。彼女は行く先々で〝世界平和のために力を尽くしたい〟という陳腐な決まり文句を口にし、生まれ故郷のベイルートに帰って大歓迎され、その後プロの世界に飛び込んだ。モデル、映画やテレビ出演、ファッション、そして世界を飛びまわる日々。彼女は美しいだけでなく愉快で教養があり、非常に知的な人だった。ベイルートは彼女をもてはやした。目のくらむようなイベント、歓迎会、パーティやイベントなどに引っ張りだこの日々が続いた。

ジョルジーナがベイルートを騒がしていたころ、二十四歳の若い女性がイスラエルにやってきて、エルサレムにあるヘブライ大学に入学した。一九四八年二月にロンドン西部のホランドパークで生まれたエリカ・メアリー・チェンバーズだ。彼女は裕福なユダヤ人一家の娘だった。母親のルナ・グロスはチェコスロバキアで生まれ、第二次世界大戦直前にイギリスに避難した。祖国に残った親戚の多くは虐殺された。戦時中にルナはマーカス・チェンバーズと結婚した。夫妻の娘であるエリカは、カーレース好きな父親の血を受け継いだ。彼は自動車愛好会や団体やスポーツイベントを運営し、かの有名なフランスの〝ル・マン二十四時間レース〟で優勝したことがある。マーカスは尊敬され有力なコネを持つ一族出身だった。マーカスの父親はイギリス海軍大佐で、マーカスの息子、つまりエリカの兄のニコラスは、立派な法律家にしてロンドンの裁判官となり、名誉勲章を受章する。

両親が別居し、エリカは母親と共に引っ越した。母のルナからユダヤ人虐殺や殺された親戚の恐ろしい話を聞いていた。とはいえ彼女は気立てがよく、バイタリティあふれる好奇心の強い少女に成長した。一時は労働党のトニー・ベン下院議員の子どもたちの子守をしていたことがあるとする記事もある。だが、彼女はロンドンの暮らしが好きでなかったのでサウザンプトンへ移り、そこの大学で地理学を専攻した。当時学生だった数人が、街中で愛車のミニクーパーを走らせる彼女を覚えている。しばらくして彼女はオーストラリアへ行き、メルボルン大学で地学の一分野である水文学《すいもんがく》を専攻した。歴戦の名レーサーだった父マーカスの誇りをかけて、いっぱしのレーサーとしてその地のカーレースに出場した。メルボルンが嫌いだった彼女は、一九七二年六月、地理学を修了し、水文学の博士号の取得を希望してイスラエルにやってきた。

イスラエルへ来てまもなく、ミュンヘンオリンピックのイスラエルの選手団殺害のニュースに彼女は震え上がった。当時、作戦部長にして将来モサド長官となるシャブタイ・シャビットが人員勧誘活動を行なっていた。「オーストラリアでカーレースをしていたというイギリス人の女性のことを耳にした」シャビットは友人に話した。「私は言ったんだ。カーレーサーだと？　おもしろそうだ。調べてみよう！」

エリカは国際協力局での面接の出席を請う正式書簡を受け取った。洞察力にすぐれた彼女は、それが〝極秘の何か〟だとすぐに察した。彼女は喜んで出向いた。〝局〟では、二人の男が彼女を待っていた。彼女は男たちを知らなかったし、そこにいる中心人物がマイク・ハラリであることを知るよしもなかった。

ハラリはモサドを辞めようとしていた。噂では、彼は次の長官をめざしていたがリレハンメル作戦の失敗でその望みは打ち砕かれたらしい。だが、彼はいまもカエサレアの主に対テロ攻撃の防御作戦を指揮していた。そういうわけでこれまでと同じく、外国生まれの情報員、特に有能な女性をさがしていたのである。

エリカが入っていったとき、男性心理学者を従えたハラリが彼女を出迎えた。彼は、エリカの生活や身元、これまでの人生や将来の計画についてさまざまな質問をした。そしてあるとき、こう尋ねた。

「われわれが何を求めているかわかるか?」

「はい」彼女は言った。

「言ってみろ!」

「いやです」若い女は答えた。

「なぜだ?」

「もし間違っていたら、馬鹿みたいに見えるからです」

「いいから話せ」ハラリは強く主張した。二人は彼女をじっと見ている。

「あなたがたは」彼女はゆっくりと話し始めた。「偽りの身元でアラブ諸国へ送り込む人間をさがしているのだと思います」

室内が静まり返った。マイク・ハラリは彼女をとっくりと眺めながら何か考えているようだった。そして、ようやく口を開いた。「そのとおりだ」

こうしてエリカはモサドに入隊した。第一日めから彼女はカエサレアの特定工作員になることが決まっていた。モサドの規則に則《のっと》って、知り合いとの連絡を断ち、自宅を出て隠れ家へ移り、そこでモサド隊員と一対一で訓練を受けた。しだいに、自分が外の世界と分断されているように感じ始めた。

まるで自分がガラスのカーテンで包まれた中に閉じ込められていて、それ以外の世界はカーテンの外にあるかのように。

個人訓練中に、彼女はマイク・ハラリをよく知るようになった。「きみたち工作員全員が私の子どもだ」一度彼女にそう言ったことがある。「きみの髪の毛一本でも、私にとってはいかなる任務にも負けず劣らず大切なんだ」

訓練が終了すると、エリカはイギリスへ送られた。これまで使っていたパスポートにはイスラエルの出入国スタンプが押してあるので、新しいパスポートを作るためだ。本名と本物のパスポートを使うことになると上官から言われていた。リスクはあるがそれ以上に利点がある。「きみの本名はあまりユダヤ人的ではない。どちらかというとカトリックらしく聞こえる……それに、敵国で身に危険がせまったなら、本物のパスポートがあるから、いつでも助けを求めてイギリス大使館へ駆け込める」そうはいっても、家族や友人と接触しないように、そしてイギリスには二度と入国しないようにと命じられた。

要求されたことがもう一つある。「きみの鼻はユダヤ人特有の形をしている」ある教官が言った。「整形手術をしてはどうだろう?」

「ユダヤ人特有の鼻?」非ユダヤ人の口からこうした言葉が出たら、反ユダヤ主義的侮辱に聞こえただろう。だが彼女は気にしなかった。そして手術を受け、〝すっかり非ユダヤ人的な〟かわいい小さな鼻を手に入れた。その後、演習と任務のために何度かアラブ諸国に派遣され、難なくやり遂げた。

「最高の気分だった」彼女はモサドの友人にそう告げた。時が経つにつれて、粘り強く、冷静で、万事に抜かりなく、どんな任務でも遂行し、過度な不安を感じずにリスクを冒す意思を持つ女性として指揮官から信頼されるようになった。派遣先ではハンドラーとの連絡を絶やさず、決められた時刻の短波放送を聴取して、〝五文字のかたまりをいくつか〟受け取り、持ち歩いている大衆小説の〝章とページ〟にあてはめて解読した。暗号メッセージは、彼女宛てにのみ用いられる暗号で電波で流された。第三者のだれも、彼女が持ち歩いているトルストイの『アンナ・カレーニナ』が暗号表だとは思い及ばないだろう。例えば、三十ページからページ数を数えていき……。

エリカの訓練中に、テルアビブ発パリ行きのエールフランス機がハイジャックされ、ウガンダのエンテベ空港に強行着陸する事件が起きた。空挺部隊に支援されたサエレトマトカル特殊部隊が真夜中すぎにエンテベに到着し、短時間の戦闘でテロリストを殺害し、人質を解放した。その少しあとで、マイク・ハラリに情報勲章が授与された。エリカの知るところでは、特殊部隊が突入する前に、イタリア人ビジネスマンに扮したハラリがエンテベまで飛び、空港とそこを警備するウガンダ兵、人質が監禁されていた旧ターミナルに関する情報を収集した。ハラリは作戦に間に合うようにその情報をイスラエルに送った。そして、エンテベから人質を運んでくるハーキュリーズ輸送機を出迎えるためにケニアの首都ナイロビに派遣された特殊部隊を指揮した。部隊は、医師および看護師を含む医療設備を用意していたが、最終的には使用されなかった。人質を乗せたIDF機はナイロビ空港で給油だけしたのち、イスラエルに向けて離陸した。

一九七八年の冬、ベイルートである人物の殺害を計画しており、それに参加してもらうとエリカはハラリから告げられた。

ある晩、ベイルートで友人たちと夕食を楽しんでいたジョルジーナに、見知らぬ男が近づいた。中背だがスポーツマンタイプでハンサムな黒ずくめの男だった。男は彼女をじっと見つめ、彼女と握手してから名乗った。「私はアリといいます」彼は言った。「アリ・ハッサン・サラメです」

彼が何者か知らないのに、風采や色気や世界を旅してまわったときの話に大きく心を動かされた。まちがいなく、アリはこれまで会ったレバノン人男性とは異なっていた。世慣れていて、ベイルートのパレスチナ人社会の統率者の一人として、つねに賛美者と用心棒の一団に取り巻かれていた。彼の活動をめぐる謎めいた雰囲気は彼女をわくわくさせた。彼の中に、パレスチナ人の夢を実現するという理想のための闘争に身を捧げる、強く自信に満ちた指導者を見た。それは彼女の夢でも理想でもなかったが、この男の魅力に引き寄せられた。彼は彼女に恋をし、彼女はアリが羊の皮をかぶった狼で、その手で数多くの罪のない人の血を流してきたことをまったく知ることなく彼と恋に落ちた。一九七五年に求婚されたときには、彼には妻と一人息子がいることを知っていたものの、即座にイエスと答えた。彼はイスラム教徒だ。イスラム教徒は複数の女性と結婚できる。それに、最初の妻との接触はすべて断つと約束してくれた。だが、二人は派手な婚礼はせず、家族と少数の親しい友人だけを招待する質素な式をあげることにした。純白のドレスに身を包み、髪に一輪の花を刺したジョルジーナと幸せそうな笑みを浮かべるアリが、ウェディングケーキをカットしている写真が残っている。

アリが簡素な結婚式を選んだのにはもう一つ理由があったことを彼女は知らなかった。彼は自分がモサドの暗殺対象であることを知っていた。ヨーロッパとベイルートで多くが殺害されて黒い九月は崩壊したとはいえ、自分が死ぬまでモサドはあきらめないことをサラメはわかっていた。ジョルジーナとの結婚式のあと、彼は嫌な予感につきまとわれていた。友人でPLO広告宣伝部長のシャフィク・エルフットに会ったとき、彼はあけすけに語っている。「おれが死ぬのはわかってる。殺されるか戦闘中に死ぬんだ」

アリ・ハッサン・サラメは、〝神の怒り作戦〟の暗殺者リストで最後の――だが最重要の――対象人物だった。リレハンメルの大失態のせいでその作戦は中断され、キドン部隊はヨーロッパでテロリストを追跡していなかった。作戦は行なわれていなかったにもかかわらず、黒い九月は致命的な一撃を受けて、完全に消滅した。つまり、その作戦は予想以上に効果があったのだ。〝若さの泉〟作戦後、魔法の杖で消されたかのように、黒い九月は存在をやめた。対テロリズム担当首相補佐官であるアーロン・ヤリフは、ヨーロッパ在住のテロリスト幹部数人の殺害によって黒い九月が消滅するとは予想もしていなかったと数年後に認めた。とはいえ、なかでも残虐で大胆不敵なアリ・サラメの件は未解決のままだった。リレハンメル事件のあと、その件は凍結されていた。第四次中東戦争、エンテベ空港奇襲作戦、エジプトとのキャンプ・デービッド平和条約でそれどころではなかったのだろう。

そのあいだに、PLOのゲリラ組織ファタハ内でサラメは急速に力をつけていた。ヤセル・アラファトは、PLO幹部の警護を担当する威信ある〝フォース17〟の隊長にサラメを任命した。またアラファトはサラメを自分の個人顧問とし、モスクワやニューヨークの国連本部へ伴った。そのニューヨーク訪問は、アラファトと親友のアブ・アヤドの関係に大きな亀裂を生んだ。急激にのし上がってきたサラメを羨望の目で見ていたアヤドは、ニューヨークへ発つ前日にアラファトに厳しい選択を迫った。自分かサラメか。アラファトはサラメを選び、いずれサラメが自分の後継者としてファタハ指導者になるという決定を人々の面前で発表した。

サラメに関心を持っていたのはアラファトだけではなかった。アメリカのCIA（中央情報局）も大きな可能性を秘めた人物として目をつけていた。CIA工作員のロバート・エイムズを中心としてサラメと緊密な関係を築き、情報提供者および相談役として彼を抱き込んだ。彼に大金を支払ったうえ、アメリカの国土でいかなる作戦も行なわず、どこの場所でもアメリカ人を標的にしないという条件で、彼とその取り巻きの安全を保証した。一九七七年に、サラメはバージニア州ラングリーのCIA本部に招待された。カイ・バード著の『The Good Spy』に、CIAがサラメとジョルジーナをアメリカに招待したときのエイムズの話が出てくる。「チャールズ・ウェイバリーが随行者となって、夫妻をニューオーリンズ、カリフォルニア州アナハイムのディズニーランド、ハワイへ案内した」CIA作戦士官のアラン・ウルフがニューオーリンズまで会いに行った。サラメには、肩掛けホルスターを含むたくさんのプレゼントが贈られた。エイムズは彼のために、隠し録音機つき革製ブリーフケースを購入した。随行者のウェイバリーは、サラメが牡蠣には媚薬の効果があると信じて大量に食べていたことを覚えている。「おれはホテルの続き部屋にいたんで、そのあとどうなったか聞こえた」エイムズはウェイバリーの言葉をそのまま引用した。

ＣＩＡの無知でばかげたやり方にはとても賛同できない。スーダンの首都ハルツームでアメリカ大使を含む西側外交官を虐殺する計画を立て、実行させた当人であるサラメを、情報入手のための重要な人材とみなしていたのだ。だがファタハにとって、ＣＩＡの無謀なやり方は思いがけない幸運だった。サラメとアメリカ情報機関との蜜月に気づいていたアラファトは、それをアメリカ政府との秘密チャンネルと考えた。アメリカと最も危険なパレスチナ人テロリストとの奇異な関係は、狂信的な殺人者であるサラメを始末するべきだと考えるモサドとＣＩＡとの深刻な衝突に発展した。モサド幹部はいらつき、激怒し、無力感を感じながら、サラメとアメリカ人が親密な関係を築いていくのを眺めていた。どうやらＣＩＡはサラメに、モサドに命を狙われていることを一度ならず警告し、防弾車の支給すら考慮したようだ。

一九七八年三月十一日、ＰＬＯのテロリスト集団が、イスラエルのキブツ・マーガンミケルの浜に上陸してバスを乗っ取り、乗客三十五名を殺害、七十一名を負傷させた。イスラエルの最も新しいテロ事件に対して怒りを募らせた世論は、戦争へ引き戻そうとするテロリストを殺せと要求した。

大失敗したリレハンメル作戦から六年後、メナヘム・ベギン首相は、イツハク（ハカ）・ホフィをモサド新長官にすえ、赤い王子ことサラメを見つけて殺害せよと命じた。

モサド工作員は偽造パスポートでベイルートに入るやいなや、サラメの追跡を開始した。テルアビブのモサド本部に、赤い王子の日課に関する報告が入ってきた。西ベイルートのスノウブラ地区にあるアパートメントを出る時刻と、自動車列の構成――武装したパレスチナ人四名の乗るランドローバー・ジープに続いて、ボディガード二名が乗るシボレー・ステーションワゴン、そのうしろに重機関銃を構えたパレスチナ人四名の乗るトヨタ・ピックアップトラック――は正確に判明した。また、サラメの自動車列が、ベイルート市内の人でひしめく通りを縫って、フォース17がオフィスを構えるアラファトの司令部へ向かうルートも明らかになった。赤い王子が毎日ジョルジーナとのランチのために一度帰宅することも報告されていたし、仕事を終えたのちの行動についても情報が集まっていた。

報告書の中の三つの段落が、モサドの注意を引いた。サラメは、イスラエルと緊密に連携しているキリスト教民兵組織ファランへの首領であるバシール・ジェマイエルと頻繁に会っていること。毎日ジョルジーナと昼食をとるために自宅に戻り、また司令部へ向かうこと。西ベイルートにあるコンチネンタルホテルのジムを定期的に利用していること。彼はそこで、ドイツで過ごした青年期から続けている空手を練習する。

カエサレア隊員のドロール（仮名）がヨーロッパ人ビジネスマンを装ってベイルートへ到着し、アパートメントと事務所を借りた。そしてホテルのジムへ行った。プールで泳ぎ、トレーニングマシンで体を鍛え、サウナで汗を流した――がサラメは見かけなかった。ジムへ行く時間を夕方に変更し、サウナに入った。誰かがバケツの水をサウナストーンにぶちまけて、小さな個室は蒸気で曇った。それが晴れたとき――ドロールの目の前に真っ裸の赤い王子が立っていた！

赤い王子と接触するなとマイク・ハラリから厳しく命じられていたので、ドロールはサラメを無視した。ところが、正反対のことが起きた。サラメから、ジムでエクササイズしていたねと話しかけられて、ドロールは調子を合わせるしかなかったのだ。会話は想像もしていなかった結果を招いた。二人は何度か会った。サラメはできたばかりの友人を自宅に招き、美しい妻のジョルジーナに紹介した。一日じゅうPLOのテロリストに囲まれているサラメは、別世界から異なる文化の香りを運んでくる外国人との出会いを喜んでいるようだった。ドロールはしばしばジムでサラメとスカッシュをプレイし、サラメの自宅に頻繁に出入りした。そこの居間と寝室とさらにはバスルームにまで、自衛用のカラシニコフのサブマシンガンが置かれていた。また、サラメはつねに拳銃を携帯していた。のちにドロールは、そのころは心が引き裂かれる思いで過ごしていたと述べている。サラメの友人となり、彼に好感を持つ一方で、ミュンヘンオリンピックで殺害された十一人の選手のことが頭から離れず、サラメの暗殺を計画していたからだ。誕生日にサラメからプレゼント――デュポンの金のライター――をもらったともドロールは報告した。その晩、家で食事をすませてから、サラメとその妻、妻の美しい妹のフェリチーナと一緒にベイルートのディスコへ行き、夜遅くまできれいな女たちと一緒にダンスしたという。

赤い王子との友情を深めていたにもかかわらず、彼は自分の使命を忘れなかった。モサドから、どうすればサラメを殺害できるかと質問が届いた。サラメとバシール・ジェマイエルとのつながりを利用するのは問題外だった。そんなことをすれば、レバノンのキリスト教徒の命が失われ、イスラエルとジェマイエルとの特別な関係は切れてしまう。当時、レバノンは内戦状態にあり、国内は混乱していたので、ジェマイエルとサラメとのつながりは秘密の連絡チャンネルだったのだろう。そうした関係にイスラエルは手出しできなかった。

モサドは、サラメが裸でゆったりと寛ぐコンチネンタルホテルのジムのサウナに焦点を絞った。そこなら殺害のチャンスがある。ドロールを中心として作戦を展開し、サウナの木製ベンチの下に爆弾を仕掛け、サラメが入ってきたときに爆破させる。準備は完了したものの、そこで爆発させれば無辜の人々の命まで奪うことになる。その計画は棚上げになった。残された手段はあと一つ。サラメの愛する妻ジョルジーナを利用するのだ。

一九七八年十一月、エリカ・チェンバーズはベイルートの空港へ降り立ち、一九七五年に発行された本物のイギリスのパスポートでレバノンへ入国した。〝個人訓練〟中、訓練目的で多数の〝対象国〟を訪れていた。中東でボランティア活動をしながら、社会事業家としての業績を作り上げるためだった。フランクフルト在住のイギリス人という偽の身元を確立するために、頻繁にドイツへ行った。四年間をドイツで暮らし、ある都市から別の都市へと移り、ミュンヘン、フランクフルト、ウィースバーデン、ケルンに足跡を残していった。それなら、敵意を持つ何者かが彼女の前身を確かめようとしてもできないはずだ。幼いころから母親に教わってきたのでドイツ語は流暢に話せる。それと合わせてマイク・ハラリとダビド・シムロンが外国人名義で、パレスチナの病院、とくに子どもを支援するという名目の虚偽の慈善財団をイギリスで設立した。〝テルエルザータルの子どもの安心の家〟という財団だった。

ベイルート郊外に、テルエルザータルというパレスチナ難民キャンプがあった。一九七六年八月十二日、レバノン内戦の真っ最中に、キリスト教民兵組織ファランへがキャンプを襲撃し、主に女性と高齢男性およそ二千人を虐殺した。生き残った子どもたちはベイルート中心部の別のキャンプに移され、現地人や外国人ボランティアに世話された。それまでもエリカは〝財団ボランティア〟と称して、多数のアラブ諸国を訪れていた。一九七八年初頭からベイルートに来るようになり、十一月になってようやくそのキャンプに長期滞在した。

出発前にエリカはマイク・ハラリと会った。ベイルートでの〝対象人物〟の正確な所在をつかんだとハラリは話した。「まず、殺害計画の拠点となるアパートメントを見つけなければならない」しばし黙り込んだのち、彼は付け加えた。「きみが対象を殺害することになる」

また沈黙したのち、ハラリが口を開いた。「それをどう思う？」

「わかりません」彼女は答えた。「人を殺したことはありませんから。どう思ったかはあとでお話しします。でもいまは、その仕事をする用意はできています」

彼女は抵抗やためらいは感じていなかった。自分の任務を成功させるために、自分を〝正義を行なう道具〟として考えることを決心していた。

ベイルートに入り、テルエルザータル子ども財団で最大の現地事務所で働きだした。仕事帰りにアパートメントをさがした。受けた命令では、サラメの自宅に近く、そこを確実に目視できる場所でなくてはならない。モサドは、その地域のアパートメント三軒を候補に挙げていた。その三軒を選んだのは、マイク・ハラリに暗殺計画を提案していたドロールだったらしい。三軒のうち、サラメの自宅に近すぎる一軒をまず排除した。二軒めからは、サラメの自宅が部分的にしか見えなかった。三軒めは申し分なかった。二本の通り——ベルダン通りとマダム・キュリー通り——が交差する角のビルの八階だ。人通りの多いマダム・キュリー通りは、サラメが仕事場を行き来するときの通り道だった。彼の車列は、エリカのいる窓の真下を通ることになる。

アパートメントに家具を入れる前に、便利屋を二人雇って新居の壁を塗り替えた。パレスチナ人だった二人は、道の向かいのサラメのアパートメントをひけらかした。「あれが、サラメの家なんですよ！」と彼らは誇らしげに指差した。

エリカは窓のカーテンをメッシュにした。中から外は見えるが、外から中は見えないようにだ。そして何時間も窓際で座って、ひっきりなしに煙草をふかした。まもなく彼女は近所では、みすぼらしい服を着て、野良猫に餌をやる風変わりな女〝ペネロピー〟と知られるようになった。家で猫を飼っているとも噂された。彼女は部屋の窓の前で腰をおろし、ベイルートを――モスクや街並みやちらちら光る海を――絵に描いた。隣人たちにその絵を見せると、礼儀として彼女の才能を褒めちぎってくれたが、うさんくさい作品を誰も買おうとはしなかった。

隣人たちは揃って彼女を、慰めは絵を描くことと猫とテルエルザータルの子どもたちしかない孤独で貧しい哀れな女とみなしていた。彼女はそれでかまわなかった。エリカはそうした生活にすぐに慣れた。人とのつきあいはなく、恋愛にも興味はなかった。数年後に、ベイルートで若い男とつきあわなかったのかと訊かれて彼女は言い返した。「わたしの身持ちが悪いかってこと？　ささっとすませて……それだけ。感情的にのめりこまないように」そういうわけで彼女は何カ月間も、ほぼ一日じゅう、自宅で一人で座り、煙草を吸い、外を眺めていた。

彼女の興味はベイルートのモスクでも青い海でもなく、自室の窓の下のにぎやかな通り沿いの一つの光景だけだったことなど誰にも想像できないだろう。サラメが自宅のドアから出てきた時刻、茶色のシボレーに乗り込んだ時刻、出発した時刻を、彼女は正確に書き留めた。窓の下をサラメの車列が一日に四回通ることを書き留めた。朝は、ベルダン通りからマダム・キュリー通りへと曲がってファタハ司令部までそのまま南へ進み、昼はそのルートを逆戻りし、午後はまた南へ走り、夕方帰ってくる。

倍率の高い双眼鏡でシボレーを何度も見るうちに、ボディガード二人のあいだにはさまれたサラメが見えたこともしばしばあった。美しい妻ジョルジーナと食事をしたくて頻繁に行き来することで、かつては厳格に守られていた保安対策をサラメ自身がぶち壊していた。彼は、秘密工作員ならならない行動規範をないがしろにしていた。すなわち、決まった習慣を作ってはならない、一つの住所に長く住んではならない、一つのルートを繰り返し使ってはならない、である。サラメは、妻と甘い午後を過ごすためにこのすべてを犠牲にした。こうしてジョルジーナは赤い王子のアキレス腱となったのである。

一九七九年一月、エリカは任務の訓練のためにイスラエルへやってきた。そこで初めて、ハラリは作戦の全詳細を彼女に明かした。

サラメが使う道路に爆弾を仕掛けた車を駐車させる。サラメの乗る車がその横に来た瞬間、リモコンで起爆させる。重大かつ繊細なその作業はエリカが行なう。

モサドの専門技術者が、訓練用のセットを組み立てた。エリカはリモコンを手にして窓際に立ち、合図を受け取った瞬間、リモコンのボタンを押す。キドン部隊の男女によってその手順が何度も行なわれた。ある地点を車が通過した瞬間に起爆させる練習だ。その訓練を通して、男性より女性のほうが正確に実行できるとマイク・ハラリは知った。だから、反対はあったにもかかわらず、その仕事をエリカに任せることにしたのだ。

エリカはセットで手順を何度も繰り返した。「もう一度やらせて」彼女は教官たちに言った。「まだ十分とは思えない」カエサレアの教官たちはその徹底ぶりを称賛した。とはいえ、〝女である〟がゆえの弱さと傷つきやすさを心配した。耳をつんざく爆発が起きれば動揺するだろうし、爆発後の決定的に重要な数分間に理性を失うかもしれない。そう考えた彼らは、海岸沿いにあるパルマヒム基地に彼女を連れていき、大きな爆発を経験させた。合図が送られ――突如上がる白煙――エリカはリモコンのボタンを押した。すさまじい爆発があたり一帯を震わせた。エリカは微動だにしなかった。カエサレアの専門家たちは、彼女は破壊的な爆発でも取り乱さないことを認めるしかなかった。彼女の準備は整った。

最後の打ち合わせはドイツで行なわれた。ハラリはエリカに最終的な命令を与えた。連絡のための多数の暗号を暗記してから、彼女は飛行機でベイルートに戻った。

一九七九年一月十七日、ピーター・スクライバーというイギリス人ビジネスマンが、チューリヒ発のスイス航空機でベイルートに到着した。彼は、一九七五年十月十五日付でロンドンで発行された、260896の番号のイギリスのパスポートを入国審査官に提示した。

「訪問の目的は」レバノン人係官は尋ねた。

「ビジネスです」

「レバノンへようこそ」

（数年後、ピーター・ダービーシャーというイギリス人が、イギリスの《ガーディアン》新聞社を訪れて、自分のパスポートはモサド工作員に盗まれ、ピーター・スクライバーという偽名で使用されたと訴えた。）

スクライバーはホテル・メディテラニーにチェックインし、翌日、レナカーというレンタカー店でフォルクスワーゲンのゴルフを借りた。

取り決めどおり、スクライバーは、ロナルド・コルバーグというカナダ人と落ち合った。ニューヨークを拠点とする金属洋食器《カトラリー》製造会社リージェント・シェフィールドの海外販売員で、DS1042

27のパスポートを持つコルバーグは、ロイヤルガーデンホテルにチェックインし、レナカーでクライスラーのシムカを借りていた。

　このころレナカーは、まちがいなく外国秘密情報部員に人気のレンタカー会社だった。次の朝、エリカ・チェンバーズはレナカーでダットサンを借りた。イギリス人の奇矯な女性は、虫の居所が悪いので近くの高原にでも行って気分を変えたいのと受付係に打ち明けた。受付係はリゾートをいくつか紹介した。チェンバーズは大いに感謝し、助言にしたがうことを約束した。だが、高原には行かず、自宅からそう遠くない脇道にダットサンを駐め、絵を描きに八階に上がった。ドロールには会わなかった。

　その二日前、ドロールはベイルートを出てヨルダンに向かった。夜のうちに砂漠を南へ走り、イスラエル国境まで行った。そこで、イスラエルから国境を越えてプラスチック爆薬百ポンドを運んできたシャブタイ・シャビットとサエレトマトカルの一部隊と落ち合った。爆薬は、大型の木製肘掛け椅子の中に隠されていた。隊員たちは肘掛け椅子をドロールの車にすばやく積み込むと、また密かに国境を越えてイスラエルに戻り、いっぽう車を北へ走らせたドロールは首尾よく国境を越えてシリアへ、そのあとレバノンへ入り、最後にベイルートに到着した。

　ベイルートではコルバーグとスクライバーが彼を待っていた。ドロールは肘掛け椅子を送り届け、コルバーグが椅子を分解して爆薬を取り出すのを遠くから見つめた。爆薬は、フォルクスワーゲンのものとそっくり同じ運転席と助手席のヘッドレストに仕込まれた。ＩＤＦゴラニ旅団の伝説的兵士であるコルバーグが、フォルクスワーゲンについていたヘッドレストを爆薬つきのものに取り替えた。そして、リモコンの信号によって起爆させる電子装置と爆薬とを接続した。ドロールは二人と話してはならないと命じられていたが我慢できず、コルバーグのそばを通るときにささやいた。「がんばれよ、きみたち！」彼はその場を離れ、二人の工作員は、エリカの部屋に面したマダム・キュリー通りにフォルクスワーゲンを駐めた。

スクライバーは、最適な場所が見つかるまで、フォルクスワーゲンの駐車場所を何度か変えた。彼は八階へ上がり、エリカの部屋で三晩を過ごした。彼とエリカは、にぎやかな通りを行き来する赤い王子の車列を見守った。

一月二十二日、コルバーグはホテルをチェックアウトして、キリスト教徒が多く住む海辺の街ジュニーエへ車で行き、モンマルトルホテルにチェックインした。スクライバーは飛行機でベイルートを出た。作戦の最終段階の監督のためレバノンに来ていたマイク・ハラリもその日に出国した。

同じ日の午後三時二十五分、アリ・ハッサン・サラメは昼食に招いてあった客一名と一緒に自宅を出た。去り際に彼はジョルジーナの腹をなでた。妊娠五カ月だった。

「きっと女の子だ！」

「わたしは男の子がいい。あなたに似た男の子がほしいわ。アリをもう一人ほしい」

「おれは、きみみたいにチャーミングな女の子がいいな」サラメはそう言うと、客であるヤセル・アラファトの副官アブ・ジハドと一緒に家を出た。

エリカの部屋の窓からアブ・ジハドが見えたものの、それが誰なのか彼女にはわからなかった。見ているとその男はサラメと別れ、一人で歩き去った。エリカは朝十時からサラメの自宅を見張っている。その朝降った小雨のおかげで空気は澄み、視界はよかった。ボディガードにはさまれてサラメが車に乗り込むまで、エリカは六時間近く待った。運転手のジャミルがエンジンをかけた。ほかのボディガードがランドローバーとトヨタに乗り込み、三台は動き出した。

エリカは窓から見つめていた。彼女の手には特殊なリモコンが握られている。イスラエルから持ち込んだ小型ラジオだった。一見普通のラジオだが、側面の小さな穴にピンを差し込むと起爆装置になる。通常はラジオの電源である赤いボタンを押せば、強力なリモコン装置に早変わりだ。

そのとき突然――思いもよらない事態が起きた。プロパンガスのボンベを積んだトラックが、彼女の家の近くで停まった。エリカは作戦の中止を覚悟した。トラックがいるときに爆発させれば、ガスボンベも爆発し、大勢が死ぬことになる！　エリカは、トラックに離れてくれと心の中で必死に祈った。彼女の祈りは通じたようだ。トラックはどこかへ行った。目の前をサラメの車が通過する直前にエリカの頭に浮かんだのは、この作戦への対処法だった。「わたしは人を殺さなくてはならない。これは純粋な命令だ。わたしの行動は個人的感情と無関係でなくてはならない。憎しみも何もない」と自分に言い聞かせた。

近づいてくるシボレーが見えた。交通量は少ない。サラメのステーションワゴンと、駐車した車のあいだに押し込まれた準備済みのフォルクスワーゲンまでわずか一〇ヤード。

六ヤード。五。四。二。

彼女は窓ガラスに顔を押しつけて、衝撃波にそなえて口をあけた。シボレーは他の駐車車両を通り過ぎ、フォルクスワーゲンの横にやってきた。

彼女は赤いボタンを押した。

巨大な爆発がマダム・キュリー通りを揺るがした。フォルクスワーゲンは火の球となった。シボレーとランドローバーは炎に包まれたのち爆発した。その通りいっぱいに火と煙が広がった。炎上する車の金属や近隣の住宅の窓ガラスが飛び散った。歩道と道路の真ん中に負傷者か死者が横たわっている。二、三分して、警察車と救急車のサイレンが聞こえてきた。シボレーのよじれた車体から、救急隊員が三人を――運転手とボディガード二人を引きずり出した。アリ・サラメは頭部に深い傷を負っていた。鉄の破片に頭を刺し貫かれたのだ。彼は救急車でアメリカン大学病院へ運ばれた。作戦は思わぬ不運な結果を招いた。通りすがりの四人が死亡、十八人が負傷した。その罪のない全員が爆発の犠牲者だった。死者の一人は、エリカが何度か出会ったことのある若い女性だった。彼女の顔と遺族の悲しみは、その後何年もエリカの脳裏から離れなかった。

ジョルジーナは愛車のスポーツカーに飛び乗って、病院へ急行した。だが、手術室の医師団の努力も無駄だった。破片による頭部の傷が致命傷となった。

ダマスカスで会議に出席中だったヤセル・アラファトは、知らせを聞いて号泣した。イスラエルがファタハ幹部全員の殺害を計画していることを恐れた側近が、アラファトをただちに秘密の隠れ家へ行かせた。彼が隠れ家から出たのは二、三日経ってからだった。

エリカは髪の毛を乱し、恐怖で混乱した表情を浮かべて階段を駆け下りた。その場を離れなければならなかったが、逃亡できるかどうかはこれから十分間の彼女の行動にかかっていた。負傷者やショックのさめやらぬ通行人がちらほら見える煙の立ち込める通りに出て、怯えきってひどく動揺した女のふりをした。小走りでダットサンのレンタカーまで行き、エンジンをかけて走り去った。打ち合わせてあった集合場所でコルバーグを乗せ、ベイルートの北のジュニーエへ向かうことになっている。それに先がけてモサドは、ベテラン工作員のシュロモ・ガルの乗る通信航空機をベイルートに向けて離陸させた。エリカは集合場所へ到着し、小型トランシーバーを持つコルバーグを乗せた。

通信機がベイルート付近上空を旋回するあいだ、シュロモ・ガルはエリカと連絡を取ろうと試みたができなかった。彼女の身元を明かさないように〝ミシェル〟と呼ぶことになっていた。彼は繰り返し呼びかけたが、彼女は応えなかった。コルバーグはガルの呼び出しを受信していなかった。

　モサド本部では緊張が高まっていた。最終打ち合わせによると、脱出手順に何か問題が起きたときのために第二案が用意されていた。エリカの部屋から約七分のドロールのアパートメントまでタクシーで行く。ドロールのところに彼女用の偽造パスポートとかつらを用意してあるので、そこで変装する。彼女を妻と偽って二人でダマスカスへ行き、そこで彼女をヨーロッパ行きのフライトに乗せる。ガルは再度連絡を試みた。すると突然、ミシェルの声が聞こえた。すべて問題なく、彼女はジュニーエへ向かっている。

　イスラエル海軍から報告が入った。脱出準備は整った。エリカとコルバーグはジュニーエの浜に下りていった。かなたの波間で見え隠れする数個の頭にエリカは気づいた。イスラエル海軍特殊部隊シャイエテット13の隊員たちが彼女を待っているのだ。エリカとコルバーグを乗せると、ゴムボートは外海で停泊しているミサイル艇へ向かった。ミサイル艇は南のイスラエルへと波を切って進んだ。ある若い隊員は艇内で目にしたその女性が、驚くべき偉業を成し遂げたことを知った。その隊員は、その後に将軍となり、ネタニヤフ政権で入閣したヨアフ・ガラントだった。

　夜になった。ミサイル艇に乗り込んだとき、エリカは緊張感が消えてゆくのを感じた。マイク・ハラリからの任務成功を祝う電報を手渡された。ジュニーエの山並みと星のきらめく空と月を眺めながら彼女は思った――こんな夢のような場面を最後に仕事を辞められるなんて！　この任務のあとでアラブ諸国に入国できるはずはない。彼女の工作員人生は終わったのだ。

　ドロールはすでにベイルートを出ていた。エリカが出発してすぐに、彼はダマスカスへと車を走らせた。後年、そのときのことを思い出して語った。危険で無慈悲なはずのダマスカスが突如として安息の地となったのが不思議だったと。

レバノンの保安部隊がエリカのアパートメントに突入し、彼女の私物と双眼鏡と本人名義のパスポートを発見した。

四カ月後、ジョルジーナは息子を出産し、父親の名をとってアリと名づけた。成長したアリは、サラメの第一の妻の子である兄と共に、イスラエルに対する暴力闘争を行なうことを拒絶し、平和的解決を支援すると表明した。若きアリは、一九九四年のオスロ合意成立後、イスラエルを訪問し、行った先々で歓迎された。

ジョルジーナは夫の死を嘆き、打ちひしがれていたが、彼女なりの人生を見つけて再婚した。そして後年、カイロでイスラエル人ジャーナリストのセマダル・ペリと出会い、胸に秘めていた思い出を打ち明けただけでなく、ペリの仲介により、バー＝ゾウハーとハベールが赤い王子に関する本を書くときに協力した。

エリカ・メアリー・チェンバーズは地表から姿を消した。噂では、南フランスで小さなホテルを経営しているらしい。彼女を知るモサドたちは、彼女の秘密を守っており、新しい身元は明かされていない。アライザ・マゲンはこう言っただけだ。「彼女を見ても、これがボタンを押した工作員だとは思いもよらないでしょう。彼女は魅力的でふくよかな女性で、愛想のよいおばさんのようだから……」

二〇一九年、任務から四十年の時を経て、突然エリカが顔をぼかしてテレビに登場し、〝ヒットリスト〟という番組でアロン・ベン・ダビドの質問に率直に答えた。彼女ははるか遠い過去の日々と、赤いボタンを押した決定的瞬間の自分の行動と気持ちを説明した。いまは幸せに暮らしています、と彼女は語った。

エリカとジョルジーナは、赤い王子の人生に幕を下ろした二人の女性となった。
一人はジョルジーナ――愛情から。
もう一人はエリカ――勇気から。
エリカにモサドの武勇勲章が授与された。〝彼女はベイルートで何カ月もほぼたった一人だった〟とある元モサド長官は《イェディオト・アハロノト》新聞に語った。〝彼女こそ、いつボタンを押してサラメを殺すかの決断を迫られた人物だった〟

マイク・ハラリは一九八〇年にモサドを辞め、事業を始めたが長くは続かなかった。その後モサドに戻ったものの再度辞めて、ラテンアメリカでモサドの非公式特使という新たな職務についた。そして、パナマで絶大な権力を誇っていた独裁者マヌエル・ノリエガの私設顧問となった。彼は、ノリエガの裏金や麻薬密売や暴力などの悪行を知ってはいたが関与してはいなかった。アメリカのジョージ・シュルツ国務長官の求めで、ノリエガとアメリカ政府のあいだを取り持ったがうまく行かなかった。とはいえ、ジョージ・H・ブッシュ大統領がパナマ侵攻を決断したとき、アメリカ軍が血眼になってさがしたのは、ノリエガとハラリの二人だった。ノリエガは拘束され、裁判にかけられ、投獄中に死亡した。マイク・ハラリは逃亡し、南アメリカ大陸の迷宮で波乱に満ちた大冒険を経験したのちイスラエルへ帰国し、テルアビブに落ち着き、妻と子と孫に囲まれて過ごした。だが、彼の辞書に隠居の文字はなかった。二〇〇五年、これを最後にモサドに戻った彼は、イランでの非常に精妙な作戦に参加し、メイール・ダガン長官から勲章を授与された。二〇一四年、彼と接した女たちに心暖まる思い出を残して他界した。

第四部　澄みきった水と手つかずのビーチ——の秘密

第十六章　ヨラ、ヒラ、イラナ
はるかなるダイバーの聖地

ヨラ

　紅海に面したエイラート港に、称賛の声と好奇心をかきたてながら、美しいヨット〈イエマンジャ〉号が入ってきた。それはイスラエルで最大の、チーク材で作られたクラシックなスタイルのヨットだった。オーナーのヨラ（ヨランタ）・ライトマンと仲間たちがデッキに立っている。青い瞳とウエーブした金髪のヨラはドイツで生まれ、二歳になるかならないかで両親に連れられてイスラエルへ移住した。

　彼女の名は、チャイコフスキーが最後に書いたオペラのヒロインである伝説的王女の名を取って母がつけた。両親は自宅ではドイツ語を話していたので、ヨラにとってドイツ語は母国語同然だった。高校時代から海に夢中になり、いつの日か自分の船で七つの海を走りたいと夢見ていた。バスコ・ダ・ガマやフェルディナンド・マゼランなど、こっけいなほど小さな船で黄金郷《エルドラド》をさがしに海へ出ていったポルトガルの偉人にあこがれていた。

　兵役を終えたのち、パリで二年間建築を勉強したものの、海に対する熱い思いは消えなかった。イスラエル北西部のカエサリアに住むニュージーランド人一家が極上のヨットを売りに出していると聞き、カディマ村にある自宅を抵当に入れて、驚くほど美しいヨットを購入した。そして、ブラジルのバイーア州の漁師たちの護り手とされる海の女神にちなんで〈イエマンジャ〉と名づけた。

エイラートで、ヨラは手際よく、コーラルアイランドやシナイ半島の白砂のビーチへ観光客を案内する段取りをつけた。クルーズの合間にはエルアル航空で客室乗務員として働き、空いた時間にダイビングのライセンス取得コースを受けた。彼女のインストラクターだったルビー・イビアターは、ダイバーズクラブを二、三週間ほど休むことがときどきあった。ヨラは彼がどこへ行ったのか興味はなかったが、彼のほうはヨラに興味を持っていた。一九八二年のある日、イビアターが自分の友人だというハンサムで人当たりのよいダニー・リモールを彼女に引き合わせた。二人は彼女にたくさんの質問をし、詳細な身元調査さえ行なった。即席の質疑応答をした理由は明かされなかったものの、彼女はぴんときた。友人にシャイェテット13やサエレトマトカルなど特殊部隊の経験者は多かったし、何人かはいまでもシャバクの隊員だった。イビアターとリモールはモサドの関係者ではないかという気がした。

とはいえダニー・リモールが、アラブおよびイスラム教国のユダヤ人をイスラエルへ移住させ、世界各地のユダヤ人施設の保護を担当するモサドの〝ビツール〟部の工作員だとは知らなかった。あるとき、ダニーは一緒にやらないかと彼女を誘った。目標は何かとか危険な仕事かとは尋ねず、給料はどれくらいか、また最大の関心事である派遣先も訊かなかった。彼女はただ「イエス」と答えた。

職務について何も知らないまま、生まれながらの強い好奇心と冒険好きのせいで同意したのだった。イスラエルの国防のためにスカウトされたことはわかっていたし、その申し出はシオニストとしての彼女を満足させた。「祖国のためでした」後年、彼女は記者のオレン・ナハリに語った。「ですから、わたしがそこに入るのは当然でした」

彼女の即断にはもう一つ理由があった。それは十二年生のときのことだった。ある日、ＩＤＦの士官二人が高校を訪れて、徴兵されたときに入隊する種々の陸軍部隊について男子に説明した。彼女は反発した。どうして男子だけ？　なぜ女子に説明しないの？　早いうちから、女は男と同等でないというガラスの天井にぶつかった。そしてイビアターとリモールにイエスと答えたとき、女も男並みに、いやそれ以上に任務を果たせることを証明するチャンスを見たのだった。

彼らがどんな任務を考えていたのか、ヨラは知らなかった。イビアターとリモールとの次の顔合わせの前に、たまたま古い《ナショナルジオグラフィック》誌をぱらぱら見ていて、アフリカのスーダンの記事を見つけた。面談の部屋へ入っていくと、彼女はテーブルの上に開いた雑誌を何気なく置いて、冗談半分で尋ねた。「そこなんでしょう？」

男二人は仰天した。そして執拗に問いかけた。「どうしてわかった？　誰から聞いた？　このことを誰が漏らした？」彼女が説明しても取り合わなかった。あてずっぽうにすぎないことを二人に納得させるにはかなりの時間がかかった。

確かに――目的地はスーダンだった。

ダニー・リモールはヨラに、任務はスーダンにあるダイバーが集まるビーチリゾートの運営だと話した。アフリカ大陸で最大級の国であるイスラム教国のスーダンは、イスラエルの不倶戴天の敵だった。ヨラはその申し出に違和感を覚えた――もっと経験豊富な工作員をなぜ派遣しないのか？　それになぜ男ではなく女なのか？　実はリモールはヨラを理想的な候補と考えており、彼女をその任務につかせるために上官全員と口論した。マイク・ハラリが二年前にモサドを退職したいま、ダニー・リモールは、はからずもハラリに代わってモサド・アマゾンたちのために戦う人となっていた。

当時ビツールの部長だったエフライム・ハレビイは、リモールの意見に反対した。女をたった一人で敵国に送りこむだと？　ありえない。論争は白熱し、モサド長官の耳に届いた。イツハク・ホフィ長官は反対せず、ハレビイに告げた。「彼女の人間性を確かめろ！」ホフィの後釜として長官に就任するナフーム・アドモニも、同じ反応を示すことになる。

ハレビイはヨラとカフェで会った。二人は長々と話し込んだ。「秘密活動がどういうものか知っているか？」彼は尋ねた。

彼女は答えた。「スパイ小説で読んだことだけ」

「どんな小説だ？」

「ジョン・ル・カレです」

ル・カレと聞いて納得したらしく、ハレビイはヨラにこの任務を任せると告げた。その瞬間から、彼はモサドでの彼女の活動をずっと応援してきた。

ヨラは特訓コースを受けることになった。モサドの分離方針により、訓練は少人数のグループで行なわれる。ヨラは男四人と同じグループだった。コースは演習と試験に加えて、心理学者と精神科医との長時間の面談が組み込まれていた。心理学者はヨラに厳しくあたった。彼女に大きな可能性があることは認めていたが、性別が気に入らなかったのだ。彼女は抵抗した。「あなたがた男は、女にとって何が最上かいつもわかるの？　わたしの性別の何が気に入らないの？　おむつを洗濯する夢を見て射精しないから？」

とうとう心理学者は折れ、彼女にゴーサインを出した。五人の参加者のうち、訓練の最後まで行けたのは二人――ヨラと男一人だけだった。こうしてモサド入隊訓練は終了し、ヨラに秘密任務の詳細が知らされた。

その数年前、メナヘム・ベギンが首相となってすぐに、イツハク・ホフィ長官を呼んで言った。

「エチオピアのユダヤ人を連れてこい」こうして、類のないモサドの同胞作戦《ブラザーズ》が開始された。

ホフィは副長官のデイブ・キムチェをアジスアベバへ派遣し、エチオピアの統治者だったメンギスツ・ハイレ・マリアムと交渉させた。イスラエルはエチオピアに武器を供給し、エチオピアは国内のユダヤ人のイスラエルへの移住を許可する。イスラエルのモシェ・ダヤン外相が交渉の内容を漏らしたため、その取り決めは長くは続かず、メンギスツによって中止された。移住しようとしていたユダヤ人数千人は、エチオピアで囚われの身となった。計画が消滅しようとしていたとき、勇敢なユダヤ系エチオピア人で一匹狼のフェルデ・アクラムがモサド代表者のダニー・リモールと出会った。二人は代替案を考えついた。ユダヤ人は隣国のスーダンへ違法に国境を越え、徒歩で砂漠を横断し、首都ハルツーム周辺にある国際難民キャンプへ行き、そこから可能な手段でイスラエルへ向かう。

そして、エチオピア人の出国が始まった。

数千人のユダヤ人が住み慣れた村をあとにし、国境を越えてハルツームをめざして歩いた。砂漠は過酷だった。容赦なく照りつける太陽の下、ヘビやサソリ、猛獣、追い剝ぎなどに遭遇し、無防備な男女や子どもたちの多くが死んだ。行進中に数千人が命を落とし、約束の地に行きたいという村人の勇気とあこがれを悲劇の物語に変えた。生き残った者たちが難民キャンプに到着しても、恋い焦がれたエルサレムへの道はまだまだ遠かった。密かにモサド工作員がハルツームにやってきて、ユダヤ人グループに偽造パスポートを持たせてヨーロッパ経由でイスラエルへ送ろうとした。だがその策略を嗅ぎつけたスーダン秘密情報部が、飛行機の出発を禁止した。ほかの対策が至急必要だった。エチオピア在住のユダヤ人は難民キャンプを追い出され、殴られ、ナイフで刺され、逮捕されて拷問された。若い娘たちは拉致され、二度と発見されなかった。何か手を打たなければならなかった。

ダニー・リモールは海路の利用を思いついた。ユダヤ人をスーダン沿岸へ連れてきて、ゴムボートに乗せ、紅海の公海上で待つ大型船舶へ乗せて、イスラエル南部のエイラート港へ向かう。

同胞作戦が再開された。

スーダンで、ダニー・リモールは海辺に住む部族の研究をする人類学者に扮していた。そんな彼は、モサド工作員のジョナサン・シーファと共に一風変わった旅に出た。ハルツームの北東数百キロメートルに広がるビーチを探索し、エチオピアのユダヤ人をイスラエルへ送り出せそうな場所を見つける旅だ。驚いたことに、あつらえむきの物件が見つかった。紅海沿いの美しい入江のそばに、いまは使用されていないビーチリゾートがあった。アラウスと呼ばれる場所だった。行ってみると、アブ・メディナという警備員が一人いるだけだった。親切な老人は小枝を集めて火をおこし、二個の石でコーヒー豆をつぶしてリモールとシーファにコーヒーを飲ませ、そのリゾート地の事情を話してくれた。イタリア人の投資家たちが絵のように美しいリゾート地を作ったのだが破産し、彼らはスーダンを離れた。リモールはただちにその発見をハレビイに報告し、モサドは仕事に取りかかった。

リモールは現地では人類学者として知られていた――ハルツーム大学でスーダンの部族に関する講演すら行なった。そんな彼が実業家に変身した。スーダン生まれのユダヤ人大実業家であるネシム・ジェオンに頼んで、スイスで幽霊会社を設立してもらった。その会社の代表となったリモールは、リゾート地の現在の所有者であるスーダン政府と接触した。三年間の賃貸契約で〝国際ダイビングセンター〟を設立した。彼はアメリカドルで三十二万ドルをぽんと支払った。外貨を獲得できたスーダン政府は喜び、リゾート計画を支援した。こうしてアラウス・ダイビングリゾートが生まれた。

アラウスのバンガローには四十名が宿泊できる。現地従業員を雇い、ロッジを塗装しなおし、設備を取りつけた。偽造パスポートで入国したモサドの技術者が空調設備など近代的装置を持ち込んだ。ヘブライ語の印字はすべて削除された。リモールは発電機を購入した。水は水源地から四時間かけてタンクで運んでくる。敷地内に古い小型淡水化プラントがあった。サウジアラビアからスーダンへの贈り物だった。調べてみると、そこからヘブライ語の文字が見つかった。イスラエル製だったのだ！　モーターボートとカヤック、トラック数台とトヨタのジープ一台を購入した。無線通信装置が密かに持ち込まれ、酸素ボンベの中に隠された。リゾートを適切に運営するため、十八人の現地従業員を雇い入れた。料理人三人、ウェイター数人、運転手一人、技術者一人、エリトリア人の部屋係数人だ。ダイビング・インストラクターは、アングロサクソン系と見せかけたシャイエテット13のエキスパートたちが担当した。

そして支配人は言うまでもなく――アンジェラこと、ドイツのパスポートを所持するヨラ・ライトマンだった。

リゾート村の開業はヨーロッパで宣伝された。スイスの旅行代理店がダイビングツアーを企画し、リゾートは軌道に乗り始めた。簡単には行けない場所だった。ヨーロッパからハルツームまで民間機で飛び、スーダンの航空会社の国内便に乗り継ぐ。イスラエル人は、一、二時間ほど、あるいは丸一日遅れたとしても、どうにか離陸してくれという願いをこめて、地元スーダンの航空会社を――アラーのおぼしめしのままに《インシャラー》――〝インシャラー航空〟と呼んだ。国内便で旅客をポートスーダンまで運び、そこからアラウスの車でさらに七十キロメートルの悪路を走ってようやくリゾートに到着だ。この〝苦難の道《ビア・ドロローサ》〟は遠い異国に来たダイバーの冒険心をいっそうかきたてた。

そして、アラウスに到着した客は一種の楽園を発見する。

たしかにそこは楽園だった。ヨラがアラウスに来たときはまだ改装中だった。彼女の安全を気遣ったエフライム・ハレビイは、彼女をまずスイスのチューリヒへ送り、そこで二日間待機させたのち、ドイツのパスポートでスーダンに入国させた。アラウスに着いた瞬間から、彼女はそのリゾート村と入江が大好きになった。鮮やかな色に塗装された赤い屋根の小さな家々、アーチ型の通路、息を飲むほど美しい海。手つかずの自然は彼女を深く感動させた。夕方、海を眺めていると、〝海岸全体が動いている〟ように見えた。じつは、びっしりと岸をおおう数万匹のヤドカリが砂の上を這っており、浜が海に向かって動いているような錯覚を生んだのだった……。

ヨラはすぐに仕事にかかった——ダイビング・スケジュールを調整し、現地従業員の労働規則を決め、町で調達する乏しい食料をやりくりして食堂のメニューを考え、食料品用のクーラーボックスを購入し、粉ミルクでヨーグルトを作り、地域の住人と親密な関係を築いて新鮮な魚がつねに手に入るように手配した。またリゾートで一日に使う燃料は約百五十リットルなので大量の燃料を購入し、それらに加えて、非公式の仕事も引き受けた。部屋係の女性従業員をスーダン人男性から守ることだ。

さらに、自分の秘密任務の準備も怠らなかった。月に一度行なわれる任務への協力である。

その任務は〝安息の家〟と名づけられた。〝プロスパー〟とも呼ばれるジョナサン・シーファが、〝ジュリアン〟のコードネームを持つエマヌエル・アロンら元モサドの同僚を引き入れた。元シャイェテット13隊員でジャーナリストのガディ・スクニックも加わった。任務の二、三日前、工作員らがイスラエルから到着してリゾート村に入った。ある日の夕方、彼らはトラックに乗り込み、近くの町にいる赤十字のスウェーデン人看護師に会いに行ってくると現地従業員に告げた。実際は、五百キロメートル離れたハルツームまで走り、郊外の集合場所でエチオピアのユダヤ人を二百人から三百人ほどトラックとジープに乗せ、リゾートの北にある隔絶された入江〝マルサフィジャブ〟へ運ぶ。数日間の旅程だったが、月のない夜にのみ車両を走らせた。日中は車両と人々を道路のそばの涸れ谷に隠し、日没後に出発する。当時、スーダンは内戦中だったせいで、陸軍が主街道にバリケードを築いていた。リモールは兵士を煙草や白パンで買収し、通行権を確保した。車両は走行を許され、暗い夜のうちに入江に到着した。

　浜では、シャイェテット13隊員が待機していた。バートラム社のプレジャーボート数艇（〝ツバメ〟）でやってきて、サンゴ礁を確認し、浜に照明を設置してあった。活動日は必ずイスラム教徒の安息日の金曜日だった。その日は現地の警戒も少し緩む。前の晩、アラウスの現地従業員がいつものように火のまわりに集まっているころに、ヨラたちはボートへと走り、暗い海に出ていく。〝酔狂な〟外国人が夜間ダイビングに行く習慣に、彼らはすっかり慣れていた。

　じつはダイビングではなく、作戦が実行される入江へ向かうことを彼らは知らなかった。車両が入江に到着すると、隊員たちはエチオピア人を〝ツバメ〟に優しく移し替えてから、沖で待機しているIDF海軍艦〈バットガリム〉へ運ぶ。エチオピア人の大半は海を見たことがないので、海水を飲もうとする人たちさえいた。艦内に温かい食事が用意されていた。艦がエイラートに向けて出発したのち、モサドとシャイェテット13の多くはスーダンを離れ、ヨラとモサド工作員二名だけが残った。

　任務と任務のあいだの〝待機期間〟に、ヨラは厳しい日課をこなした――運動、ジョギングと水泳、読書、イギリスのオープン大学の天体物理学の講座まで受講した。二、三カ月に一度はイスラエルへ戻って二週間の休暇を取った。

　すぐにダイビングリゾートの名は広まった。アラウスはハルツームの上流階級や外交官、軍士官や行政の高官らの保養地となった。ヨーロッパからのダイビング客は言うまでもなく、ハルツームの名士録に名を刻む人々が休日に押しかけた。夜は、滞在客全員が出席するダンスパーティが開かれた。サウジアラビアの富豪は砂漠で鷹狩りをするために訪れた。エジプト大使の妻は、申し分のないサービスだとヨラを褒めちぎった。フランス大使館付き武官はスーダン軍の最高機密をヨラとモサド工作員にうっかり漏らし、IDF海軍艦が電子装置で発見されるのではないかという彼らの不安を追い払った。スーダンは海軍レーダー局を保有していないと彼は断言したのだ。

ヨラは地域当局の高官と親密な関係を築いた。ポートスーダンの知事は、リゾート村に関するお役所主義的な現地規則を取っ払い、それと引き換えに知事と補佐官らはアラウスでの無料滞在を約束された。リゾート村の車両に制限なしでどこでも走行できる許可を与えた警察署長は、ヨラが署長のために密輸したウイスキーのボトルを定期的に受け取った。スーダンではアルコール飲料の輸入は厳格に禁じられていた。ヨラにぞっこんになったスーダン軍のある将軍は、ヨラに言われるがままにスーダンに一基しかない減圧装置を提供した。その見返りとして、資金不足で中止になっていたスーダン海軍特殊部隊の訓練をアラウスのダイビングインストラクターが引き受けた。つまり、イスラエルのシャイェテット13所属のダイバーたちがスーダン海軍の特殊部隊を訓練したことになる……将軍はまた、緊急時に将軍専用ヘリコプターを呼ぶ特殊無線装置をヨラに与えた。毎木曜日、ヨーラは入江で獲れたばかりのロブスターを将軍に送った。

ヨラの名は現地の部族に広く知られるようになり、敵対する部族間の仲裁を頼まれることもしばしばだった。彼女は〝ムディラ・カビラ〟――偉大なる指導者――の称号を獲得した。金髪の巻き毛からゴルダと呼ぶ者も、イギリス首相のマーガレット・サッチャーになぞらえて鉄の女《アイアンレディ》と呼ぶ者もいた。エフライム・ハレビイとの約束にもかかわらず、アラウスのジープでリゾート周辺の広大な地域をたった一人で走りまわった。彼女は度胸があり、恐れ知らずで、スーダンの未開の砂漠でも自然体でいられた。「自分の身元を隠しておかなければならないの」のちにジャーナリストのイシャイ・ホランダーに彼女は語った。「危険が迫ると、体内にアドレナリンがあふれて……偽の経歴と自分一人だけという事実によって、自分の経験は神秘性に包まれる」彼女は、ベドウィンのハダンダワ族の縄張りによく行ったものだった。車に乗って砂漠に一人でやってきた白人女性を見て、彼らは目を疑った。

「わたしの名前はすでに有名になっていたわ」彼女はうわべの謙遜もせずに言った。「ポートスーダンでは人目を引いた。だからそれを利用した」

彼女は並外れたコネを持っていたが、それでもスーダン当局はヨラとその仲間を怪しんでいた。リゾートの支配人が本当は何をしているのか彼らは知らなかったが、おおかたは密輸だろうと疑っていた。その地域で多数の密輸団が、紅海対岸のサウジアラビアと組んで活動していた。ヨラは一度逮捕されたが、短時間だけ尋問されたのち釈放された。

入江の向かいの丘に建つ邸宅の所有者もおそらく密輸ビジネスに携わっていると思われた。ヨラはその男と友だちになり、リゾートで焼いたばかりのパンを彼に進呈した。彼の邸宅は、入江一帯を見晴らせる理想的な位置にあった。パンの成果はあった。ある夜、男はヨラに、まさにその夜スーダン軍の手入れがあるぞと知らせてくれたのだ。ヨラとモサドは見つかってはならない装備すべてを前もって決めてあった場所へ隠し、アルコール類のボトルを樽に詰めて入江に沈めた。夜明けになって、重武装の兵士の一隊がアラウスに現われ、隊長らしき若い士官がリゾート村の捜索を命じた。ヨラの部屋も対象となり、彼女はその士官に、部屋に入って自分で確認しろと心をこめて話しかけた。士官は戸惑った――部屋に女と、しかもヨーロッパ人の女と二人きりだからだ。だがヨラは感じよく話をして彼を落ち着かせ、最後には挨拶を交わし、士官は次は客としてリゾートに来ると約束した。

そのすぐあとでさらに深刻な事態が発生した。エチオピアのユダヤ人を軍艦に移送しているとき、四人のモサドを乗せたゴムボートがサンゴ礁に引っかかって動けなくなったのだ。ゴムボートが動かせるようになる前に、浜にスーダン軍部隊が現われた。兵士たちはカラシニコフ・サブマシンガンで外国人に狙いをつけ、兵士の一人がモサド工作員に発砲しようとした。作戦の指揮官だったダニー・リモールは気を取り直し、その兵士に飛びかかって銃を押しのけた。そのあと、指揮官に英語で叫んだ。「気でも狂ったか？　観光客に発砲するつもりか？　おれたちはここでダイビングをしているんだぞ。美しいスーダンを見せるために世界じゅうから観光客を招いているのに、おまえらは彼らを撃つのか？……おまえを士官に指名した愚か者はどこのどいつだ？」彼はハルツームの部隊長に苦情を訴えると脅した。英語のわかるスーダン人士官は肝をつぶした。ボートに乗る連中を密輸業者と勘違いしたと説明し、リモールに謝罪した。そして兵士たちにその場を離れろと命じた。

その事件は、それ以上の問題にならずに終わった。だが、アラウスの秘密を見破られたことが一度だけある。難民キャンプでボランティアで働く若いユダヤ系カナダ人のヘンリー・ゴールドがリゾート村にやってきた。仕事に疲れた彼は、数日休みを取って、泳いだり潜ったりビーチで日光浴して過ごすつもりだった。アラウスの秘密活動のことはこれっぽっちも知らなかった。だが到着してすぐに、ここは何か変だと思い始めた。このリゾートは……モサドが運営しているような印象を受けたのだ。

従業員はひどく異様だった。「彼らは奇妙で不自然なアクセントで話していた……夕食にはとても細く刻んだサラダが出てきた。ぼくは世界各地を巡ってきたけど、ああいうサラダを食べたのはイスラエルだけだ」キブツでボランティアをしたときに、朝食に細かく刻んだサラダを出されたという。イスラエル人はそれを〝アラブサラダ〟と呼んでいた。翌朝、ゴールドはダイビングインストラクターのもとへ直行し、ヘブライ語で尋ねた。「あなたがたはここで何をしているんだ？」そう訊かれた男は愕然として椅子にへたり込んだが、最後にはやはりヘブライ語でゴールドに言った。「あんたは何者だ？」

秘密は露見したものの短期間だけだった。すぐさまダニー・リモールがリゾートに呼ばれた。彼はゴールドと長々と話し込み、口外しないよう説得した。

スーダンの地に足をつけた瞬間から、イスラエル人女性であるヨラはドイツ人ビジネスマンとなっていた。「自分の本性を忘れていました。友人たちのことも忘れていました。自分の役を演じていただけです。おまえは誰だと訊かれたら――まちがいなくアラウス・ダイビングリゾートで働く若手でした」

とはいえ、彼女が予期していなかった難問が突如として出現した。ある日、スーダンの採石場で働くドイツ人エンジニア二名がアラウスにやってきた。彼らは、自分たちと同じ若いドイツ人に会えて喜んだ。そのうちの一人がヨラに魅了され、彼女のあとをついてまわった。彼女と話す機会があれば決して逃さず、ドイツの思い出をよみがえらせ、童謡を一緒に歌うことまでした。彼女は尻尾を出さず、アクセントが違うのは出身地が違うからだと説明した。彼はドイツ北部出身だが、彼女は〝南部〟出身だと。

そうした出来事やスーダン警察および軍の疑念が増すにつれ、モサド幹部は同胞作戦の続行のため、他の手段を模索しはじめた。ヨラは正体を暴かれることを恐れておらず、たとえ自分の脱出計画が最善でないとしても、どんな困難に対しても心構えはできていた。イスラエルのハンドラーから言われていた。「もしリゾート村の秘密が暴かれたなら、〝リナ〟（イスラエルのモサドに警報を送る衛星通信装置）を持ってゴムボートで外海へ出ろ」彼女はのちに語った。「できれば、スーダン人より先にわが方のヘリコプターがわたしを見つけてくれることを願っていました」

彼女はスーダンでの生活が大好きだった。「ずいぶん長いあいだスーダンにいられたのは、わたしがホームシックと無縁だったからです。アラウスに来る前に国外を旅行したときも、実家に電話したいと思ったことはありません」

短期間の休暇でイスラエルに帰国すると、ヨラはなじめないものを感じ、友人たちに会うといらいらした。会ったとしても、彼女たちが誰だか思い出せなかった。ヨラがどこへ行っていたか友人たちは知らず、それを示すヒントは、彼女が真っ黒に日焼けして帰ってくることだけだった。金持ちの恋人を見つけて、一緒にあちこちの海を旅しているのだと言いふらす友人もいた。心配した父親は娘は祖国を捨てたのだと思いこみ、世界各地で娘をさがした。

リゾートを運営して三年近く経ったのち、ヨラはイスラエルへ帰国した。彼女の人生に一区切りがついた。そして彼女はモサドを去った。エルアル航空へ戻り、客室乗員部の部長となった。友人のヨットをイスラエルに戻すという、遠い国へ派遣されたときの古い夢をかなえた。物理学と生化学を勉強し、ふたたびカディマで恋人と養女と犬三匹と猫六匹と暮らしている。

ヒラ

「わたしの名前はヒラ・ワクスマンです。ハイファ科学技術大学でコンピューターを勉強していました。わたしのすぐ前の列に、背の高いハンサムな男の人が座っていました。彼は一、二週間に一度いなくなりますが、きれいに日焼けして戻ってきます。真冬で、外では風が吹き荒れ、大雨が降っていたのに日焼けしていたんです！　わたしは我慢できませんでした。鉛筆を削って、針の先のように尖らせてから、前に乗り出して、彼の喉元に押し当てて言ったんです。『何をしてるか知らないけど、わたしもやりたい』

彼はにっこり笑いました」

日焼けした男、ヤリフ・ゲルショニがヒラの鉛筆におじけづいたかどうかはわからない。いずれにしろ、二人は長いあいだ話し合った。元戦闘機パイロットのヤリフは友人二人を連れてきて、彼女にさまざまなことを問いかけた。そして彼の勧めで、ヒラは〝安全保障に関する学科教育〟を受けることになった。その教育課程の主催者がモサドだとは知らなかった。会場は、テルアビブ近郊の都市ヘルツリーヤのマンダリンホテルだった。参加者は若い男九人とヒラだった。顔を合わすなり、男たちは信じられないというように彼女を見つめた。男の教育課程で女が何をしている？

その課程を運営しているのはＩＤＦだろうと彼女は思っていた。ＩＤＦの専門家がアフリカのチャド軍を訓練しているという噂を聞いたことがあったのだ。たぶんヤリフはチャドへ行って日焼けしたのではないか。そしてたぶん彼女もそこに派遣されるのではないか？　彼女は謎のとりこだった。

「少女時代、アガサ・クリスティーなどの推理小説や犯罪小説が大好きでした……わたしと一緒にミステリ映画を見ると台無しになると友人たちから言われたものです。見ているうちに犯人が誰かあてるから。わたしは謎解きが大好きだし、ミステリの一部となるのが好きなんですよ」

ポーランド生まれのヒラは、四歳のときに両親とともにイスラエルに移住した。その後家族で渡ったオーストラリアで、娘にユダヤ教を学ばせたいと考えた父親は、彼女をユダヤ教学校へ通わせた。世俗の生徒は彼女だけだった——左翼のシオニスト青年運動に参加し、一九七〇年にイスラエルへ戻り、陸軍で兵役についたのち、生化学を勉強した。ストレプトマイシンを発見したおじのセルマン・ワクスマンはノーベル賞を受賞している。彼女は一族で二個めのノーベル賞をとることを夢見たものの、二年経つと「……ハツカネズミに飽き飽きして、人間と一緒にいたくなった」彼女は科学技術大学でコンピューターを専攻することにし、そこで日焼けしたヤリフ・ゲルショニに出会ったのである。

マンダリンホテルでの教育は数カ月間行なわれ、その間に彼女は秘密戦、作戦行動、暗号、モールス信号、武器の扱い方、連絡情報の隠し場所などについてさまざまなことを学んだ。その課程を無事に終えられたのは、ヒラと男一人の二人だけだった。教官は彼女に、モサドは彼女の入隊を認めたと告げた。

彼女はヤリフに連れられてカエサレア部門へ行き、そこで別の男たちから質問攻めにされた。おもに彼らは、助けてくれる人がそばにいないことを承知のうえで単独で行動できるかどうか、思いがけない難題に向き合えるかどうかを知りたがった。彼らは答えに満足したようだったので、モサド工作員になれそうだと思った。別の男から、リゾートホテルの運営について説明を受けた。

遠く離れた場所にある〝クラブメッド〟風のリゾート村の運営のために派遣されるのだと彼女は気づいた。まず、ヘルツリーヤにあるカントリークラブに行き、そこで〝リゾートの運営のしかたを教えてくれる〟人物に紹介された。二、三日後、彼女はホテル運営の秘訣を学ぶためにロンドンへ飛んだ。ロンドンに〝ある工作員のいとこ〟が所有するホテルがあるからだった。「ホテルというより、悪名高いブリクストン刑務所そばのモーテルでした」と彼女は私に語った。仕事帰りの看守たちがモーテルへ寄るのがつねだったという。「ホテル運営は学ばなかったけれど、ビールの出し方は学びました。ビールを飲む以外の看守たちの趣味は汚い言葉を使うことと、わたしのお尻をつねることでした。三日後にイスラエルへ戻りました」

ついに彼女にスーダンへ行けという指示がくだった。ヒラは外国のパスポートを使い、スーダンへ飛んだ。だが、ハルツーム行きのフライトで、予期せぬ問題に対処しなければならなくなった。数年前に二、三カ月ほど、キブツ・ミシュマーハシャロンでボランティアとして働いたことがあった。そのキブツで、やはりボランティアをしていた素敵なスイス人女性と知り合った。二人はとても仲良くなり、ずいぶん長い時間を一緒に過ごした。

それから何年か過ぎたいま、ヒラはジュネーブでハルツーム行きの飛行機に搭乗した。すると、通路側の座席にそのスイス人の友人が座っていた！　どうしよう？　スイス人女性が彼女に気づいたらどうする？　ヒラは偽名と虚偽の身元で敵国へ行こうとしている。身元がばれて逮捕されるかもしれないと考えたら身体が震えた。

友人に見つかりませんようにと祈るような気持ちだったヒラには、悪夢のような長時間のフライトだった。スイス人の友人はお手洗いへ行く途中の通路側に座っていたので、見つかるのはほぼ確実と思われた……だが運はヒラに味方し、友人に気づかれずに飛行機を降りることができた。

アラウスで待っていたヤリフにヨラを紹介され、二人の女のあいだで素晴らしい友情が芽生えた。一緒に過ごした三週間で、ヨラからリゾートの運営方法を教わった。スーダンではヒラは〝ジャネット〟という名を使った。最初は休暇中のヨラの代理として仕事をした。だがしばらくするとヨラは完全に引き払い、ヒラが〝ムディラ・カビラ〟となった。

彼女はすぐにリゾートの生活に慣れた。「必要なのは――工夫と自制心だつた。一人ぼっちだから、まったく知識がなくてもどうにかするしかない」いつ、どんなときでも不測の事態は起こりうる。ダイビングインストラクターの一人は、アングロサクソン系を装っていたにもかかわらず、ひどいアクセントの英語を話した。ニュージーランドから来た客が不思議に思って、ヒラに苦情を訴えた。「この男の英語はアングロサクソンではない」と彼は言った。ヒラは言い返した。「でもあなたはニュージーランド英語を話しますよね？」そう言われて男は黙った。

一九八四年にかなりの危機が訪れた。スーダン政府が国内全域にシャリーアと呼ばれるイスラム法を適用したのだ。ヨーロッパの多くの国がただちにスーダンに対して厳しい制裁措置を課し、石油輸出量を減らした。アラウスは月に三十バレルを、スーダンの大手販売会社〝アジップ〟から買い入れていた。ところが十五バレルに減らされてしまったため、ヒラは運転手のアリに、トラックにあと三十バレルを積んでこいとポートスーダンへ送りだした。だがある日、ポートスーダンから戻ってきたアリがこう言った。「ムディラ、石油はない。くれなかった」彼女はトラックの運転台に飛び乗ってポートスーダンへ走った。そしてアジップ支社長の事務所へ行き、待合室で腰をおろした。

一人のアラブ人が彼女のそばに座っていた。「あんたは誰だ?」男が訊いた。

「アラウスのムディラです。あなたは?」

「スーダンのファタハ訓練キャンプ所長だ」

その男は本物の敵だった。イスラエルを攻撃するためにファタハのテロリストを訓練しているのだ!

「ここで何をしてらっしゃるの?」

「夜間演習の照明のために週に二バレル必要なんだ」

支社長の事務室へ入っていった彼が、気をよくして出てきた。「週に一バレルを認めてくれた!」彼は大喜びだった。

「彼は週に一バレル」ヒラはむっつりと考え込んだ。「こっちは月に三十必要なのよ」彼女が事務室へ入って口を開く前に、支社長が溜息をついてうめくように言った。「ああいうパレスチナ人は大嫌いだ!」

彼女の気分はよくなった。彼のデスクに置いてある家族の写真を見て、それについて問いかけた。また、一家でアラウスに来たことはあるかと尋ねた。一度もない、と彼は答えた。彼女は即座にアラウスに彼と家族を招待した。そのあと楽しく話を続け、必要なだけの石油を、必要なかぎりまわそうと約束してくれたことをうれしく思って事務室を出た。

彼女はつねに、アラウスでの二重生活を自覚していた。そこは〝ダイバーの楽園〟、地球上で最も美しい場所の一つだった。〝食事と飲み物はすばらしく、ミシュラン二つ星に匹敵する〟リゾート村に世界じゅうからダイバーと観光客がやってくる。と同時に、まるでパラレルワールドにいるかのように同胞作戦たけなわだった。

アラウスで過ごした二年間、ヒラは自分の任務――現地のユダヤ人を父祖の地へ送り返す――をとても光栄に思っていた。「信じられないようなことでした――村でお客様のためにパーティを開いて酒を飲んだりダンスしたりと楽しいひとときを過ごすいっぽうで、まさにその瞬間、村の裏側で、ユダヤ人を乗せたトラック部隊が浜へ、そして約束の地行きの船へ向かって走っている」

さまざまな重大な局面や危険を、彼女は自分一人の力で乗り越え、信じがたい状況を独創的な方法で解決した。スーダン軍によるアラウスの抜き打ち捜査や、彼女にどんな権限があるのかと突っかかってきたり外国人になりすませなかったりする扱いにくいモサド工作員や、原理主義者からなる新政府による厳格で疑念に満ちた包囲網に対処しなければならなかった。

ある夜、リゾート村のトラックが路上で故障し、乗っていたモサドから緊急警報がヒラに届いた。「準備しろ、彼ら（スーダン人）が来るぞ！」彼女はすぐさま必要な対策をすべて実行し、イスラエルから来たばかりのダイバーを呼び寄せた。彼はひどくおびえていた。「今夜はわたしの部屋で寝て」彼女の部屋にはベッドが二台ある。午前三時ごろ、ドアが重々しくノックされた。のぞき穴から制服が見えた。ダイバーはベッドの中で縮こまっている。彼女はパジャマのボタンをはずして胸の谷間を見せ、髪の毛を乱してからドアを開けた。外にスーダン軍士官が立っていた。彼は困惑して目をそらした。

「私のほかにトラック一台分の兵士がいる」彼女を見ないようにしながら、彼はぶっきらぼうに言った。

「どうしてほしいの？」

「ガス欠だ。助けてもらえないか？」

もちろんよ、と彼女は思った。そして士官に燃料を提供し、彼と兵士たちにおいしい朝食をたっぷり食べさせた。〝私たちは仲の良い友だちになりました〟と彼女の報告書は締めくくられている。

二年後に帰国したヒラは、モサドにとどまることに決めた。モサドの任務で彼女が好きだったのは、素性を変えることと、別人になりきることだった。「ジャネットになれと言われれば――ジャネットになりますよ」彼女はテレビの記者をからかった。「セアラになれと言われれば――五分でセアラになる。それがわたしが世界の舞台に立つときよ」

イラナ

三人めのムディラであるイラナ・ペレツマンがそれを最後にジープへと乗り込んで数分のうちに、アラウスの夢の世界は消滅した。

一年前、イラナはハイファ大学で海洋考古学と生物学を勉強していた。ライセンスを持つダイバーの彼女は、海と海中に広がる沈黙の世界が大好きだった。ある日、ある学友から声をかけられた。

「モサドに入りたくない？」彼は単刀直入に訊いてきた。

彼女は迷った。「なかなかおもしろそうね」最後にそう言った。「でもどういうこと？」

「いいことをする」彼はにこにこしながら言った。「ユダヤ人を救うんだ」

数カ月後、特訓コースを修了したイラナはスーダンに到着した。アラウスでヨラが彼女を迎え、リゾート村の運営法を彼女に伝授した。

彼女が仕事を引き継いだときには、エチオピアのユダヤ人の輸送には船ではなく飛行機が使われていた。すでにユダヤ人数千人が〝安息の家〟作戦でイスラエルへ運ばれていた。だが、現地当局の不信感が増し、船での輸送が危険になったので、飛行機を使うことになった。イスラエル空軍《ＩＡＦ》のライノ（ハーキュリーズ輸送機）が砂漠の臨時滑走路に飛来した。モサドのトラックが輸送機の着陸場所までエチオピアのユダヤ人を運んだ。ライノは胴体にユダヤ人数百人を積み込むとすぐに離陸した。幾度か飛行中にスーダン人に見つかったときは、ほかの場所へ着陸した。エフライム・ハレビイがビッール部門を離れ、アハロン・シャーフが引き継いだ。シャーフは作戦の続行と、スーダンから連れ出すエチオピアのユダヤ人の数を二倍にするよう指示した。二、三機のライノが異なる場所に同時に着陸し、それぞれ数百人を積んで離陸した夜もあった。スーダン軍がＩＡＦ機を撃墜したり捕獲したりすることはただの一度もなかった。

　秘密空輸作戦の指揮官はヤリフ・ゲルショニだった。彼は砂漠を見てまわり、重量のあるＩＡＦのライノが離着陸可能な滑走路をさがした。アラウスは秘密空輸作戦の前進本部となり、海上活動は中止された。

　イラナがアラスにいた期間はヨラやヒラよりは短かったものの、ハルツームで軍事政変が起きたときにちょうどリゾート村に滞在していた。狂信的な急進派が政権を乗っ取ったので、モサドはあわてて決断した——即刻アラウスから撤退せよ。

　イラナほか工作員三名は秘密機器を梱包してピックアップトラックとジープに積み込み、遠出するが午後には戻ると現地スタッフに言い置いた。出発の直前にダイバー二人が到着したので、イラナはその二人に部屋と施設を感じよく案内してからそこを発った。小さな車列は着陸地域へと走り、そこに午後八時ちょうどに一機のライノが着陸した。車両二台がその胴体へ吸い込まれるやいなや、ライノは離陸した。

それがアラウスの終わりだった。のちにリゾートから撤退したのは大きな間違いだったことにモサド幹部が気づいたが、あとの祭りだった。空輸作戦は続き、輸送の回数はいっそう増えたので、あのまま使用できたと思われる。

とはいえ、ハルツームからモサド工作員二名を脱出させたのは失策ではなかった。スーダン軍から指名手配されていた二人は隠れ家を出て、アメリカ大使館へ駆け込んだ。ゲートで、ＣＩＡから前もって教えられていた秘密の合言葉をささやいた。アメリカ人は大型の木枠二個に二人を押し込み、〝外交郵便〟としてひそかにスーダンから出国させた。

帰国したイラナは、秘密の冒険と別れて自分の道を歩んだ。

ヒラはモサドを辞めなかった。彼女は結婚し家庭生活を営みながら、長年にわたって国外の多くの作戦に参加した。「妊娠七カ月でもまだスパイ活動をしていたわ」彼女は思い出して語った。

偽りの自分が優勢になるときはあった。美しい海、砂漠、きらめく星空、どこまでも澄んだ海でのダイビングというアラウスの存在は、彼女の中で大きな位置を占めていた。リスクや危険があり、危機的状況だったにもかかわらず、小さな楽園アラウスでの生活は夢のようだった。彼女はよく、アラウスの足跡一つないビーチを、モサド工作員の〝トニー〟と一緒に散歩したかぐわしい夕べのことを思い出す。「トニー」彼女は訊いた。「あなたはどっちが好き？　アラウスのトニーとイスラエルのダビド（本名）と？」

「きみは？」

「二人ともこの答えは出せなかった」後年、彼女は言った。「スーダンにいる自分とイスラエルにいる自分のどちらが好きかということだから」

ヨラもスーダンの生活が大好きだった。時が過ぎても、アラウスで過ごした日々のことが忘れられなかった。

「あそこなら永遠に住んでいられました」彼女はそう打ち明けた。「あそこにいたわたしは本物のヨラでした。わたしは歴史の一部でした。障害を乗り越え、独創的な解決法を見つけ、能力の限界まで自分をためし、そしてもちろん、祖国のために尽くすとはどういうことかを学びました」

ダニー・リモールはそれを数語にまとめた。「ヨラがいなければ実現しなかっただろう」

第五部　アライザ・マゲンと仲間たち

第十七章　アライザ、ライロン、サイジェル、リナ

ガラスの天井を破った女の子

時が過ぎるにつれ、アライザ・マゲンはもっと責任ある地位につきたいと思うようになった。一九七五年、新しくモサド長官となったイツハク（ハカ）・ホフィに会いにいくと、ホフィは冗談半分で言った。「インフルエンザのワクチンを打ったばかりで身体に力が入らない。いまなら欲しいものが手に入るぞ」彼女は、西ヨーロッパのモサド支部の支部長としてドイツで活動したいと要求した。その願いはかなった。

二年後、その地位を友人のリンダ・アブラハミに譲った彼女は、情報員を統括する〝ツォメット〟（〝十字路〟）のヨーロッパ現地本部副部長に任じられ、その後すぐに――ツォメットの部長となった。これまでと同様に、アライザはその職についた初めての女性となった。その人選に批判もあった。アラブ人スパイのスカウトが主な職務だが、アラブ人社会では、男は女の命令や指示を受けたがらないからだ。だが〝リズヘン〟はその障害を乗り越えた。彼女はヨーロッパやアラブ諸国でスパイを勧誘し、さまざまな偽名で敵国の大都市を頻繁に訪れた。

彼女は友人宅で、魅力的なツアーガイドのアブラハム・ハレビイと出会った。その友人はアブラハムに、彼女の職務は話さず、勤め先のことだけ簡単に説明した。二人は結婚した。夫は彼女の生活に

合わせて、妻がヨーロッパにいるときは、彼もヨーロッパのほかの国で仕事をした。夫妻は週末を一緒に過ごし、週日はまた別々に暮らした。アブラハムは二〇一一年に他界した。

ツォメットのあと、アライザは国家安全保障大学で〝素晴らしい一年〟を過ごした。一九九〇年、モサドへ戻って人事部長に任じられた彼女は、かなりの数の女性を上の地位に昇格させた。モサドでできることはほぼやり尽くしたので引退するときが来たと彼女は決心した。ところが、シャブタイ・シャビット長官に会いにいくと、とうてい断われない申し出が持ちかけられた。作戦調整部長となり、これまで女性が昇ったことのない地位に――長官に次ぐモサド副長官――につけというのだ。最高のモサド工作員のうちでもごくわずかだけが夢に見る地位である。そして彼女は、そのレベルに到達した初めての――現在まで唯一の女性だった。彼女も、モサドの同僚たちも、その任命を〝ガラスの天井を破る〟ものではなく、しごく当然の昇進とみなした。

新しい地位についたあとも、アライザはモサドの女たちに目をかけ続けた。執務室にやってきた非常に優秀な若い工作員のミルラ・ガルに対し、アライザは開口一番に質問した。「あなたはタフガイの一群を指揮できるかしら?」

ミルラは肩をすくめた。「いかなる支障もありません」

しばらくのち、ミルラを支部長に抜擢しようと考えたアライザは、またそれと同じ質問を投げかけた――そして同じ答えが返ってきた……期待どおりミルラは抜群の働きを見せ、もっと上の地位に出世した。

アライザは、その後さらに長官二人――ダニー・ヤトムとエフライム・ハレビイ――の下で副長官を務め、いわゆる〝アトムスパイ〟（第十八章参照）モルデカイ・バヌヌ逮捕を目的とした有名な〝カニウク〟作戦を含む数百の作戦に関与した。

三十九年勤めたのち、アライザは退職した。シルビア・ラファエルやヤエル・エリカやリナたちと同じく、ふつうの家庭を持ち、子どもを育てるという夢はあきらめた。のちに彼女は率直に認めている。「わたしが若いころは、上級の地位につく女性は多くなかった。モサドがそれに反対していたのではなく、職務に伴う危険を女たちが受け入れようとしなかったからよ。（それどころか）モサドは、男に適さない場所に女なら行けるとわかっていたので、つねに女をさがしていた。女が不足していたのは、女が家庭と子どもを優先した結果だった」

引退してからのアライザは、家族と姪の子たちに愛情をそそぎ、新しく見つけた趣味――ゴルフに打ち込んだ。

モサドを去ったあとも長きにわたって、彼女の卓越した情報収集活動についてモサド高官たちの称賛は絶えなかった。彼女は、国外の、しばしば華やかな大都市での任務のために五つ星ホテルに滞在し、高級な衣類を身に着け、一流レストランで打ち合わせをする工作員たちの葛藤も理解していた。アドレナリンをあふれさせて帰国した工作員は、質素な生活と、退屈でときにはもどかしい日常に戻らなければならない。そうした大きな落差のことを、彼女はしばしば口にしていた。

のちにモサド副長官となるイラン・ミズラヒは、ヨーロッパでの任務を成功させ、大得意になって帰ってきたときにアライザに言われたことをよく覚えている。「イラン、あなたは任務で外国へ行って、帰ってくるたびにこうするのよ。バスルームへ入り、鏡の前に立ってこう言うの。『私はギバタイム（テルアビブ近郊の労働者の街）出身のイランだ』って」

アライザは、モサドで女性たちの地位向上のために力を尽くしていることを誇りに思っていた。ツォメット、ケシェット、カエサレアの各部隊で驚くべき成果を上げた若い世代のアマゾンたちを監督指導したのも彼女だった。

ある晩、アラブ国の一都市にあるバグダディ家の邸宅で電話が鳴った。ニハル・バグダディ（仮名）が受話器を取った。かけてきたのは特徴的な英語を話す女性だった。その女性、クラウディア（仮名）は、いまヨーロッパである国際会議の準備をしており、フェミニスト雑誌を創刊しようとしているると話した。ニハルはクラウディアに、その雑誌と内容についての詳細を電子メールで送ってほしいと頼んだ。

「ひょっとしてヨーロッパに来ることはありますか？」クラウディアが尋ねた。

「ええ、ときどき」

「よかった、お会いできそうですね」

ニハルはクラウディアに電子メールのアドレスを教えて電話を切った。夫と三人の子を持ち社交好きで知られたニハルは、筋金入りのフェミニストだった。街の大学活動に参加しており、政府とも密接なつながりがあった。ある国際会議に出席して帰ってきたばかりだった。

その後、クラウディアとニハルはメールをやりとりし、電話でいろいろと話してとても親しくなった。その年の九月、ニハルがヨーロッパで開催されるブックフェアに来たついでに、クラウディアと会った。二人はさらに親密になり、ニハルはクラウディアに、ダマスカスに愛人がいることまで打ち明けた。クラウディアはクラウディアではなく、モサドの情報士官の〝サイジェル〟であり、サイジェルが新しい役職について初めての任務がニハルに近づくことだったのを、もちろんニハルは知らなかった。

きれいで聡明で大胆なサイジェルは農場で生まれ育った。「馬に引かせた荷馬車でもバックギアのトラクターでも操縦できるわ」と友人たちに自慢した。青年組織で数年活動し、軍情報局アマンで兵役を終えたころ、モサドから電話連絡が入った。モサドは秘書として入局しないかと誘ったが、彼女は拒否した。彼女は大学へ戻り、心理学および哲学で学位を取得した。二年後、モサドは再び電話をかけて誘ったが、彼女はまた拒否した。「いま博士論文を書いているのです。博士課程はあと一年残っています」と言う彼女に、モサドの募集官は言った。「では、それを終えてから来ればいい」彼女は博士論文を書き終えたあと、モサドに入った。基礎訓練は厳しかった。同じころ、外国で博士課程修了後の研究をやってみないかと誘われて、モサドの訓練は不合格だろうと思った彼女は喜んで応じた。ところが驚いたことに合格した。

そのころ、シャブタイ・シャビットがモサド長官となった。「女性を訓練してカッツァにしてはどうだろう?」長官は側近に言った。カッツァとは〝情報収集官〟を意味する語である。古株たちは、それがうまくいかない理由――カッツァがやりとりするイスラム教徒の情報員は、女に監督されるのをいやがる、など――を説明したが、シャビットは言いだしたら引かない頑固者だった。そしてサイジェルはスパイによる諜報《ヒューミント》活動訓練課程を経て、モサド史上初のカッツァとなった。

ニハルの件のあと、彼女は困難かつやりがいのある任務をいくつかこなした。ヨーロッパで、国際原子力機関でサダム・フセイン政府の代表を務める原子力科学者に接近した。美しい彼女に、その男はしつこく言い寄った。彼女が男の信頼を勝ち取れたのは、彼が襟にプラスチックのバラを差しているることに気づいたからだった。次に会ったとき、彼女は本物のバラを襟に差してやった。誘われて夕食につきあったとき、ホテルの彼女の部屋へ入ろうとしたので、彼をロビーへ行かせ、半時間ほどに話した。だが最終的に彼の勧誘に成功した。

〝頭を冷や〟させた。「彼らはヨーロッパに来るとすぐに羽根を伸ばしたがるの」と彼女はある友人に話した。だが最終的に彼の勧誘に成功した。

もう一人の〝対象人物〟は、やはり原子力機関の会議に出席した中東の科学者だった。彼女は入念に準備し、会議のときに〝たまたま〟彼と出会い、彼のことを非常に高く評価していた元大学教授の名前を出した。彼は大喜びした。彼女は原子力研究に興味を持つヨーロッパ人だと自己紹介し、彼を幾度か夕食に招いた。彼女にとって彼は重要な情報源となり、会議の最終日に〝コンサルティング料〟として札束でふくらんだ封筒を手渡した。彼はまごつき困惑しながらも金を受け取った。それが友情の始まりだった。二人は何度か会った。彼は値のつけられないほど貴重な情報を漏らし続け、彼女は子どもたちへのプレゼントや、妻の香水、そして……札束入りの封筒を渡し続けた。彼女は情報業界に携わるヨーロッパ人だと彼は信じきっていた。

予定されていた顔合わせの二、三日前にいきなり、予定をキャンセルするというメールが彼女に送られてきた。そして彼らの関係はぷっつり切れた。極秘で調査すると、別の外国情報部のスパイをしていたある女性研究者がイラン秘密情報部に逮捕されていたことが判明した。サイジェルの友人の男はおじけづき、危険なゲームから手を引いたのだった。

サイジェルの最大の功績は〝代表団の伝道〟だった。ある中東国の代表団がヨーロッパの都市に到着した。任務を終えて帰国したばかりのサイジェルがただちに派遣された。イスラムの代表団が滞在しているホテルに彼女もチェックインした。ロビーに腰をおろし、代表団のメンバーの顔を覚えた。次の日の朝食のときにメンバーに近いテーブルについて、ヨーグルトを食べ、会話をしようとしたが果たせなかった。さらに次の日の朝食のときもやろうとしたができなかった。彼女の任務は失敗に終わろうとしていた。

ある夜、彼女が部屋にいると、明らかに下の階から女の悲鳴が聞こえた。モサドの規則では、そういう場合は部屋から出ることも、当局者や警察とのいかなる接触も禁じられている。だが、彼女は部屋を出て見にいった。通路で、彼女のとなりの部屋の代表団メンバーの一人と会った。「事情を確かめたいんです」と彼女は言い、二人で階段室へ行った。下のフロアの階段室のそばに真っ裸の若い女が立ち、金切り声で泣き叫んでいた。数人の男が集まって、身体を覆いなさいと彼女にタオルを差し出している。サイジェルが女に近づいてもまだ、女は甲高い声でわめき続けた。サイジェルの慰めるような手ぶりにようやく気づいた女が、彼女の部屋まで一緒についてきた。そこで服を着た女が、まだ涙を流しながら話し始めた。彼女はポーランド出身の売春婦だが、客にすべて――車、身分証明書類、有り金全部――盗まれたとサイジェルに話した。サイジェルは彼女を落ち着かせてから、ホテルのフロントへ行き、気の毒な女性を助けてやってほしい、警察に通報してくれとフロント係に頼んだ。そのあと彼女は、警察官と顔を合わせるのを避けるためホテルを出た。この一部始終をモサドの指揮官に報告すると、強く叱責されたものの、翌朝早くホテルに戻ってくると、フロント係主任から大いに感謝された。そして、ホテルからの感謝の印として朝食代はすべて無料にしてくれた。

彼女がダイニングルームに入っていくと、それまで彼女をまったく相手にしなかったイスラム教国代表団のメンバーが立ち上がり、拍手をし、次々と賛辞を浴びせた。何をしている方ですか、と彼らは丁重に尋ねた。ヨーロッパの別の国出身のビジネスウーマンですと彼女は答えた。

「あなたがたは？」彼女は尋ねた。

彼らはある中東国の名をあげた。

「それは素敵ですね」彼女は言い、さらに中東に非常に興味があると付け加えると、その日の夕方にロビーで話しましょうということになった。彼女は化粧をし、黒のミニドレスを着て、ロビーで彼らと落ち合った。数人が彼女のそばの席につき、警察の尋問のように彼女に次々と質問をした。あなたは何者か？　どこに住んでいるのか？　なぜここにいるのか？　どんな仕事をしているのか？　アラブとイスラエルの紛争についてどう思うか？

この男はおそらく公安警察だろうとサイジェルは思った。そして尋問をうまく乗り切った。その男と数人は立ち上がって去り、残った男二人と楽しく話をした。彼らは、国から自慢のおいしいものを持ってきたので部屋に来ないかと誘ったが、彼女は丁重に断わった。

その後数日、彼女は何度か彼らと会った。最初彼らは、知らないうちに外国秘密情報部による勧誘の対象となっていることに、モサドの情報提供者となっていることに気づかなかった。〝ポーランド人売春婦の夜〟をきっかけとしたイスラム教国政府高官の一人とのつながりは、長く実り多いものとなった。


任務をこなすうちに、〝対象人物〟との複雑な結びつきから本物の友情が生まれることがあるとサイジェルは知った。「ある任務の最終報告書に、情報提供者の家族とわたしが築いた特別な関係のことを書きました。わたしは一線を越えたと考えた指揮官もいましたが、メイール・ダガン長官はわかってくれました」

サイジェルは仕事のために私生活を犠牲にしていることはわかっていた。モサドに入ってすぐに結婚し、その後は世界各地を飛びまわっていたので、三人の息子の誕生日を一緒に祝ったことはほとんどなかった。後年、彼女が退職してようやく、息子たちは母親の秘密の過去におぼろげに気づいた。母が家をよく留守にしていた本当の理由を知って、長男は母のことが誇らしくてしかたなかったという。

サイジェルも、多くの同僚と同じく、イスラエルと国外で二重生活を営み、それを楽しんでいた。彼女は自分の任務の重要性をつねに意識し、イスラエルの安全保障に貢献していると考えていた。

「わたしが九十五歳になったら」彼女はある友人に言った。「きっと自分に言えるでしょうね。わたしは偉大なことを成し遂げた小さなグループの一員だと。わたしたちのことが本になるわよ！」

モサドを辞めたあと、サイジェルは大学に戻り、新しい目標に向かって走りだした。誰からも顧みられない貧困地区の学校で教えることだ。ときどきモサドの〝予備役〟として国外の任務に派遣されるのだが、そのときやや面倒なことになる。「モサドの任務があるので二、三日学校を休みますって、大学のアラブ人教授に言える？」


女が作戦実行班に加わってまだ間もないころには、乗り越えなくてはならない壁がたくさんあった。おもに心理的なものだ――指揮官や工作員は、男と同等に女が大胆で複雑な職務を遂行できるとは容易に信じなかった。だが徐々に、女には落ち着きと勇気と専門技術を解する能力、演技力、知識、臨機応変の才があるとわかってきた。おまけに、ときには作戦そのものに危険をもたらしかねない〝男らしさの誇示〟とは無縁だった。

オーナ・サンドラーという女性工作員は任務中に、男とくらべて女は細部の認識に長けていることに気づいた。彼女は、ヨーロッパのある都市のPLO事務所を監視し、到着する密使らを尾行する班の一員だった。あるとき、一組のカップルがバスで到着した。優美な長いワンピースを着たきれいなアメリカ人女性と、顎ひげを生やした若い男だ。男は立ち止まって、湾曲したパイプに火をつけた。その二人は確かにPLO事務所へ入り、長いあいだそこから出てこなかった。

情報源の報告によれば、PLO高官との会談を終えた二人は空港へやってくるということだった。サンドラーの班は空港で散開して二人を待ったが、若いカップルは現われなかった。空港カウンターにやってきたカップルは、身なりのだらしない見苦しい女と高齢男性の一組だけだった。そのカップルは無関係だと工作員らは考えた。任務は失敗だったと班のメンバーはあきらめかけた。その場を去ろうとしたとき、老人がポケットに片手を突っ込んで取り出した湾曲したパイプにサンドラーの目が留まった……。

モサドで活動する女のもう一つの壁は身体的なものだった。一九五〇年代、子を生みたい女性は、モサドに入ることに二の足を踏んだ。当時、女性は一定の期間は結婚せず、子どもを産まないという決まりを守らなければならなかった。かつて二人の女工作員が存在した——ミルラ・ガルとツィピ・リブニはモサドの実戦訓練課程をみごとに卒業し、補助的任務を開始した。だがリブニは母親になることをあきらめられず、モサドを辞めた。ミルラ・ガルは、子を産みませんと明記された誓約書にサインしなかった。彼女は結婚して二人の子をもうけ、しかも最高のモサド・アマゾンの一人となった（リブニは政治家に転身し、エフード・オルメルト内閣で副首相となった）。

そうした厳格なやり方は長くは続かず、七〇年代に入ってからは、子を持たないアマゾンは、モサドに一生を捧げたいと考える女だけになった。リロンやサイジェルや、その世代の多くのアマゾンと同じく、オーナ・サンドラーはモサドで働きながら娘二人をもうけた。

しかし、モサドで働く人生は大きな代償ももたらした。サンドラーの家はパリにあったものの、オランダ企業の社員という偽の身分で活動していたので、ベルギーのブリュッセルにもアパートメントを借りていた。毎月曜日にパリの自宅を出てアムステルダム行きの高速列車に乗り、週末に戻ってくる。彼女の夫が娘たちの面倒をみていた。だが二人の娘は母親の留守をひどく寂しがった。しばらくは母親が不倫をしていて、週日は愛人と過ごしているのではないかと疑っていた。娘たちの不満を聞き、娘の片方から送られた胸が痛むような手紙を読んだ彼女は列車の中で号泣し、イスラエルへ戻って普通の生活を送ろうと決心した。サンドラーはのちに、モサドの調査・訓練・立案部門に再就職した。

リナ（仮名）というアマゾンは長年結婚しなかった。すらりとしてひときわ美しく、青い目を持つ彼女は、勇気と落ち着きと創意工夫のセンスで知られていた。六カ国語を話し、生まれついての役者の才がある。「その美しさが、秘密業務の障害にならないの？」どこへ行っても人目を引く彼女に友人が尋ねた。「自分の美をコントロールするのよ」彼女は答えた。「自分が望めば、美女はネズミになれる」

リナが結婚したのはかなり遅かった。とはいえ、ごく普通の家庭生活はかなわなかった。ケシェットの好結果を出した作戦の多くに彼女の足跡が見られる。空振りに終わった作戦のひとつは、強制収容所の収容者たちから〝死の天使〟と呼ばれた戦争犯罪者のヨーゼフ・メンゲレ博士の捜索だった。リナは歴戦の工作員であるダニー（仮名）と共に、父親との関係を密かに保持していたメンゲレの息子ロルフを追った。リナとダニーは、ドイツはフライブルクにあるロルフの事務所のデスクに盗聴装置を仕掛けた。ところがその後すぐに、ロルフはベルリンへ移ってしまった。彼を追った二人は、再びデスクに盗聴装置を仕掛け、父子両方の誕生日である三月十六日に父親が電話してくることを願った。しかし電話はなく、任務は実を結ばなかった。二人がロルフをつけまわしていたころ、父親はブラジルのサンパウロのビーチで海水浴中に脳卒中で死んでいたことが、数年後に明らかになった。

元モサド副長官のラム・ベンバラクは、ヨーロッパの一都市でリナと組んで行なった任務のことを覚えている。「重要な資料が保管されている事務所へ侵入した。突然、近づいてくる警備員の足音が聞こえた。作業を終えるまであと数秒必要だった。神経がすり減り、汗が噴き出した。リナは私に声をかけ、ハンカチを出して顔の汗をぬぐってくれた。彼女は冷静に、自信たっぷりに私にささやいた。『大丈夫よ、そのまま続けて、あなたならできる！』そうした冷静沈着さこそ任務に欠くことのできないものだ。私は作業を続け、任務は成功した」

非常に用心深いリナは一度も捕まったことがなかった。モサドの最悪の敵は、あらゆる都市の〝三階に住む老女〟だと彼女は主張する。「老女は不眠の傾向がある」リナは言った。「だから毎夜、窓辺に座って外を眺めているので、夜の光景のわずかな変化にも気づく。街中をうろつく怪しい人影に気づいて警察に通報するのはそういう老女よ」確かにそういうことが何度もあった。リナは、任務に出発する若い工作員に警告を発し続けた。「三階に住むおばあさんに気をつけなさい！」

リナは出世して部長となり、同僚からモサドの〝大御所〟とみなされた。そして将軍の階級で引退した。他の退役軍人と共に、現在はエチオピアのユダヤ人社会でボランティアとして仕事に打ち込んでいる。

「わたしは任務が大好きだった」彼女はモサドの仕事を再開した。「それに国のために何かしたかった。だから、これをできてとても満足しているわ」


時を経て、女性の私生活に関する制約はすべて撤廃され、何の負い目もなく家庭を持ち、子どもを育てられるようになった。数字がすべてを物語っている。この数年、作戦実行班の人員の四十から五十パーセントを女性が占め、その女性たちは、テログループ指導者や対イスラエルを想定して兵器開発に取り組む専門家の暗殺を含めて全任務に関与した。

モサドの悪名高い作戦により、ハマス指導者のマームード・アル＝マブフーフはドバイで殺された。ガザのハマスとイランの革命防衛隊とのあいだを取り持っていた男だ。ドバイでマブフーフに死をもたらしたモサドの作戦に、アマゾンも大勢参加した。

しかし、モサドがマブフーフ殺害を試みたのはそれが初めてではなかった。その作戦の二、三カ月前、カエサレアの作戦チームがドバイに到着し、あるホテルにいたマブフーフを発見した。ダイニングルームで朝食をとっている彼のテーブルの横をウェイトレスが通り過ぎた。ウェイトレスはモサド工作員だった。彼女はつまずいたふりをして持っていたトレイを床に落とし、中身をぶちまけた。マブフーフはウェイトレスのほうに顔を向け、彼女の足元の割れた皿を見やった。その瞬間、彼の背後を通りかかったカエサレア隊員が、彼のコーヒーに毒を入れた。毒を飲んだマブフーフは、数時間のうちに事切れるはずだった。コーヒーを飲んだ彼は倒れ、二、三日はベッドで過ごした——が死なずに、また任務に復帰した。しばらくのち、別の作戦が実行され、彼はホテルの一室で死亡した。

だが、こうした暗殺任務はモサドの活動のごく小さな一部にすぎない。タミル・パルド長官は、一年間で数千におよぶモサドの作戦のうち、そうした任務は一パーセントに満たないと主張する。「モサドは暗殺組織ではない」とパルドは強調する。

国外の危険な任務に参加することで、男女間でロマンチックな絆が生まれ、少なくない数が結婚して家庭を築いている。イラン・ミズラヒがまだ若い工作員だったころ、現地情報員の監督のために、毎週または隔週で近くの島へ通っていた。ある日、島の入国審査官から尋ねられた。「本当はここで何をしている？　なぜこうも頻繁に来るのか？」ミズラヒはあいまいに答えたが、帰国するとそのことを上官に報告した。そして、画期的な解決法を見つけ出した。「今後は若いアマゾンと一緒に行ってもらう。それぞれ結婚している二人が不倫していて、週末に一緒に過ごすために島に行くという名目にする」ミズラヒが〝組んだ〟のは、魅力的なアマゾンにしてモサド元副長官ヤーコフ・カロスの娘であるマイカルだった。その任務をきっかけに二人のあいだで本物の愛情が芽生え、そして結婚した。

アライザ・マゲンが退職を考えていたころ、モサド幹部は、その後任にふさわしい人物をさがしはじめた。やがて、若いアマゾン、リロンが〝ケシェット〟隊員としての初期の任務で見せた働きに目を留めた。彼女の任務は、隠遁したフランス人でイスラム教過激派との関係を疑われているジャック・トゥルノンの自宅の鍵を入手することだった。国境そばの彼の自宅に侵入しようとした過去の試みはすべて失敗した。リロンともう一人のアマゾンに課せられた使命は、鍵を手に入れ、屋内の写真と見取り図を持ち帰ることだった。

一九九四年の風の吹き荒れる冬の夜、魅力的だがひどく取り乱した若い女二人が、人里離れた場所にあるトゥルノンの家のドアをノックした。自分たちは観光客で、近くの道路で車がパンクして動かなくなったとあやしいフランス語で訴えた。タイヤの交換方法がわからない。手を貸してもらえませんか？　トゥルノンは迷ったものの、最後には困っている女性二人を助けることを承諾した。彼は家を出てドアに錠をかけ、女二人とともに街道へ向かった。携帯電話で近所に住む友人に電話をかけ、手を貸してくれと頼んだ。

男二人がスペアタイヤで作業していたとき、女のひとりが不安そうな声で言った。トイレに行きたい……。

トゥルノンはわかったというしかなかった。家の鍵をその女に渡し、トイレの場所を細かく説明した。女は家まで走り、ドアの錠をあけ、中へはいるやいなや、ハンドバッグから鍵を複製する小型装置を取り出した。そして室内の写真を撮った。トゥルノンが家に戻ってこないことを祈りながら、部屋から部屋へあわただしく移動してカメラのシャッターを押していった。

ところが彼が戻ってきた。突然、外から足音と、彼女の友人に話しかけるトゥルノンのいらだった声が聞こえた。「何をしている？　いつまで中にいるんだ？」別の男の声も聞こえた。気分を害しているようだ。

　リロンはこれまでだと思った。だが、友人が女性なりの身体のしくみにこじつけた理由を思いついたおかげで数秒稼げた。彼女は作業を終え、トゥルノンに鍵を返して外へ出た。二人の男はタイヤを修理し終えていた。二人に丁寧に礼を言ってから、女たちは車を走らせた。任務は成功した。数日後、別の班が鍵と写真を利用して気づかれずにトゥルノンの家へ侵入した。

　それがリロンの最初の試練だった。


　二十歳のリロンは、かの有名なＩＤＦの第八二〇〇信号情報収集《シギント》部隊で兵役を勤めた。モサドの入門訓練を受けた候補生のなかでは最年少だった。彼女にとって、その訓練は非常にむずかしく、脱落するかもしれないと思ったこともあった。彼女は施設の給湯所でコーヒーを淹れながら、じっくり考えた。「どうすればいいの？　わたしは辞めたい。よし、そうしよう。でもそのあと思った。『リロン、本当に辞めたいの？　もし全員が辞めたら、だれが国を守るの？　全員がシオニズムを信じて自分の意志でここにいるんじゃないの？』」

　彼女は踏みとどまり、合格した。九カ月間の訓練の終わりに〝任命式〟があった。ある同期生の名と所属部隊が読み上げられた。「ケシェット」

「ケシェットですって」彼女は思った。「わあ、怖い！　すごく危険そうな感じ。よかった、わたしはそこじゃないわ」十五分後、彼女の名前が読み上げられた。「リロン」——そして所属部隊はケシェット！

　彼女は不安だったがそれを克服した。そして〝フランス人の鍵〟任務を終えたあと、彼女が〝高揚のアドレナリン〟と呼ぶ、血液中を流れるアドレナリンを感じるようになった。彼女はスリルを楽しんだ。「確かに恐怖を感じるときはある」国外での危険な任務遂行中の感情を彼女は説明した。「捕まるかもしれない！　でも、恐怖は『チャレンジのためのアドレナリン』みたいなもので、不可能なことを成し遂げる力になる。任務の最中にふと立ち止まって、外側から任務を見るのよ。

　優秀なモサド工作員としての資質はなんだろうってよく考えるわ。人間的魅力、情緒の安定、冷静さ――でも、冒険好きという要素も必要よ。冒険の要素がなければ、わたしはここにはいなかったでしょうね」

　こうして彼女の〝ケシェット〟での華やかな生活が始まった。次から次へと任務をこなし、国際便に乗り、外国人名のパスポートで入国する。ホテル、チームワーク、身のほど知らずの責任感、明確だが状況に伴って突然変わることもある目標……イスラエルの現実世界と任務から生まれた世界という二つの世界で生きることを彼女は学んだ。「外国の空港に着陸する前に、機内で自分の新しい身元のことを考えるの。毎朝、どこかのホテルで目をさますと、自分に呼びかける――わたしはここで何をしているのか？　二、三の作戦を同時進行していることもあるので、朝目覚めたとき、どこにいるか思い出せないときもある……。

　それに掟もある。ホテルにチェックインする前や、どこかの国の入国審査の前に、わたしは立ち止まって考えることにしてる。『あわてるな！　わたしは誰？　わたしの名前は？　誕生日はいつ？　あわてるな！』」

　あるとき、機内で客室乗務員が微笑みながら近づいてきて、彼女にシャンパンのグラスを手渡した。

「おめでとうございます！」

「何のお祝い？」驚いた彼女は尋ねた。その日が自分の本当の誕生日なのを忘れていたのだ。

　〝ケシェット〟が毎月、多くの作戦を手がけていることは知っていた。一度、ヨーロッパの大都市で、モサドの男女の工作員が完全にタイミングを合わせて、異なる六カ所の交差点に〝動かない〟車を一分間放置し、そのおかげで現地の警察車に見つかることなく、イラクの出先機関である事務所に別のチームが侵入できたことがあった。

重大局面も覚えている。重要な〝対象人物〟との関係の構築をめざすヨーロッパでの任務に参加した。ところが、現地情報部も同じ人物に、同じ場所で同時刻にコンタクトしようとしていたことが突如として判明した。対象人物の近くに〝ケシェット〟がいれば現地人との小競り合いになり、逮捕されかねない。モサド工作員はその場を離れ、ただちにその国を出た。

彼女の最も重要な任務の中に、アフリカ大陸のある都市で行なわれたものがある。さるアラブ国の代表団がその地に到着したというので、男性工作員一名とともに急遽彼女が派遣された。空港に降り立った二人は、その国についてイスラム教国という以外は何も知らなかった。どこに滞在するかも、持ち込める金額も、入国審査官の質問になんと答えればよいかもわからなかった。「名前は？　入国の理由は？」さらにホテルや街中でも質問攻めにあった。「どこへ行く？　なぜ？　誰に会いにいく？」アフリカの都市を白人二人がうろついていれば人目を引いて当然だ。現地人は彼らがいつどこにいて、何をし、どこに滞在しているかすべて知っている。

数日が過ぎても何の進展もなかった。いつなんどき、アラブ代表団が帰国してもおかしくなかった。それなのに、二人はまだ接触すらしていない。

リロンは行動に出た。代表団がどこのホテルに宿泊しているか突きとめると、彼女はそのホテルへ入っていき、上階の部屋を見せてくれと頼んだ。フロント係の案内で部屋を見ていると、隣室のドアが開いて、代表団のメンバー一名が出てきた。対象人物の近辺でアマゾンが一人きりでいてはならないという厳しい命令に反して、リロンはすぐにその部屋を確保した。

それで正解だった。彼女とモサドのパートナーは偶然に見せかけてホテルのロビーで落ち合った。そして、代表団の書類を入手するための計画を練った。その後三週間、リロンは一人でホテルに滞在するしかなかった。その間ホテルの従業員は彼女を監視し、現地人や外国人宿泊客は彼女を誘惑しようとし、警察はどこまでもつけまわしてきた。夜は〝対象人物〟と取り残された。ある晩、彼女がロビーに座っていると、周囲で大騒ぎが始まり、代表団のメンバーと大勢の現地人たちが、声を限りに叫びながら踊りだした。「最も偉大なるアッラー《アッラーフ・アクバル》よ！　イスラムは勝利する！」

毎日、老朽化した刑務所のそばを通るたびに彼女は自分に言い聞かせた。「ここに入ることになれば——二度と出られない」

しかし、ついに彼女は代表団の正しいメンバーとコンタクトを取ることに成功した。彼女と到着したばかりのチームは代表団の部屋に侵入し、必要なものをすべて入手した。彼女があげた成果に、指揮官たちは大いに感心した。だが、その後彼女は、執念深い敵に追いかけられて命からがら逃げまわるという夢にうなされた。

そうはいっても、彼女は仕事が好きだった。すぐれた頭脳を持つ最高の人間がモサドで働いていると思った。また彼女は金曜日の夜、モサド・アマゾンたちとテルアビブのディスコで遊ぶのが大好きだった。ダンスの相手は誰も、彼女たちの本業は〝国防関係〟だとは知らなかった。

リロンは任務をこなすうちに、美しく知的な女性には男性工作員以上の強みがあることを発見した。考え方も違うことに気づいた。「男より非力な女は、その分知力が頼りです。女の考え方と男の力を組み合わせればすばらしい能力が生まれ、やろうと思えばなんでもできます」

「リロン、いますぐ空港へ向かえ！」真夜中すぎに電話をかけてきた相手の声はひどくせっぱつまっていた。二、三時間後、彼女はヨーロッパのドイツ語圏の都市に到着した。チームも到着した。出発前に任務の説明を受けた彼女は、任務の成否は今後一時間ほどの彼女の行動にかかっていると自覚した。入国審査を終えると手荷物引き渡し場へ急行し、回転式コンベアのそばで待っている対象人物を発見した。いよいよ彼女の出番だ。

当時モサドは、対立するアジアの国を頻繁に訪れていたエジプト人将軍を追跡していた。彼はそこで何をしているのか？　その答えをさぐる試みはすべて失敗に終わった。将軍のアタッシュケースにどんな書類が入っているのかさえわからなかった。二〇一七年のある日、情報提供者からモサド本部にごく短いメッセージが送られてきた。将軍はカイロへの帰路についた。ヨーロッパの都市へ飛び、空港ホテルで一泊する予定。

モサドのチームはその都市へ行き、空港内に散らばった。将軍がホテルにチェックインし自室へ引き取ってしまうと、アタッシュケースには手が届かず、任務は失敗だ。つまり将軍がホテルに入る前に接触しなければならない。数分の勝負だ。彼らの唯一の希望はリロンだった。

ターミナルから出てきて、隣接する空港ホテルに向かった将軍は、同じ方向に歩きながら涙を流しているきれいな女に気づいた。将軍は丁重に話しかけ、大丈夫ですかと尋ねた。女は首を振り、ようやくのことで言った。「いいえ！」さめざめと泣きながら、長年同居していた恋人に捨てられたと話した。彼女は恋人に会いに来たのに、そこで待っていた彼から、もう二度と会いたくない、これで終わりだと言われた。彼女はいま、一人ぼっちで絶望的な気分だ。

善人の将軍は気の毒な女性を助けてやりたいと思った。それに、彼女は魅力的だった。同じホテルに滞在すると聞くと、ホテルの階下にあるバーで一杯飲んで話しませんかと誘った。彼女は迷っていたが、最後には同意した。

二人はホテルに到着し、チェックインしてから、部屋へ荷物を置きにいった。半時間後、二人はバーで落ち合い、飲み物と軽食を注文した。二人がそこにいるあいだに、工作員数人が将軍の部屋へ忍び込み、書類を見つけて撮影した。約一時間後、若い女は落ち着きを取り戻し、部屋へ戻った将軍は、留守のあいだに何者かが忍び込んだことに気づきもしなかった。

テルアビブでモサドの分析官が写真を検討し、将軍がそのアジアの国で権限のない違法な活動、つまり禁止された兵器の秘密開発計画に関与していることを突きとめた。兵器開発を知った西側大国がその計画を妨害し、計画は挫折した。

リロンが参加した作戦は全部で百四十六に及んだ。そして二十九歳で、女性として初めて作戦実行班の班長に指名された。班長として初めて臨んだ会議で、ＩＤＦ情報部や第八二〇〇部隊や他の部門の代表者は、この若い女性が班長だとは思いもせず、その存在に戸惑った。だが、モサド幹部は彼女に味方した。「モサドでわたしは隕石のように空高くを飛んだ」のちに彼女は語った。「モサドにいるあいだずっと力強い支援を受けた。昇進したいと口にしたこともなかった。なにもかもが楽しかった」部長のアビと、シャブタイ・シャビット、ダニー・ヤトム、エフライム・ハレビイ、メイール・ダガン、タミル・パルドなど歴代の長官と、副長官のラム・ベンバラク、将来長官となるヨシ・コーヘンが彼女を全面的に支援した。リロンが結婚したとき、長官全員が婚礼に出席した。オルメルト首相は、自分が出席して彼女の秘密をばらしたくなかったので、式の前に美容室にいた彼女に〝おめで《マゼル》とう《トフ》〟の電話を入れた。

リロンは三十三歳で結婚し、ハーバード大学院への入学を認められたが、イスラエルに残ることを選んだ。出産および研究の休暇中の彼女に、メイール・ダガン長官が電話をし、信号情報収集《シギント》の作戦部門をまかせたいと申し出た。彼女にはとても断われなかった。〝すばらしい〟職だったからだ。三年後、彼女は少将に等しい地位に昇進した。

だが、そのあいだに三人の子どもが生まれた。また〝わたしの目のきらめきは消えてしまった〟。結婚から九年後、彼女はモサドを退職した。初の女性長官になれる人材とみなしていた同僚の多くが、それを聞いてがっかりしたという。

第十八章　シンディ
ハニーなしのハニートラップ

一九八六年九月、ロンドン。

彼が彼女を見かけたのは、気持ちよい九月のロンドンに押し寄せた観光客でいっぱいのレスタースクエアだった。新聞販売スタンドの前に立つ美しくすらりとしたブロンドの彼女は、テレビ番組の〈チャーリーズ・エンジェル〉に出ていたファラ・フォーセットを思わせた。あでやかで天使のようだと彼は思った。ずっと目を離せずにいると彼女が振り向き、二人の目が合った。彼女はなんとなく恥ずかしそうに微笑み、彼は微笑み返した。その視線のやりとりが彼女に大きな成功をもたらす――が、彼女の人生を破滅させることにもなるとは思いもしなかった。

最初、彼はその場を去ろうとした。彼女が自分のほうを見るとは思っていなかった。彼は陰気で痩せこけ、はげかかっていた。だが彼は足を止め、勇気をかき集めて戻った。丁寧に礼儀正しく話しかけて名前を尋ねると、彼女は笑顔で答えてくれた。「シンディよ」質問を続けると、フィラデルフィアで美容師をしていて、これが初めてのヨーロッパ旅行だと言う。近くのカフェで何か飲まないかという誘いに彼女は乗った。二人のおしゃべりは楽しくくつろいだものだったが、彼はふと疑いを抱き、「きみはモサドか？」と尋ねた。

「まさか、違うわ」彼女はくすくす笑った。「ぜんぜん。モサドって何？」

そのあと彼女が訊いた。「あなたの名前は？」

「ジョージ」彼は答えた。それは彼がホテルで使用した名前だった。

彼女はおもしろがるような目で彼を見た。「ねえ」彼女はくっくと笑いながら言った。「あなたはジョージじゃないでしょ」

彼女は本気で言っていたのだった。


男の名はモルデカイ・バヌヌであることを彼女は知っていた。ハンドバッグに彼の写真すら入っていた。また、モサドのお尋ね者である彼を、どんな犠牲を払っても捕まえろという命令を受けていた。彼女は〝シンディ〟ではなく、カエサレア・アマゾンのシェリル・ハニン＝ベントフだった。バヌヌがロンドンにいることが判明してすぐ、仲間と共に急ぎロンドンに派遣されたのだ。

〝シンディ〟はアメリカのフロリダ州で生まれた。父親のスタンリー・ハニンは自動車のタイヤ業で財産を築いた。オーランドーで育った彼女は、一九七七年に両親が離婚したのち、イスラエルへ移住してＩＤＦに入り、そこで夫となる情報士官のオファ・ベントフと出会った。二人は一九八五年に結婚し、テルアビブの北にある海辺の街ネタニヤに居を構えた。

婚礼の前に、彼女はモサドに呼び出されて面談を受けた。彼女は高いＩＱ（知能指数）に恵まれ、英語を母語とし、意欲は高かった。この三つの理由により、モサドはこの女性に注目した。マイク・ハラリが短期間だけモサドに戻っていたが、シェリルの勧誘に関してはごく小さな役割を果たしただけだった。彼女は二年間の訓練を受け、見事試験に合格してカエサレアに入隊した。初めて参加したのは、モルデカイ・バヌヌの拉致を目的とする〝カニウク作戦〟だった。

ロンドンでカエサレアの仲間と合流する前に、居場所を突きとめて拉致しなければならない人物について説明を受けた。イスラエルの最高機密にして最大の防護を誇るディモナ原子炉の元技術者であるイスラエル人のモルデカイ・バヌヌだ。

一九六〇年代から外国政府やスパイやジャーナリストらが、ネゲブ砂漠にあるディモナ原子炉の秘密を明かそうとしてきた。イスラエルはこの原子炉を使用して核兵器を製造しているという噂が途絶えなかった。

一九八六年九月になって突然、重大な保安条項違反が起きていたことをモサドは知った。最高機密のディモナ第二施設で働いていた元技術者のバヌヌが、核施設の秘密の証拠となる写真を持ってイスラエルを出国した。オーストラリアにしばらく滞在し、キリスト教に改宗したのち、バヌヌは写真と共にロンドンへ渡った。《サンデー・タイムズ》紙は、十万アメリカドルという頭金と、世界の他のメディア、おそらくはロバート・デニーロがバヌヌを演じることになるハリウッド映画などの権利販売手数料を約束して彼を籠絡した。首相からナフーム・アドモニ長官に、どんな犠牲を払ってもバヌヌをイスラエルへ連れ戻せという指示が出ていた。バヌヌは金のために祖国を裏切ろうとしている。

〝シンディ〟は、副長官のシャブタイ・シャビットが作戦を監督することを知って、自分の任務の重要性を認識した。シャビットは、カエサレアのベニ・ゼービ隊長を〝カニウク〟正指揮官に任命した。ゼービは、これまで多くの危険な作戦や、ヨーロッパでの〝神の怒り〟作戦に参加してきたモサドの伝説的人物だった。

シンディは、ロンドンのバヌヌの居場所を突きとめるための捜索班に加わった。ある班は、抗議行動でストをする《サンデー・タイムズ》新聞社の印刷工たちを撮影するテレビ局員を装った。二日後、彼らは、新聞社の社屋へ入っていくバヌヌの写真を撮った。他の班は、アイヒマンを捕獲したツビ・

マルキン考案の〝しらみつぶし〟法に則って行動した。対象人物が訪れそうな地域をしらみつぶしに調べておき、各所で彼を待ち伏せするのだ。尾行を撒くことはできても、待ち伏せしている連中を特定することはできない。シンディは、一九八六年九月二十四日にロンドン中心部のレスタースクエアで待機することになった。彼女が命じられたのは、バヌヌと接触することではなく、彼を尾行することだった。だがバヌヌは彼女を見て気に入り、話しかけてきた——そしてそれが形勢を一変させた。その瞬間から、モサドの作戦はあらかじめ計画されていたものとはまったく異なる方向へ進みはじめた。シンディは、思ってもいなかった役を演じることになった。

レスタースクエアで出会ってからというもの、バヌヌはシンディを離さなかった。彼は孤独で寂しく、女性との付き合いと愛情を心から欲しており、シンディは天のたまものだった。二人はコーヒーを飲んでからソーホーをぶらぶら歩き、またカフェに入った。だんだん彼は心を開き、自分のことを話すようになった。本名を明かし、自分はイスラエル人で、ロンドンに来たのは《サンデー・タイムズ》紙とディモナの秘密に関する契約をまとめるためだと話した。

この男は、彼女の愛する国の重要な秘密を売ろうとしている国賊だ。が、自分が感じている嫌悪感を隠さなければならないこともわかっていた。彼女は、彼が何のことを話しているのかさっぱりわからないし、ディモナという名前も生まれて初めて聞いたというふりをした。にもかかわらず、彼にアメリカに来て、アメリカの新聞社に情報を持ちかければいいとアドバイスした。協力してくれそうな腕のいい弁護士を知っていると付け加えた。彼はその案を断わり、《サンデー・タイムズ》との取り決めにこだわった。彼は緊張し、神経質になっているようだった。最後に彼女をホテルへ送り届けた彼は、翌日もまた会うことを約束してようやく帰っていった。

一人になるとすぐに、シンディは指揮官に報告した。彼女の報告は熱狂の渦を引き起こした。班長たちはただちに計画を変更し、大きなチャンス――シンディとバヌヌの直接的接触――を利用することにした。シンディのおかげで、バヌヌの弱点――孤独感をいだき、女性と親密な関係を築きたがっていること――が判明した。《サンデー・タイムズ》の編集主任たちは、身の安全を守りたいというバヌヌの欲求には気づいていたものの、彼のそうした弱点を理解していなかった。《サンデー・タイムズ》記者のウェンディ・ロビンスは続けて数時間もバヌヌの話を聞き、彼がなにをほしがっているかを理解した。「彼は女性の愛を心から必要としていた」のちに彼女は語った。「そんなときシンディと出会った。もしわたしが彼ともっと親しくしていれば、その穴を埋められたでしょう」モサドはぽっかり空いた穴を見つけ、シンディに命じて関係を発展させた。バヌヌとの親密なつながりを築けとシンディを励ました。

いまやバヌヌ捕獲の道は確実に開けたように見えた。だが、ことはそれほど単純ではなかった。モサドはイギリスでの行動を制限されていたのだ。数カ月前、ドイツ警察がフランクフルトの公衆電話で見つけたブリーフケースにイギリスの偽造パスポート八通が入っていた。ブリーフケースにはイスラエル大使館職員の名札がついていた。その事件はイギリス政府を大いに怒らせ、困惑したモサドはイギリスの主権を害する作戦は実行しないと約束するしかなかった。また、シモン・ペレス首相は、〝鉄の女〟ことマーガレット・サッチャー首相をよく知っていたので、彼女ともめたくなかった。首相から言い含められたアドモニ長官は、バヌヌをイギリス国外へ連れ出す方法をさがせと指示した。それまではシンディに彼をまかせる。

果たして、その後六日間のほとんどをバヌヌはシンディと過ごした。彼はのちに、このころが人生最良の日々だったと語った。シンディと〝モーディ〟は手をつないでロンドンの公園を散歩した。二人は抱き合い、何度もキスした。二人でウディ・アレン監督の『ハンナとその姉妹』やハリソン・フォード主演の『刑事ジョン・ブック　目撃者』などの映画を観にいった。ミュージカルの『42ndストリート』も観たし、シンディは博物館にも彼を連れていった。彼は自分の左翼的な考え方やモロッコ出身であること、だから空軍士官学校に入れず、ディモナ原子炉を解雇されたことを話した。モロッコでの子ども時代や、世界を旅してまわったことなどについても話した。

しかし、影のようにつきまとう彼の不安定さや自信のなさについては一言も話さなかった。昔の彼は信心深いユダヤ正統派で、極右の闘士だったことは話さなかった。その後、急進左派に変節し、エンジニアリングの勉強を始め、専攻を経済学へ、そして哲学へ鞍替えし、最後は大学を中退した。彼は強硬な左翼活動家となった。それでも彼はディモナ原子炉の聖なる館である第二施設で、二千七百人の所員のうちイスラエルの核兵器に関する真実を知るわずか百五十人の技術者と共に働くことを許可された。彼は警備員に気づかれることなく施設内にカメラを持ち込み、実験室が無人になる昼休みに、建物の地階を撮影した。

一九八五年、ディモナで九年間働いたのち、バヌヌは解雇された。だが、彼の解雇は政治活動とは関係なく、ディモナの予算削減によるものだったとは話さなかった。彼は五割増しの退職手当を受け取り、世界を――ギリシア、ロシア、タイ、ネパール――を旅してまわった……ネパールではもう少しで仏教に改宗しそうになったが最後に考えを変え、オーストラリアでキリスト教に改宗した。その間ずっと、ディモナ内部の写真をリュックサックに入れて持ち歩いていた。粗末な宿に保管していた写真のコレクションのことを耳にしたコロンビア人の友人のオスカー・ゲレーロが、新聞社に売れとバヌヌを説き伏せた。オーストラリアの新聞社は彼の話を信じず、彼の申し出を断わったが、ゲレーロが最終的にロンドンの《タイムズ》と話をつけた。ロンドンへ行くころには、バヌヌはおびえ、モサドに追われているとすっかり思い込んでいた。

オーストラリアの新聞社に情報提供を申し出たことが、イスラエルに警報を発することになったのをバヌヌは知らなかった。シドニーの編集主幹の一人がイスラエル大使館にバヌヌが信用できる人物かどうか問い合わせ、大使館から本国へ連絡が行き、その知らせは〝首相クラブ〟――現首相のペレス、元首相のラビンとシャミル――に届いた。原子炉の警備員の恐ろしい怠慢により、技術者が原子炉内の極秘研究室を撮影し、そのフィルムを国外に持ち出したことを知って、三人は仰天した。写真が公開されれば、ディモナでの危険な活動をただちに中止せよという国際的な圧力がかかりかねない。首相の命令で、モサドは人員をオーストラリアへ派遣したが手遅れだった。すでにバヌヌはロンドンで《サンデー・タイムズ》と交渉していたのだ。そして彼はモサド工作員に見つかった。

バヌヌはシンディに、《サンデー・タイムズ》から示された好待遇のことを自慢した。とはいえ、新聞社の編集主幹たちとの話し合いが遅々として進まないことにいらついていると彼は話した。彼らは彼の提供した記事の発表を遅らせ、神経が痛むような細かいことを際限なく質問して彼を悩ませていた。あんな扱いはもううんざりだと彼は言った。自慢話といらいらのほかに、彼の言動に強い不安と緊張が感じられた。彼は《サンデー・タイムズ》と完全に話がまとまるまではひどく張り詰めた精神状態にあることを認めた。イスラエルのモサドにいつ見つかるかわからないからだ。シンディは優しい口調で話しかけ、彼の気持ちを落ち着かせた。

二人は楽しく会話した。だが、バヌヌを興奮させたのはキスだった。彼は金髪の女性を抱きしめてキスをするのをやめなかった。彼女は応じはしたものの、心の底では怒りと嫌悪を感じていた。こんなことをするためにロンドンに来たのではない！　バヌヌのキスとハグは彼女に吐き気を催させ、精神的にも肉体的にも疲弊させた。既婚の愛国者である彼女はいま、自分が忌み嫌う役を演じろと命じられている。しかし彼女は自分の使命を心得ていたから、バヌヌとの関係を維持し発展させろという指揮官の命令に従った。いまやカニウク作戦は、バヌヌとシンディとのロマンチックなつながりに依存していた。

しかしバヌヌはキスだけで満足しなかった。彼女と寝たかった。シンディは断固として拒否した。ホテルの部屋は別の女性とシェアしているから彼を招くことはできないと彼女は言った。「あなたは緊張していらついてる」彼女は何度もそう言い、指揮官が強調した意見を付け加えた。「うまくいかないわ。ロンドンではきっと無理よ」さらにしつこく迫られると、前もって練習しておいたセリフを口にした。「わたしと一緒にローマに行かない？　姉が住んでいるアパートメントがあるの。週末はいつも空いてるのよ……あなたも心配事を全部忘れて楽しめるわ……」彼女も彼と一緒に行きたいと付け加えた。

最初、彼は迷っていた。だが彼女はローマへ行くといって譲らなかった。彼のためにビジネスクラスの航空券さえ購入した。

そして彼は引っかかった。

もう少し道理をわきまえた男であれば、〝色仕掛けのわな《ハニートラップ》〟にはまったことにすぐに気づいただろう。女性工作員が対象男性を誘惑することを意味する秘密情報界の用語である。バヌヌは自分に起きていることを客観的に分析すべきだった。街で女と出会い、女は自分に夢中になり、彼と寝るだけのためにローマへ行く準備をして、航空券まで買ってくれた……ロンドンではだめだと言いながら、ローマでは喜んで寝ると言う……。

まともな男であれば、シンディの発言はひどく怪しいと気づいたはずだ。だがモサドの精神分析家たちはバヌヌがほしがっているものを正確に知っていた。驚くほど美しくセクシーな女性の甘いキスと気をもたせる約束で有頂天になると見抜いていた。

そのころのバヌヌは理性を失っていた。だが《サンデー・タイムズ》のピーター・ヒューナムには間違いなく思慮分別があった。バヌヌからシンディの話を聞いて、なにかおかしいと感じた。そしてバヌヌに彼女に会うなと説いた。だがバヌヌはすでに恋に落ちており、どんなものも彼を思いとどまらせることはできなかった。一度、シンディと落ち合う予定のカフェまで車に乗せていってくれと頼まれたヒューナムは、彼女の姿をちらりと見たことがある。二、三日遠出をすることになったとバヌヌから聞いたヒューナムは、行くなと説得したが無駄だった。彼はバヌヌにイギリスを出ないほうがいいと助言した。だが、シンディと寝るためだけにローマへ行くというバヌヌの腹づもりは、彼の想像を超えていた。

モサドは、バヌヌを捕獲するのに都合のよい場所としてローマを選んだ。モサドとイタリア秘密情報機関ＳＩＳＭＩとの関係は親密だった。モサドのナフーム・アドモニ長官と、ＳＩＳＭＩ長官のフルビオ・マルティニ提督は友人どうしだった。イタリアで伝統的にはびこっていた混乱により、バヌヌがその国で拉致されたことをＳＩＳＭＩは証明できないだろうと思われた。

こうして一九八六年九月三十日、シンディとバヌヌは、英国航空五〇四便ローマ行きに搭乗した。午後九時にレオナルド・ダビンチ空港に着陸した。大きな花束を抱えた魅惑的なイタリア人が待ち構えていて、二人を高級車に乗せた。シンディの姉のアパートメントへ向かう車内でも、二人は抱きあいキスをした。バヌヌは喜びに満ちあふれ、この上なく幸せだった。約束されたベッドに入りたくてしかたなかった。

静かなローマ郊外の小さな家のそばで車が停まった。若い女が玄関のドアを開けた。シンディの姉と称するモサド・アマゾンだった。バヌヌが最初に入った。するといきなり、彼の背後でドアがばたんと閉まり、男二人が飛びかかって彼を床に押し倒した。そのうちの一人は金髪だった。男たちは彼の手足を縛り、女は身をかがめて彼の腕に注射針を差した。彼は気を失った。

意識のないバヌヌを乗せた営業用バンは北へ向かった。バンは数時間走り続けた。バヌヌを誘拐した男二人女一人が彼の横に座っていた。女はバヌヌに鎮静剤を投与し続ける医師だった。しばらくして彼が目を覚ますと、薬剤がまた注入された。

シンディは姿を消した。服務規程により、彼女はただちにイタリアを出てイスラエルへ帰国した。バヌヌはその後一度として彼女に会わなかった。彼を乗せたバンは、ラ・スペツィア港へ到着した。彼はストレッチャーに固定され、高速モーターボートで、イスラエルの貨物船が停泊する外海へ運ばれた。それは、モサドが特別作戦でしばしば使用する船だった。目撃者によると、男二人と女一人は意識不明の男を船内に運び入れた。乗組員は休憩室に入り、そこから出ないよう命じられていた。だが、勤務中の数人が、一等航海士の船室へストレッチャーが運びこまれ、ドアがロックされたのを目撃している。船はただちにイスラエルへ向かって出発した。

バヌヌは小さな船室に閉じ込められていた。シンディは見かけなかった。彼はシンディを心配し、彼女がどうなったか知りたがった。彼女は誘拐班の一員だと言っても彼は信じなかった。彼女はどうなったのかと訊くのをやめなかった。

シンディはイスラエルにいた。一九八六年十月六日、バヌヌがイスラエルへ向かっていたころ、《サンデー・タイムズ》が彼の情報をもとにした記事の連載を開始した。スケッチや写真付きのわかりやすい記事は、これまでのイスラエルの核兵器に対する公式姿勢がでたらめだったことを明らかにした。世界じゅうの専門家はそれまで、イスラエルは十基から二十基の原子爆弾を保有していると考えていた。しかし、バヌヌがもたらした情報によれば、イスラエルは完全な核保有国であり、これまでに少なくとも百五十基から二百基のハイテク兵器を製造していたことが判明した。バヌヌは自分が明らかにしたことにおびえ、イスラエル政府に殺されるのではないかと不安だった。またシンディの身の上も案じていた。

誰もバヌヌを殺害しようとは考えなかった。彼はスパイ行為と反逆罪で禁固十八年の刑を宣告され、そのうちの十一年を独房で過ごした。イスラエルは彼を、国家の最も重要な秘密を金で売った国賊とみなした。だが、国外では彼は裏切り者とはみなされなかった。ヨーロッパやアメリカで彼の名が聞かれるようになり、平和のための勇敢な闘士、自分の命を危険にさらしてまでイスラエルの核開発計画を止めた殉教者とあがめられた。もちろん彼はそういう人間ではなかった。写真を売れば金になるとわかるまで、一年近くもリュックサックに入れっぱなしだった写真の重要性に気づいていなかったのだ。

シンディはどうなったのだろう？　釈放後かなりの年月が経ったあとでも、バヌヌはまだ彼女を忘れられなかった。釈放されて十一年後の初めてのインタビューで彼は言った。「彼女はモサド工作員ではなくアメリカＣＩＡだった……公表された写真を見たんだ……本物のシンディじゃなかった。彼女はフィラデルフィア出身の二十六歳の女性だ。彼女と一週間一緒にいたからぼくはよく知っている……」

彼はさらに言った。「ロンドンの街で彼女と出会った。ぼくから話しかけたんだ。いろんなことを話したよ。彼女と恋に落ちたわけじゃなかった。ぼくたちの関係は少しは発展するかもしれないねとは言った。最初に会ったとき、きみはモサドの工作員だろと言ったのに、すぐにそのことを忘れてしまった。ぼくを引っかけようとしたのは彼女だけじゃなかった。あらゆる場所でモサドの女たちが待ち構えていた」

「シンディとの関係がわなだったことにいつ気づきましたか？」インタビュアーは尋ねた。

「ローマの家でモサドに飛びかかられたときにようやくわかった……でも、それでもまだ、ぼくは彼女も被害者だと思っていた……船に乗せられて三日後にイスラエルへ着いてから、彼女はその一味だったという結論に達したんだ」

〝シンディ〟はたった一人でバヌヌをローマに連れてきて、彼をイスラエルへ引き渡した。それは若い女性にとって非常に大きな成果だった。だが同時に、彼女のモサド人生の終わりともなった。

急を要する作戦だったため、彼女に絶対安全な身元を用意する時間がモサドにはなかった。彼女はシンディ・ハニンという姉の名前とパスポートを使ったため、イギリスおよびイスラエルの記者たちは、シェリル・ベントフ、旧姓ハニン、という彼女の素性を突きとめた。外国の新聞社が、彼女を一度見かけたことのあるピーター・ヒューナムの説明をもとにこしらえた似顔絵を掲載した。シェリルは有能なモサド・アマゾンだったが、今後もずっとモサドで働きたいという夢を諦めざるをえなくなった。

外国メディアがシンディの本名を突きとめたあと、ネタニヤのシェリルの自宅に記者数人が訪れた。そして誘拐事件について質問を浴びせた。正体が明かされたことで彼女は深く傷ついた。世界じゅうの新聞に、彼女の同意なく撮影された写真が掲載された。新聞は、彼女を性的手段をもちいてバヌヌを釣った秘密スパイだとか〝誘惑する女〟と呼んだ。イスラエルの新聞でも、セクシーな見かけと甘い言葉でバヌヌを誘惑するためにロンドンに派遣された女に関する記事がいくつか掲載された。どぎつく屈辱的な言葉で彼女を描写した記事さえあった。この全部が事実でなかった。シェリルは、自分の気持ちを押し殺して、指揮官の命令によりバヌヌをその気にさせたのだ。彼女はモサドに大きな勝利をもたらしたが、彼女につきまとうイメージは彼女をひどく悩ませた。そのうえ、彼女は工作員として〝燃え尽き〟てしまい、それ以上モサドで仕事を続ける意味を見出せなかった。

彼女はイスラエルを引き上げ、家族と共にオーランドーへ戻った。ゴルフコースそばの瀟洒な家に住み、不動産仲介業を始めた。バヌヌが釈放になる前、〝バヌヌ警報〟を受け取り、彼の支持者に自分や家族を傷つけられないかと恐れた。しばらくは家にこもって外出せず、仕事も休んだ。

「わたしにとって、バヌヌのことはブラックホールなの」シェリルはある友人に語った。「自分の人生から彼を削除して、すべてを忘れたい」命令によりロンドンでバヌヌと〝肉体的な親密さ〟を築いたときのトラウマを克服するのに何年もかかった。任務とはいえ、彼を抱きしめ、何度もキスをし、〝関係〟を続けろと言われたのだ。それは彼女のたましいに痛ましい傷を残した。どうにかして彼女と寝ようとする彼のたゆまぬ努力も彼女をひどく苦しめた。

数年後、彼女はモサドに損害賠償を請求することにした。要請状で、肉体的手段を用いてバヌヌを誘惑しなければならないことを前もって通知されていなかったと彼女は主張した。バヌヌ誘拐の準備が整うまで彼と肉体的な接触を絶やすなと言われたことや、ロンドンでの何度かの逢瀬の詳細を述べた。また、彼女と寝るために彼がした努力の数々と、それを回避した言動も詳しく証言した。

徹底的に検討された結果、〝シンディ〟の要求は認められ、多額の賠償金が支払われた。元長官の一人は、「彼女の要求は完全に正当だった……任務は彼女にトラウマと苦悩を残した。わたしはあの作戦のあと、何度か彼女と会った。会うたびに彼女は誘拐作戦のことと、それ以来感じている苦痛について語った……彼女に対して大きな不正が行なわれたと彼女は感じていたのだと思う。なぜなら、彼女に課せられた役割について誤った説明しかされなかったからだ……だから、彼女は補償を受けて当然だとわたしは考えた」アライザ・マゲンも和解金を承認した。

「彼女はびっくりしていたわ」ある親友は語った。「自宅に記者がやってきて、誘拐事件について質問されたから。襲われるんじゃないかと心配で幾晩も眠れなかったらしい。とても不安だったから、ネタニヤを逃げ出してオーランドーへ行くしかないと思ったのよ。この件があったのちは、彼女はごく普通の静かな生活だけを望むようになった」

第十九章　リンダ
長官が泣いた日

モサド・アマゾンたちの出自は世界各地に散らばっている。シルビア・ラファエルは南アフリカ、ヴァルトラウトとヨラはドイツ、ヨランデとマーセルはエジプト、シューラ・コーヘンはアルゼンチン、イサベル・ペドロはウルグアイ、アライザ・マゲンとイラナはイスラエル、マリアンヌ・グラドニコフはスウェーデン、エリカ・チェンバーズはイギリス、ヒラはポーランドとオーストラリア、ダニエールはフランス、〝フラメンコ〟はオランダ、ヤエルはカナダ、シンディはアメリカ、そしてリンダ・アブラハミは大虐殺の地獄から。

二〇一八年四月。

「母は赤ん坊のわたしを布切れにくるんで、ゲットーの壁越しに投げました」リンダは言った。聴衆は凍りついた。成人してからずっとモサドで生きてきた、このきれいな青い瞳を持つ女性が恐ろしい大虐殺の時代を経験していたとは、彼らは思ってもいなかった。だが、彼らを待っていたのはそれだけではなかった。

ＩＤＦとシャバクの選抜班と古参のモサド隊員約二十名が合同でアウシュビッツを訪問した。モサド代表団のトップはヨシ・コーヘン長官、全体を率いるのは、イスラエル大統領のルーベン（ルビ）・リブリンだ。モサド代表団はアウシュビッツの強制収容所の近くの建物に集合し、自己紹介しあった。キブツやモシャブで過ごした子ども時代や、ＩＤＦの精鋭部隊での軍務や、いまは秘密解除されたモサドの作戦に参加したことなどをおのおの語った。

その一員だったリンダは、ＩＤＦ作戦部門での経験や、モサドへ移ってからのことを話してもよかった。彼女はモサドに入ってすぐに、一九六五年から七一年まで現場情報士官として国外でスパイ活動に従事した。三人いる子どものうち二人は外国生まれだった。幅広い経験を持つ彼女は、イスラエルへ帰国してヨーロッパのある国の〝デスク〟を受け持った最初の女性となった。そして〝ツォメット〟の一部局の副部長に、その後部長となり、一九八二年から八六年まではドイツでも活動するモサド支局長を務めた。その前は、親友のアライザ・マゲンがついていた職だった。リンダはダビド・アブラハミと結婚し、三人の子をもうけた。国家安全保障大学で一年間の極秘研究を行なったのち、モサド作戦部門に入隊した。

アウシュビッツへ行ったその日、同行した一同の顔を見ながら、彼女は強制収容所からそう遠くないところで過ごした幼少時代を思い出していた。自分の過去を誰にも話したことはなかったので、彼女は迷った。場所と機会が、彼女の人生で封じられていたエピソードを解放したのだろう。

長いあいだ知らずにいた家族について彼女は語りだした。あとになって彼女にわかったのは、第二次世界大戦が勃発したあと、家族はポーランドのソ連占領区域へ避難していたことだった。避難してすぐに裕福な父親はソ連に逮捕され、行方はわからないままだ。若い妻は妊娠していた。一九四〇年に彼女が生まれたとき、母親は自分の家族に会いたいと強く思った。彼女は、自分の家族がまだ住んでいたドイツ占領区域へ戻った。書類を偽造したり、密航業者や事務員や役人に賄賂を握らせたりといろいろ手がかかった。だが、生まれたばかりの娘と共にワルシャワのゲットーに閉じ込められてみてようやく、恐ろしい間違いをしでかしたことに気づいた。ナチスがユダヤ人を強制収容所へ送り始めたころ、彼女は自分の運命を悟り、幼い娘の命を救わなければならないと思った。彼女は秘密の宝物――ダイアモンドを持っていた。ゲットーの外に住む若いポーランド人と話をつけた。ダイアモンドをあげるから赤ん坊を育ててほしい。二人で取り決めた日の指定の時刻と場所――ゲットーのひとけのない片隅――で、彼女は赤ん坊を布切れで何重にもくるみ、中にダイアモンドをしのばせて、ゲットーの壁越しに外へ包みを投げた。集合場所の壁の外側で、ポーランド人のヤネック（仮名）が待っていた。彼は包みをキャッチし、どこかへ消えた。

数日後、たしかに母親は死んだ。若いヤネックは赤ん坊を年配の夫婦、おそらく彼の祖父母に預け、その夫婦が赤ん坊を育てた。ワルシャワから離れた郊外の貧困者向け公営住宅を管理する、貧しく敵意に満ちた夫婦だった。二人は建物内の小さなわびしい部屋で暮らしていた。幼子に新しい名前――ステファ・コスモローバ――をつけ、老女はその子が毎日着ているスモックに氏名と住所を刺繍した。幼女は生後二カ月でやってきて、四歳までそこで暮らした。彼女はつらく、恐ろしく、愛情のない幼少期を過ごした。老夫が彼女にした〝不快なこと〟をぼんやりと覚えている。

ある日、老夫婦の手がふさがっているすきに彼女は逃げた。舗装されていない通りを、大勢の人がどことも知れない場所へ向かって歩いている大通りまで走った。老夫婦は彼女を連れ戻そうとあとを追ったが、彼女は人ごみにまぎれた。突然、自分に向かって伸ばされた手が見えた。年老いた感じのよい婦人が彼女の手を引いて一緒に歩いた。それからどうなったか？　彼女には思い出せない。記憶は途絶えていて、ずっとあとのクラクフに近いラーバという町の孤児院のことしか思い出せない。逃げてきた家から三百キロメートル以上離れていたが、そんな長距離をいつどのようにして移動し孤児院へたどりついたか思い出せない。

　彼女はしばらく孤児院にいた。ある日のこと、事務室に呼ばれて行くと、一人は長身で痩せた男、もう一人は丸々とした笑顔の男が院長の横にいた。「おまえはどっちの人と行きたい？」院長は尋ねた。彼女は二人の男をじっと見て、感じよさそうに見えたふくよかな男を選んだ。男は彼女をクラクフの、教会に面した家へ連れていった。そこで男の妻に会った。子どもがなかった夫婦は彼女を養女に迎えた。彼女は二人をお母さんとお父さんと呼び、新しい名前――クリシャ（クリスティーナ）・マルコフスキをもらった。敬虔なカトリック教徒だった夫婦は彼女を教会へ連れていった。彼女は祈禱文を覚え、十字を切ってろうそくに火を灯すことを学んだ。また十字架のキリストを模したペンダントと金のチェーンをもらったので大切にした。

　マルコフスキ夫妻は彼女を大事にしてくれたが、一つだけ例外があった。毎日彼女をぶったのだ。「当時のポーランド人にとって、子どもをぶつことが教育だった」ずいぶんあとになってリンダは友人に語った。取り巻く状況や環境が変わったせいでおねしょをしていた彼女は毎朝叱責された。

　二年たって戦争が終わったころ、見知らぬ女性が家のドアを叩いた。身なりのよい、きれいな人だった。リンダ――ステファ――クリシャはその女性に近づくなと言われたが、その女性は彼女を見てわっと泣き出し、「うちの子よ！」と言った。そののち、六歳になったリンダは、そのきれいな婦人がセアラ・バーンスタイン（仮名）という名のユダヤ人だと知った。その女性は、子どもを返してくれ、自分の家族の子だと言い張った。マルコフスキ夫妻は拒絶した。「この子はうちの子だ。合法的に養子にした」話し合いはもつれて裁判になり、子どもはユダヤ人であるという証拠はなかったため、マルコフスキ夫妻が勝訴した。

　だが、バーンスタイン家は上訴した。時間と費用をかけた調査により、子どもが送られたという孤児院が突きとめられた。スモックに刺繍されていた氏名と住所により、ゲットーの壁越しに投げられた幼女を育てた老夫婦の家が判明した。次の裁判では、以前とは異なる裁定がくだされた。裁判官は子どもを大事に育ててきたマルコフスキ夫妻を称賛したものの、夫妻はすでに五十代に入っており、いずれまたすぐに少女は孤児になってしまうと指摘した。一方のバーンスタイン夫妻は三十代なので、これからもずっと親としての役目を果たせるだろう。こうして、少女は新しい両親に連れられてクラクフを離れ、列車に乗ってワルシャワの新しい家へ向かった……。

バーンスタイン夫妻は彼女を、庭に囲まれた快適な家へ連れ帰った。夫妻は少女に、自分たちは本物の母親と父親だと話した。その家で自分より年長の八歳くらいの少女と会った。「あなたのお姉さんよ」セアラ・バーンスタインは言った。しばらくして、クリシャは新しい名前を授かった。リンダだ。彼女はネックレスから小さなキリストをはずし、祈るのをやめ、ユダヤ人としての自分をゆっくりと受け入れ始めた。両親は彼女を甘やかし、あふれんばかりの思いやりと愛情を持って育てたが、リンダは何か〝間違っている〟と感じていた。ある日、キッチンへ入っていくと、テーブルに自分の写真が置いてあった。写真の裏に字が書いてある。〝マリシャとヤフィムの娘〟。これはなに？ マリシャとヤフィムって誰なの？

そのころ、独身か家族持ちかに限らず、ロシアなどに逃れていた人々がポーランドに帰還していた。そして毎日、帰還のあいさつや音信不通になった親戚へのメッセージがラジオで流されていた。その日、バーンスタイン夫妻は庭に座っていた。リンダが走ってきて言った。「いまラジオで、マリシャとヤフィムが娘のリンダをさがしていますって言った」夫妻は唖然とした。二人は何も反応しなかったものの、少女は家の中へ戻るとき、〝母〟が夫にささやくのが聞こえた。「あの子は知っているんだわ」

彼女が真実を知ったのは、一九五〇年に家族でイスラエルに移住したときだった。彼女は十歳になっていた。バーンスタイン夫妻は、自分たちは彼女の実の伯父と伯母だ、セアラ・バーンスタインは彼女の母の姉であると打ち明けた。ついに、彼女は本当の自分を知った。とはいえ、バーンスタイン家は愛情と思いやりにあふれた家庭だった。夫妻の年長の娘は、その後もずっと彼女の〝姉〟のままだった。「わたしにとって、イスラエルは楽園だった」のちにリンダはそう語った。彼女のまわりの家や人々や同じ学校に通う子どもたちは優しくて親切だった。生涯の友となった者も数人いる。たった一つの〝問題〟は彼女の名前だった。リンダという名を聞いた教師はひどく怒った。「それはヘブライの名前ではないわ！」と言い放ち、少女は祖母の名であるシュラミットと呼ばれた。

イスラエルにたどりつくまでのリンダの苦難の道から、イスラエルの安全保障のために尽くしたいという深く強い願望が生まれた。軍務についた彼女はＩＤＦ作戦部門に、その後はモサドの仕事に携わった。「心の奥深くのどこかに、ひどい苦境に置かれ、ゲットーにたった一人残された母の大きな苦悩が刻まれている。でも、わたしを生かすことにした母の決断には感謝してもしきれない……そしてモサドでの仕事にも――ＩＤＦの参謀部の作戦部門に入ってからずっとさがしていたものを、わたしは見つけたの。モサドに所属したことはわたしの誇りよ」

リンダは自分の過去を語り終えた。

旅を終えてイスラエルへ帰国する飛行機に搭乗したとき、ヨシ・コーヘンが彼女のそばに腰をおろして話しかけた。「きみの話をリブリン大統領にしたら、とても感動なさっていたよ」

だが、アウシュビッツで、話を終えた彼女が目を上げたとき――不屈のヨシ・コーヘン長官が目の涙をぬぐうのを見て、ひどく驚いたことは彼女は話さなかった。

第二十章　ダイナとサミー
テヘランの夜

二〇一八年のテヘラン。とあるエピソード。

その夜、サミーとダイナ（どちらも仮名）の若手モサド工作員二名がイランの首都テヘランで危険な任務を開始した。二人は街外れで車を降り、テヘランで最も荒廃した地区といえるシュラバードの暗い通りを歩いていった。ダイナがその地域へ来たのは初めてではない。彼女はちらりとサミーを見た。短い顎ひげと襟なしシャツのせいでイラン人に見える彼は、糸の擦り切れた上着と色あせたジーンズを身に着けていた。ダイナはゆったりした長いドレスとヒジャブという文句のつけようのない格好だった。彼女はペルシア語を含めて数カ国語を話す。万一警察に質問されたときのために、この地区にいる言い訳を考えてあった。じつはダイナは、これまでシュラバードには、異なる装いで異なる身分証明書を所持し、いつも別の同伴者と何度か来たことがあった。一度は日中に来て、バッグの隠しカメラで周辺を、特に警備員が一人立っている黄色い建物を撮影した。翌日の夜に、きちんとした身なりで別のヒジャブを巻いて再訪した。

だが今夜は特別だった。もうすぐ真夜中だった。その地域の作業場や倉庫の職員はとっくにいなくなっていた。暗い夜道を歩く人もほとんどいなかった。ダイナは、並んで歩いているサミーを見やった。彼女は彼を頼りにしていたし、彼も彼女を信頼しているのはわかっており、安心して一緒に作戦行動できた。敵国での任務で何度か組んだことがある。

その地域で任務を行なうときはいつも、ダイナは膨れ上がる緊張を感じる。革命防衛隊か風紀警察、または警察か軍の夜警隊がいつ現われてもおかしくない。恐ろしい危険がつきまとっていて、ほんのわずかなミスが命取りになる。街の中心部に置かれたクレーンの公開絞首刑が待っている。

彼女は、友人たちが〝倉庫群〟と呼ぶ建物——黄色い塗装のはげた汚い壁の今にも壊れそうな建物——を初めて見たときのことを覚えている。屋根はゆるやかなアーチ状になっていて、ドアは波型鉄板でできていた。右側に、中途半端な屋根のついた車両二台分の駐車場があった。夏になると、警備員は焼けつくような日差しを避けて、そこでうずくまっている。その倉庫に何が保管されているか、彼女は知らなかった。下見を終えたら、指揮官に写真を送り届けることになっている。つねに報告しなければならない。建物のドアは開いているか。人は出入りしているか。出入りするなら、いつか。建物の外に駐めた車両で荷物の積み下ろしをしているか。常駐する警備員は何人か。その近辺を巡回する軍か警察を見かけたか。

以前にも彼女はシュラバードに来たことはあったが、今回の任務はそれとは異なる独特なものだった。指揮官は彼女に〝倉庫〟とその周辺の写真を、バッグに隠したスチールカメラとビデオカメラで撮影しろと命じた。建物の入口やその周辺を撮影したらすぐに、モサド本部に動画を送信せよ。

通りの角の廃屋が彼らの目的にふさわしいと思われた。ダイナとサミーは、前回の任務でそこを見つけてあった。廃屋は塀で囲まれていて、通りの両側の建物と黄色い倉庫が見渡せる。

二人はどう行動すべきか正確にわかっていた。隠れ家に作られたセットで訓練を重ねてきた。いまこそ誰にも見つからずに撮影し、送信するのだ。

ダイナは、それまでに何人もがその場所を偵察していることを知っていた。この数カ月間――人によると過去二年間――彼女にかぎらず、多くのモサドがその倉庫と周辺を偵察してきた。他の工作員が木枠や大きな袋や重そうな器材が倉庫に運び入れられるところを撮影したとダイナは聞いている。ダイナたちは、建物に出入りする人間、警察が巡回する詳細なスケジュール、そしてなにより――夜の何時に警備員は持ち場を離れ、翌朝何時に持ち場につくかを集中的に記録した。いまは、その建物が夜の何時から何時まで無人になるか、正確にわかっている。

だが、ダイナの指揮官は、その黄色い建物がどういう点で特異なのか明かさなかった。彼女も尋ねなかった。こうした複雑な作戦では、情報の細分化が必須である。ただ、みすぼらしい見た目にもかかわらず、倉庫にはこの上なく重要なものが隠されていることはわかっていた。粗末な見かけは、最高機密の兵器か核研究設備を隠すためのものらしい。でなければモサドが、敵国の首都でこれほど長く複雑な任務に最高の工作員たちを投入する危険を冒すはずがない。

工作員二人は黄色い建物を通り過ぎて、十字路の角の廃屋へ向かった。通りのあちこちに古いトラックが放置してある。夜のあいだだけ駐車しているか廃棄された車両だった。ダイナは緊張し、不安だった。警察が突然現われてバッグを見せろと言われたら――あとは神に祈るしかない。イランは、モサド・アマゾンである彼女にとって地球上で最も危険な場所だった。イランとその軍、革命防衛隊、狂信的な最高指導者《アヤトラ》たちと――イスラエルと彼女の大切なモサドとのあいだで、現実の戦争が行なわれている。いまのところモサドは優勢で、工作員はイランに入国し、危険な任務を遂行し、気づかれずに出国している。だが、明日はどうなるかわからない。

ダイナとサミーは廃屋を取り巻く塀まで来た。ダイナはすばやく動画の撮影を開始した。エンジニアリングを勉強してきた彼女は、最新の電子装置を扱うのが好きだった。胸の奥でハンマーを打つように心臓が高鳴ったが、手は震えていなかった。

二人は手早く作業を終えて移動した。その後、脇道と裏通りを通って戻った。手はずどおり、合流地点で車は待機していた。ダイナの血管をアドレナリンが流れ、成功の甘い香りで彼女の頭はくらくらした。大変な危険に身をさらし、無傷でそれを切り抜けた。逃走車で待機していたモサドの運転手はちらりと微笑んでから、エンジンをかけた。隠れ家に着くまで一言も交わさなかった。

テヘランのモサドのアジトで写真と動画を見ていた工作員たちに興奮の波が広がった。テルアビブのモサド本部では、上級士官たちが息を殺して、ひとけのない通りや黄色い倉庫のクローズアップを見つめていた。倉庫は錠がかけられ、大きな南京錠が外側のドアにかかっている。警備員も巡回中の警察官も歩行者も見られなかった。以前の偵察で、日中は警察車がときどき現われること、夜になると警備員は帰宅し、次に日が昇るまでドアを開ける者はいないことが報告されていた。

イランの核開発計画に的を絞ったモサドの作戦は、衛星写真によってナタンツの施設が発見された二〇〇三年に開始された。テヘランから三百十五キロメートル離れたナタンツに巨大施設が存在している。超極秘で建設されたイランの核施設だ。モサドのスパイたちは、核開発計画が十七年前に始まっていたことを突きとめた。ドバイの小さくつましい事務所で、イラン代表者はパキスタンと秘密協定を結んだ。当時のパキスタンは、アブドゥル・カディール・カーン博士の尽力で核保有国となっていた。ヨーロッパの〝ウレンコ〟という会社で働いていた優秀なカーン博士は、最新の遠心分離機の設計図を手に入れた。この遠心分離機の集合体（カスケード）のおかげで、原子爆弾の製造に必要な水準にまでウラン濃縮に成功した。そして強欲な科学者は、その技術を北朝鮮やリビアやイランに途方もない金額で売り渡した。

ドバイ協定により、カーン博士からイランに遠心分離機とウランと技術および専門家が提供された。テヘラン、ナタンツ、コム、イスファハン、フォルドウなどイラン国内の複数のサイトで核開発計画が進められた。一九八一年にイラクのバグダッド郊外にある原子炉〝オシラク〟をイスラエルに爆撃されたことから教訓を得たのだろう。一度の爆撃で全計画を根絶されるのを防ぐために、たがいに遠く離れた地域に秘密施設が作られた。ある施設で遠心分離機を稼働させる。別の施設で核分裂物質を内包する爆弾を開発する。別の施設で目的地へ核爆弾を運搬するミサイルを開発する。テヘラン大学の研究所や他の大学で、原子に関連した先端研究を行なう研究者を育成する。

イランの計画は、開始から十七年経ってようやくモサドの知るところとなった。それはモサドの大きな手落ちだった。だが、ナタンツとその秘密が明らかになったあとも、いくらモサドが説明しても、アメリカはイランが核開発をしていることを認めなかった。衛星写真、報告書や覚書、イスラエルのスパイたちの証言はＣＩＡに受け入れられず、〝イランとの危険な紛争にアメリカを巻き込もうとするイスラエルの試み〟とみなされた。アメリカが考えを変えたのは、テレビの生放送で衝撃的な事実が発覚したときだった。パキスタンのテレビ局のインタビューの最中に、カーン博士がわっと泣き出し、遠心分離機と専門知識と技術を〝悪の枢軸〟国家、とくにイランに売ったと告白したのだ。アメリカはついに、イスラエルに協力してイランの計画を阻止することに同意した。

モサドがイランの核開発計画を不安に思っていたのは、アヤトラによる政権が、機会があれば必ずイスラエルを消滅させると宣言したからだ。イランの挑発と憎しみに歯止めはなかった。イスラエルは、イランが核兵器開発に成功すればためらいなく使用するだろうと考えた。友人でもあるアリエル・シャロン首相から、二〇〇二年九月にモサド長官に任命されたメイール・ダガン将軍は、モサドの目標をイランの核計画阻止に絞った。モサドの力だけで計画をつぶすことはできないのはわかっていたが、計画の進捗をかなり遅らせることはできる。彼は努力も時間も手段も惜しまなかった。

モサド工作員はイランに潜入した。アメリカのＣＩＡとイギリスのＭＩ６の協力を得て、イランの核計画に対する作戦が開始された。研究者や高官を乗せたイラン軍機が原因不明で墜落した。原子力研究所が炎上した。イスラエルのペーパーカンパニーからイランに納入された欠陥コンポーネントが組み立てられ、遠心分離機のカスケードが爆発した。イスラエルに核弾頭を発射するはずのシャハブミサイルの発射台が爆発したのは、モサドのしわざだと外国メディアは主張した。〝スターズ〟という見つけにくいウイルスが、イスラエル人およびアメリカ人エンジニアの手でイランのコンピュータに挿入され、計画は数カ月間停止した。ナタンツの起動システムが〝ステュクスネット〟という別のウイルスに感染した。研究者や、イラン元副国防大臣のアリ・レザ・アスガリのような高官が不意に姿を消した。イスラエルの協力で数人は西側へ亡命した。計画の中心的存在だった研究者はテヘランの街中で暗殺された。

結果は上々だった。イランの計画は頓挫した。ダガンは国会の国防および外交委員会に出席し、そっけなく宣言した。「イランの核開発計画は、技術的な困難に直面し、暗礁に乗り上げました」世界の報道機関に取り上げられたモサドの作戦は、イスラエルのメディアの冷笑的な解説者を驚かせた。ダガンが長官になったとき、彼らは彼を馬鹿にし愚弄したのだ。「ダガンって誰だ？」と人気有識者はあてこすった。だが、いまや見出しは変化し、〝モサドの名誉を回復した男〟と新聞は褒めそやした。

いつもはイスラエルに敵対するエジプトの日刊紙《アルアハラム》さえ無関心ではいられなかった。二〇一〇年一月に、有名コラムニストのアシュラフ・アブ・アルハウルによる〝イスラエルという国のスーパーマン〟と題した記事が掲載された。アルハウルは書いている。〝ダガンがいなければ、イランの核開発計画は数年前に完成していただろう……イスラエルのモサド長官はこの七年、イランの計画に痛烈な打撃を与えてきた……中東での大胆な破壊活動の多くはモサドによるものだ……こうしてダガンはイスラエルのスーパーマンとなった〟。

アルハウルはさらに書いている。〝イランは、核エンジニアのマスード・アリ・モハンマディ殺害の裏に（ダガンが）いると知っている〟。

マスード・アリ・モハンマディは、二〇一〇年一月十二日の朝七時五十分に、テヘランの自宅前で自家用車の爆発により死亡した。イランのアフマディネジャド大統領は、犯人はモサドだと主張した。だが、殺されたのはモハンマディだけではなかった。

二〇一〇年十一月二十九日朝七時四十五分、四十五歳の核科学者であるマジッド・シャーリヤリ博士が自家用車で北テヘランの研究室へ向かっていた。妻が同乗していた。シャーリヤリはイランの核開発計画を牽引する人物で、ウラン濃縮の専門家と考えられていた。車の後方に一台のバイクが現われた。乗っている二人は黒ずくめでヘルメットをかぶり、黒っぽいプラスチックのフェイスマスクで顔は隠されていた。バイクがシャーリヤリの車を追い越すとき、後席の人間が手を伸ばして、車の後部に吸着爆弾をくっつけた。シャーリヤリはそのことに気づかなかったようだった。バイクは速度をあげて走り去った。それから一分とたたないうちに爆発し、車は真っ黒な煙の立ちのぼる残骸と化した。中からシャーリヤリの遺体が見つかった。妻は重傷を負ったものの命に別状はなかった。

バイクは街中を飛ばし、脇道に入り、渋滞する大通りにまた現われた。運転手はバックミラーを何度も見て、尾行されていないことを確認した。街外れへ行くと、ひとけのない未舗装道路へ入り、ほこりっぽい広場までやってきた。逃走車がエンジンをかけて待機していた。バイクの二人は飛び降りて、その車へ走った。待機していた別の男がバイクにガソリンをかけて火をつけた。バイクの二人は逃走車に乗り込んだ。車の運転手は後部座席の二人をバックミラーで見た。シャーリヤヤリの車に吸着爆弾を押しつけた後席手がヘルメットをはずすのを見て、彼は息を飲んだ。長い黒髪が肩に垂れかかった。モサドの女工作員だ！

その日、バイクの二人はイランを離れた。同じように、モサドの別の二人もその日の午後に出国した。彼らはまったく同じ方法で、シャーリヤリと同様に核科学者協会の役員である核科学者のフェレイドン・アバシダバニ博士の車を爆破したのだ。南テヘランのアタシ通りでのモサドの作戦は失敗し、アバシダバニは重傷を負ったが命は取り留めた。その爆破事件を記事にしたロンドンの《サンデー・タイムズ》が暴露したところでは、モサドは三年前、イスファハンの秘密施設で働いていた四十四歳のアルデシル・ホッセンポア博士を毒殺した。博士は、白い作業服と安全マスクをつけて未精製のウランをガスへ転化する技術者チームの主任を務めていた。ガスは遠心分離機にかけられて、高濃度に濃縮される。ホッセンポアの死因は、表向きは明らかにされなかった。

イランにおけるモサドの活動の大半は、市民を傷つけることを意図したものでなかった。研究者の暗殺には二つの目的があった。危険な研究を中断させることと、本人および家族を怖がらせることである。家族や親戚はおびえてやる気を失ったため、その作戦は非常に有効だった。

イランで危険なモサドの任務に参加した女性は、シャーリヤリを殺害したバイク乗りだけではなかった。ほかにも数人が変装してテヘランに到着し、スパイ、偵察、盗聴器の設置、情報収集または電子録音装置を設置するために政府施設へ侵入するなどの任務を行なった。「モサドで女性が占める割合は」ある長官は私たちに語った。「約五十パーセントだ。アマゾンたちは、必要に応じてイランやシリアや他の敵国で任務を行なっている。任務の遂行だけでなく、立案や調整にも携わっている」

核兵器の製造が可能な濃縮ウランの入手にイランが非常に近づいた段階で、イスラエルは、イラン国内に散らばる秘密施設を空軍機で大規模に攻撃することを計画した。だが最終的に、主にＩＤＦが反対し、攻撃計画は棚上げされた。ベンヤミン・ネタニヤフ首相は、イランが核保有国となる危険を国際世論で喚起し、各国に計画阻止に動くよう訴えた。

ネタニヤフは努力したが実りは少なかった。世界の指導者にイランの核開発を阻止させようと働きかけたが、イランに核開発センターの解体を要求するなどの決然とした行動をとることを彼らは拒否した。その代わりに彼らはイランと、核開発を遅らせる十年間の協定を結んだ。「私が目を光らせているあいだはさせない！」オバマ大統領はそう表明した。つまり、彼が大統領でいるあいだはイランに核を保有させないという意味だ。

だがそのあとは？

イランと国連安全保障理事国の各国との核協定が、二〇一六年七月十四日にウィーンで結ばれた。その直後、国際原子力機関（ＩＡＥＡ）が、イランはあるレベル以上にウランを濃縮しないという協定を遵守していると発表した。イランに対する制裁は解除され、英米の情報員は荷物をまとめて帰国した。イランの核開発計画が明るみになった最初の年に、反イランを掲げるのはイスラエルだけとなった。イスラエルは、イランが核開発を諦めたとは一瞬たりと信じなかった。また、イランが核兵器を開発しようとしたことはないし、そうした意図を持ったこともないというイラン指導者層の〝大嘘〟を信じもしなかった。だが、それが嘘であることを世界に証明する、目に見える証拠が必要だった。

こうして核開発計画文書保管所作戦が始まった。

主要国と核協定を結ぶ前に、イランは秘密の核開発計画によって広範なデータを蓄積していた。二つの理由からそのデータを隠すことにした。一つは、〝核兵器の開発を考慮したことすらない〟との言明が嘘だったことがばれるから。二つめは、データには計画書や製法なども含まれているので、協定で決められている十年間の一時的停止が終わりしだい、開発計画を再開できるからだ。

だが、そうした文書をどこに隠す？　政府施設の地下や大学に隠すことはできない。軍事施設は国連オブザーバーの監視下にある。誰もさがそうとしない場所に隠すしかない。テヘランの端のいまにも崩れそうな建物や荒れ果てた作業場や車庫が無数に並び、警備もされておらず、貴重なものが保管されているとは誰も思わないような場所にあるみすぼらしい建物に。

案の定、誰も疑わなかった……モサドを除いて。外国の報道によれば、秘密データの隠し場所を知っていたのはイラン政府の五人だけだった。モサドは電子機器やスパイ用具を使って、その建物を発見したようだ。鋼鉄製の堅固な金庫三十二個にデータが保管されているとの情報が入った。モサドはすぐに、最重要資料を入れた金庫を正確に見つけ出した。

ヨシ・コーヘンはモサド長官に任命されるとすぐに、とても成功しそうにない大胆な作戦に精力を注いだ。秘密核開発計画のデータを盗むことである。これはモサド史上最大かつもっとも複雑な作戦となるはずだった。工作員とアマゾンと情報員百人近くが約二年がかりで準備をした。その作戦はまた、長官個人の輪が閉じたときでもあった。ローネン・バーグマン博士によると、ずっと昔、若い情《カ》報収集官《ッツァ》が、イランが作った最初の遠心分離機の設計図をモサドに持ち帰った。彼のコードネームは〝アラン〟、本名はヨシ・コーヘンだった。

こうした流れでダイナとサミーは任務を遂行している。

作戦は何段階かに分かれていた。第一段階は、住所をさぐりだし、その外部——警備状態、警備員が駐在する時間、警察車巡回の時刻、ドアの南京錠——を調査する。第二段階は、内部——金庫の場所と種類——の調査。鋼鉄の金庫を焼き切るため、二千度に達するバーナーを調達する。隠れ家と、国境への道路沿いにある目立たない駐車場を購入または賃借する。予定時刻までに国境に来られなかった場合に、秘密データを運搬するトラックを隠すためだ。モサドはごく些細な点まであらゆることを準備した。また任務終了後の工作員と情報員多数の逃走ルートを確保した。

作戦決行日は二〇一八年一月三十一日の夜に決まった。

だが、天候は思惑どおりにはならなかった。

作戦決行日の四日前の一月二十七日の夜、イランで雪が吹き荒れた。ほぼイラン全土とテヘランは雪に埋もれた。道路は遮断され、空港や学校や政府施設は閉鎖された。数千人の運転手が猛吹雪の中で立ち往生し、停電し断水し、冒険好きな若者は凍りついた滝を登った。歩道と駐車車両はすっかり大雪で覆われた。冬のテヘランはいつも寒さが厳しいが、これほどの大雪はめったに降らなかった。都市の除雪が進められた午後遅くになって、麻痺状態は緩和し始めた。

一月二十八日の夜、ダイナとサミーは再びシュラバードへ出向いた。彼らの任務は吹雪のために二十四時間延期されたが、吹雪が去ったので今夜出発する。ダイナは黒の長衣と古びたシープスキンのコートとヒジャブを身にまとった。サミーは糸のほつれた黒いコートをはおった。そして車でシュラバードの外れまで行った。

ダイナは、老朽化した黄色い建物を初めて見たときのことを覚えている。ある歴戦のアマゾンから、これと似た任務に数年前に参加したときの話を聞いたことがあった。〝カライエ電子会社〟という電子時計を製造している質素な工場の写真を撮影するのが彼女の任務だった。作戦終了後、そこはイランが初めて遠心分離機を製作した秘密工場だったことが判明した。明白な証拠を集めたモサドは、ウィーンの国際原子力機関に告発した。だが、外国人オブザーバーにイラン入国とその工場の訪問の許可が出たのち、イラン人は〝鍵をなくし〟、一、二日ほどドアが開けられなかった。高潔なＩＡＥＡの専門家たちが入ると、内部は空っぽで、ペンキ塗りたての白い壁が光っていた……。

ダイナはこれまで何度かシュラバードを訪れている。今夜、彼女とサミーは、その場所の写真を撮影しろと命じられた。作戦直前の最後の写真だ。ダイナは指揮官から、写真を撮影したのち、その黄色い建物が長期間モサドの監視下にあったことを示すすべての物証を除去しろと命じられていた。

ダイナはサミーと並んで、暗いひとけのない通りを歩いた。凍てつくような風がいまも中庭で吹き荒れている。雪は解け、道路のあちこちに濁った大きな水たまりができていた。木々は風に吹かれてしなり、荒れ果てた建物は道路に不気味な影を落としていた。ひどく寒かった。二人は、いつものようにさびれて見える黄色い倉庫を通り過ぎて、曲がり角にある監視所として使ってきた空き家までやって来た。ダイナとサミーは写真を撮ってから、その場所に設置してあった装置を回収した。そのあと、また水たまりのあいだを歩いて二、三ブロック離れた待ち合わせ場所へ向かった。逃走車が待機していた。任務は完了した。

情報の厳密な細分化により、ダイナが自分の任務がどれほど重要だったか知ったのは数日経ってからだった。

最後まで残った工員と警備員が帰ったあとの午後十時三十分に、侵入は開始された。モサド工作員および情報員たちは、異なる方角からその建物にこっそりと接近した。長官の命令により、六時間二十九分後には作業を終えなくてはならない。警備員が出勤し、警察車の巡回が始まる二時間前の朝五時までにその場所を去らなければならない。

すべては計画通りに行なわれた。警報システムを切り、外側のドアと内側の装甲ドアを破り、重要書類が保管されている金庫を見つけだし、強力バーナーを使って開ける。ヨシ・コーヘンの命令は明快だった――文書と設計図を全部持ち出せ。敵を欺くために文書を写真撮影か複写するかしてから元の場所に戻すのがモサドの一般的なやり方だ。だが今回は、ある目的のために文書を盗むという決断がなされた。今度こそ、イスラエルのでっちあげだとイランに主張させないためだ。作戦の目的は、おもな金庫に入っている文書をすべて抜き取って持ち出すことだった。

長官ら首脳部は、モサドの司令部の巨大スクリーンで作戦を注視していた。倉庫内の動きはリアルタイムで中継されている。予期していなかったメッセージがいきなり届いた。金庫から、文書のほかに大量のCD《コンパクトディスク》が見つかった。どうするべきか？　作戦指揮官が尋ねている。コーヘンは答えた――全部持ち出せ。そのときは、それらCDがイランの計画の情報、覚書、ビデオ、さまざまな計画の宝庫であることを知らなかった。

二、三時間のうちに、モサドのチームは、計五万ページにおよぶファイル、さらに五万五千の電子ファイルが保存されたCD百八十三枚を取り出した。重さ約半トンの資料が袋に入れられ、トラック数台に積み込まれた。報道によると、トラックはイラン国境を越え、貴重な荷物は無事にイスラエルに運び込まれた。

侵入事件が発覚したのは午前七時、警備員が黄色い建物に入ったときだった。猛吹雪のせいで国内が混乱し、電力不足によってイランの捜索が遅れたのだという意見もあった。作戦に参加した多数のモサドは何の問題もなく国外へ脱出した。

イスラエルでは、作戦は秘密にされたまま、翻訳者と専門家が資料の分析を続けていた。イランの〝大嘘〟はすぐに明るみになった。核兵器開発計画は〝アマッド〟という名の事業として始まった。二〇〇三年に計画は打ち切られ、イランは打ち切りを示す明確な証拠を国際機関に提出した。ただし、アマッド終了後すぐに、同じ資料、同じ人材、同じ目的で、新計画〝スパンド〟を開始したことは明かさなかった。シュラバードでのモサドの作戦により、その後もイランが核開発を続行していたことが証明された。

二〇一八年三月、ネタニヤフ首相とコーヘン長官がワシントンを訪れ、ジェイムズ・マティス国防長官、レックス・ティラーソン国務長官、レイモンド・マクマスター安全保障担当補佐官と面談した。ネタニヤフはドナルド・トランプ大統領とも会談した。イスラエルは、文書群から発見された事実をアメリカに提示した。そののち、文書とCDから見つかった全資料のコピーも送った。驚くべき発見によって、二〇一八年五月八日、トランプ大統領はイランとの核協定からの離脱を決定した。

イランは文書の盗難について反応を示さず、完全な沈黙を守った。四月三十日、メディアの前に姿を現わしたネタニヤフは、行なわれた作戦について述べ、黄色い建物で発見された文書や設計図や詳細計画を提示した。各国政府がその意味と文書の信憑性に驚愕するいっぽうで、イランの外務副大臣はこう述べた。「ネタニヤフの発言は子どもじみた愚かなゲームである。最終期限の五月十二日直前に核協定に関するトランプの決断に影響を与えるつもりだろう」

「この資料から」ネタニヤフは述べた。「イランが核兵器の開発を密かに続けており、世界と国際原子力機関に嘘をついていたことを証明する文書や設計計画、写真、動画などを発見した」

その作戦は、ヨシ・コーヘン以下男女工作員を含むモサドが、世界のスパイ史上前例のない非常に困難な任務を成功させたことを証明した。秘密活動の究極のシンボルとみなされるジェイムズ・ボンドの映画や書籍さえ、テヘランの作戦と比べると見劣りがするほどだ。

ダイナたちは大きなリスクを冒して、大胆で危険な任務を実行した。ダイナの話は、多くの中の一例にすぎない。独立記念日の前日、核開発計画文書保管所に侵入したモサドのチームにイスラエル安全保障賞が贈られた。モサド工作員の男女数人の代表が、リブリン大統領から賞を授与された。

外国メディアによると、二〇二〇年もイラン国内でのモサドの活動は続いている。研究および遠心分離機製造センターは爆破され、戦略施設と研究所は火に包まれた。イランの原子爆弾に対するイスラエルの戦争は新たな高みに達したと世界のメディアは主張する。

二〇二〇年十一月二十七日、イラン核開発計画のトップとみなされていたマフセン・ファクリザデが何者かに暗殺された。

エピローグ

二〇一九年七月一日のヨシ・コーヘン長官によるスピーチ

「イスラエル社会のあらゆる階層の男女がモサドで勤務している。我々は意図的に職員の出身階層を拡大しようと努めている。我々の力は多様性から発するのだ。これは作戦行動上理にかなっているだけでなく、道義的な力にもなる。モサド創設以来、女性はあらゆる役職についてきた。以前にも増して我々は、あらゆる地位と階級に女性を必要としている。上級司令部に女性を必要としている。ここ数年、女性を組織内の指揮官や局長クラスに就かせるべく、意識的かつ徹底的に行動している。現在、モサドの主要な指揮官を女性が務めているが、いずれ女性がモサド長官となる日が来るだろう。長年の経験から、女性と男性の混合チームのほうが複雑な任務をうまくこなせることがわかった。モサド職員の四十パーセントが女性で、指揮官の二十六パーセントが女性である。活動中の秘密情報機関では非常に高い割合だが、さらなる向上に努めていく」

モサドはまた、女性が結婚して子どもを持っても任務を行なえるような環境作りをめざしている。そのために、モサドが女性を採用するときには、その女性の配偶者とも面談を行なう。妻が留守にしてもかまわないか？　妻が留守のときに子どもたちの面倒を見られるか？　モサドは、そうした夫婦の生活と、例えば仕事柄昼夜問わず留守にしなければならない医師や看護師の生活とは同じだと考えている。

妊娠し、子どもの世話をすることになる若い女性の採用に反対されたとき、長官は友人に次のように述べた。「出産休暇の長さはどのくらいか？　半年？　特別な場合でも九カ月だろう？　では、モサド工作員が学位を取るため大学に行く休暇期間は？　少なくとも一年半か二年だ。それなら、子どもをほしい女性工作員でも問題はないだろう？」

二〇一九年、モサドに新しく採用された人員のうち四十七パーセントが女性だった。班長の三十パーセントは女性で、二〇一九年秋に行なわれた特別訓練課程の修了生は、男性二名と女性五名だった。

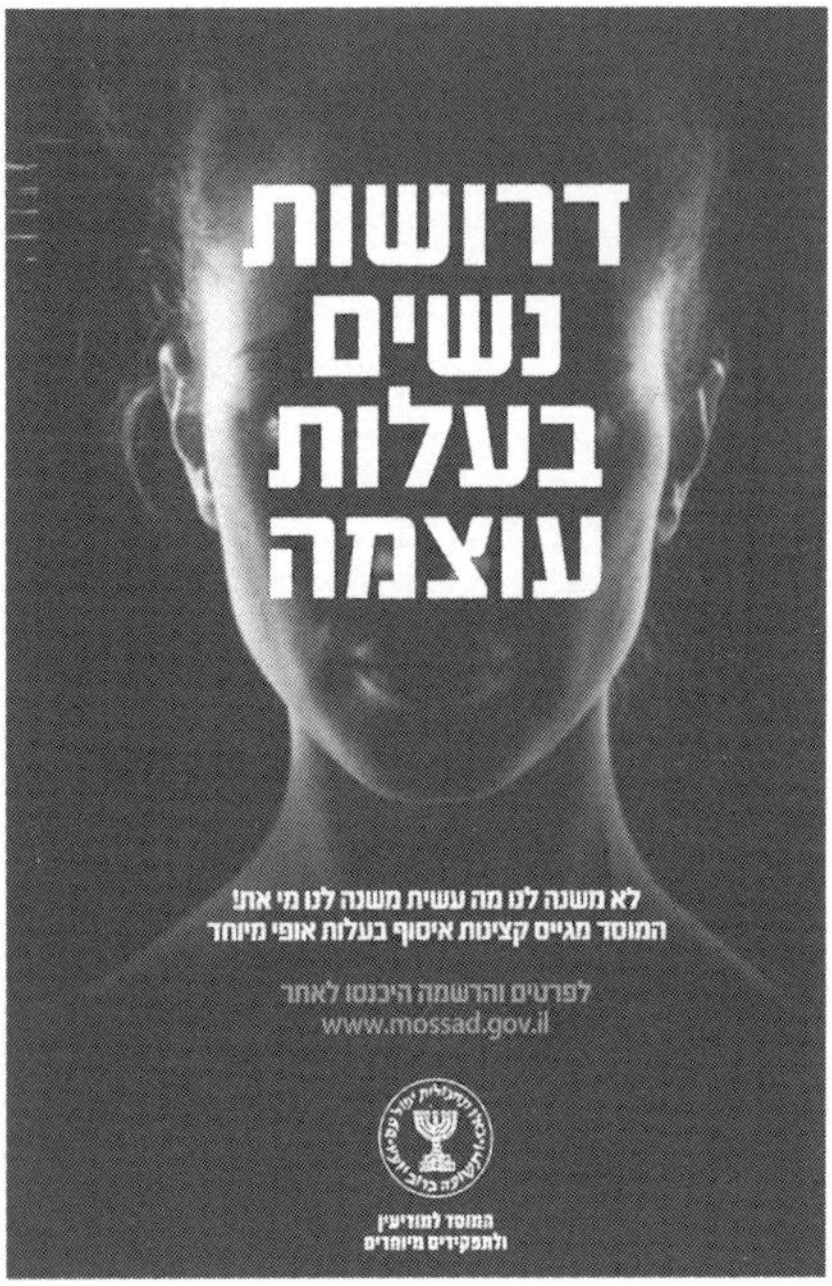

上：モサドが最近出した広告
“求む——女性の力。
これまでしてきたことは関係ない——
どういう人間かに興味があるのだ！”

訳者あとがき

イスラエルの諜報機関、通称モサドでは女性職員が多数働いており、また、多くの作戦に女性工作員が参加してきた。

著者のマイケル・バー＝ゾウハーとニシム・ミシャルが、それら女性工作員本人から聞き取った話などをまとめたものが、本書『モサド・ファイル2――イスラエル最強の女スパイたち』である。

モサドの数々の作戦は、同じくマイケル・バー＝ゾウハーおよびニシム・ミシャル著の『モサド・ファイル――イスラエル最強スパイ列伝』にある程度詳しく描かれているが、作戦の陰に女性工作員の活躍があったことはほとんど書かれていなかった。だが、本書を読むと、かなりの数の女性工作員が作戦に参加していて、かつ重要な役割をになっていたことがよくわかる。

『モサド・ファイル』でもあげられているモサドの成功物語として最も有名なアイヒマン捕獲作戦、赤い王子と呼ばれた男のベイルートでの暗殺作戦、ユダヤ正統派教徒の少年の捜索と連れ戻し作戦、大失敗に終わったリレハンメルの暗殺作戦にも女性工作員がくわわっていた。

本書では、女性工作員ひとりひとりの生まれや育ち、モサドに関わるようになった理由や活動の動機、参加した作戦における任務、その後の人生などが描かれている。

女スパイと聞くと、なぜか決まったように華やかなイメージを思い浮かべてしまいがちだが、当然ながら、実際は見かけも個性もさまざまな生身の女たちだ。たとえばアイヒマン作戦に遅れて参加した第七章のイェフディット・ニシヤフさん。初めて顔をあわせた男性メンバーから容姿について揶揄されたとき、彼女はどんな気持ちだっただろう。意外だったのは、その作戦に参加していた男性工作員さえも、女スパイに対して外の世界にいる私たちと似たようなイメージを持っていたことだった。

私たちには組織内のことはわからないし、しかもその組織が秘密諜報機関とくればわかるはずはないから、映画や小説から勝手なイメージを思い描くしかないうえ、実際はまったく異なっていることを想像することさえむずかしい。

現実ははるかに厳しく、つらい訓練に耐えて正式に工作員になったとしても、自分の希望通りの仕事ができるわけではない。作戦に参加したとしても、自分の気持ちにそぐわないことをしたり、自分の主義に反することをしたり、生活を犠牲にしなければならないことをしたりするときもある。また、女性本人だけでなく、その女性に関わったすべての人々に苦しみをもたらすおそれもある。そうした苦悩はおそらく、女性工作員だけのものではないかもしれないが。

たとえば第十八章に出てくるシンディさん。イスラエルの原子炉施設の秘密を盗み出した男を逮捕する作戦で、偶然ながらその男に見初められてしまったため、命令により仕方なく恋人になったふりをした。だが、嫌悪感を押し殺して命令にしたがい、恋人のようなふるまいをしたせいで、その後トラウマにひどく悩まされたという。

本書全体をとおして少々あいまいな表現が散見されるのは、個人のプライバシーや国家機密情報に関することがらが多いからだろう。また、著者は男性の著名人なので、女性工作員たちが本音のすべてを明かしたかどうかはわからない。話せなかったこともあっただろうと思う。

本書で描かれていることはもちろん、行間からすけて見えるイスラエルの苛烈な諜報活動の内情と、そこで生きる女性たちの姿を知ることができてとても興味深かった。そして、彼女たちがほんとうに幸せな人生を送れたことを願わずにはいられなかった。

二〇二三年十月

参考文献および資料

『モサド・ファイル2』は、広範囲にわたる資料や文献、文書、新聞、雑誌の記事やインタビューなどに基づいて書かれている。極秘資料を使用しているため、信頼できる出典であることが重要である。ヘブライ語の資料の多くは、未発表の文書と、影の世界における主要人物多数からの綿密な聞き取り調査によるものである。また、膨大な量の英語の資料も、創造力豊かな人々による奇想天外な創作物から本物の情報を選びだして使用した。この試みが実を結ぶことを願っている。

参考文献に挙げたヘブライ語の書籍および記事に関して、タイトルは英語に翻訳してある。(H) 印のあるものはヘブライ語の資料である。

序文：リアットから著者へ――あるロヒーメットは語る

Interview with “Liat” by Michael Bar-Zohar and Nissim Mishal

特別章：三人組――ニナ、マリリン、キラ

Interview with former Heads of the Mossad and Mossad high officials by Michael Bar-Zohar and Nissim Mishal

“An End to Ambiguity: How Israel Attacked the Syrian Nuclear Reactor”, Aluf Ben, *Haaretz*, 21.3.2018 (H)

マイケル・バー＝ゾウハー＆ニシム・ミシャル『モサド・ファイル』第18章〈北朝鮮より愛をこめて〉（上野元美訳、ハヤカワ文庫）

第一部　先駆者たち

第一章　セアラ・アーロンソン――カルメル山の死

“Women in the Mossad”, Yos’ke (Joseph)Yariv, talking to Yeshayahu Ben Porat, editors Niza Zameret & Uri Neeman, *Mabat, Israel Intelligence Heritage & Commemoration Center* (*IICC*) no. 17, January 1998 (H)

“Our woman in Beirut”, Amira Lam, *Yedioth Ahronoth*, 3.9.2015 (H)

『モサド・ファイル』第4章〈ソ連のスパイと海に浮かんだ死体〉（ハヤカワ文庫）

第二章　ヨランデ・ハルモル――彼女の両肩には秘密が詰めこまれていた

“Yolande, An Unsung Heroine” Dan Wollman (Documentary) movie, https://vimeo.com/297561106

“Yolande Gabai Harmer: Israel’s Secret Heroine”, Prof. Livia Bitton-Jackson, *Jewish Press*, May 17, 2013

"Yolande, The Egyptian Woman Who Spied for Israel", Lea Falk, *Jewniverse*, July 21, 2015
"Extraordinary tale of Alain de Botton's heroine Grandmother", Alain de Botton, *The Observer*, June 7, 2015
"An Israeli Secret Agent in King Farouk's Court", Anne Joseph, *Times of Israel*, July 4, 2015
"Yolande Harmor", *Israel Intelligence Heritage & Commemoration Center (IICC)* (H)
"An interview with Alain de Botton", Shlomzion Keinan, *Haaretz*, 10.1.2007 (H)
Sharett, Moshe, *Private Diary*, Maariv publishers, Tel Aviv, 1978 (H)
Interview with Yaakov (Kobi) Sharett
Interview with Ora Schweizer by Michael Bar-Zohar
Interview with Prof. Dan Segre, by Michael Bar-Zohar

第三章　シューラ・コーヘン――ムッシュー・シューラ、コードネーム〝ザ・パール〟

Golan, Aviezer & Pinkas, Dani, *Shula: Code Name the Pearl*, Kinneret Zmora-Bitan, Tel Aviv, 1980 (H)
Yakhin, Ezra, *The Song of Shulamit, the Story of a Zionist Spy*, Jerusalem,Yakhin Ezri publisher, 2000 (H)
Lapid, Ephraim, *Secret Warriors, the Israeli Intelligence, a look from within*, Yedioth Sefarim, 2017, p. 91 (H)
"Grandmother Jams Bond" – the Zionist spy in Lebanon, Ofer Aderet, *Haaretz*, 25.5.2017 (H)
"Shula Kishik-Cohen, A Zionist spy in Beirut", Hadar Peri, *View-Point*, 21.4.2019 (H)
"The Royal Party Which Gave Birth to a Spy", Tova Kaldes, *Mabat*, (*IICC*), *Journal*, no.*78*, July 2017, pp. 12–13 (H)
"A Secret Warrior", Hanna Zemer in *100 Men and Women of Valor*, edited by Michael Bar-Zohar , Magal and Defense Office publishing house, 2007, p. 104 (H)
"Our Lady in Beirut", Joseph Arenfeld, *Israel TV, Channel 7*, 25.5.2017 (H)
"Monsieur Shula", Yariv Peleg, *Israel Hayom*, 6.5.2017 (H)
"Interview with Moti Kfir", by Roni Daniel, Friday studio, *Israel TV*, 23.7.2010 (H)
"Shulamit Kishik – Cohen", *Israel Intelligence Heritage & Commemoration Center* (*IICC*), Video (H)
"Shula Cohen's story", *YouTube* (H)
"The Israeli Spy in Lebanon is Dead", Itamar Eichner, *YNET*, 22.5.2017 (H)
"Memoir, This Woman was My Mother", Isaac Lebanon, *Haaretz*, 18.12.2018 (H)
"The Beirut Spy: Shula Cohen" – The Best Documentary Ever, Loren Gusikowski, (BR Docs) December 6, 2017
"Israeli Spy Who Lived Undercover in Lebanon for 14 Years Died At 100, Shulamit – "Shula" Cohen-Kishik who was codenamed "The Pearl," died Sunday at Hadassah Medical Center in Jerusalem". JTA, *The New York Jewish Week*, May 22, 2017

Interview with Isaac Lebanon by Michael Bar-Zohar
Interview with Sami Moriah by Michael Bar-Zohar
Conversations with Shula Cohen by Michael Bar-Zohar, 1982–1990

第四章　マーセル・ニニオ――拷問を受けるなら死んだほうがまし

Conversations with Marcelle Ninio (1985–2020) by Michael Bar-Zohar
"To Live on Another Planet", Hanna Zemer, *100 Men and Women of Valor*, op.cit. p. 108 (H)
『モサド・ファイル』（ハヤカワ文庫）
Bar-Zohar, Michael, *Ben Gurion*, Am-Oved, Tel Aviv, 1977, volume 2, p. 1049 (H)
Jackont, Amnon, *Meir Amit, the Man and the Mossad*, Yedioth Sefarim, Tel Aviv, 2012, pp. 154, 242, 243 (H)
"The Affair, Life in prison", nidoneykahir.org.il (H)
Golan, Aviezer, *Operation Suzanna*, Idanim, Jerusalem, 1976 (H)
"Cairo Prisoners": Marcelle Ninio a Special Prisoner, nidoneykahir.org.il (H)
"Identity-Card" – The Mission and Fall of Max Bineth, www.maxbineth (H)
Yossi Cohen, Eulogy for Marcelle, *Yedioth Ahronoth* 27.10.2019 (H)

第五章　ヴァルトラウト――謎めいたミセス・ロッツ

Avneri, Arie, *Lotz, The Spy on a Horse*, Y. Gutman publishers, Tel Aviv, 1968 (H)
Lotz, Wolfgang, *A Mission in Cairo*, Maariv publishers, Shikmona Tel Aviv, 1970 (H)
"What Do I Tell Mother", Yossi Melman, *Haaretz*, 27.2.2007 (H)
Waltraud Lotz (biographical details), *Palestine Information with Provenance*(PIWP Database)
cosmos.ucc.ie/cs1064/jabowen/IPSC/php
"The Champagne Spy", directed by Nadav Shirman, Documentary, 11.2.2007 (H)
Jackont, *Meir Amit, the Man and the Mossad*, op.cit., pp. 148,156, 242–243 (H)
Conversations with Wolfgang Lotz by Michael Bar-Zohar
Conversations with Marcelle Ninio (1985–2020), by Michael Bar-Zohar

第六章　自由！

本章の参考文献は上記三つの章と同様。

第二部　小柄なイサルがアマゾンをスカウトする

第七章　イェフディット・ニシヤフ――ブエノスアイレスのフラメンコ、エルサレムから来た女

Bashan, Eliezer, *Moroccan Jewry Past and Culture*, Hakibbutz Hameuchad, Tel Aviv, 2000, p. 10 (H)
Harel, Isser, *The house on Garibaldi street*, Maarive publishers, 1975, Kinneret, Tel Aviv,

1990 (H)
Palmor, Eliezer, *The Lillehammer Affair, an outsider's diary*, Carmel publishers, Jerusalem, 2000 (H)
Man, Peter & Dan, Uri, *Eichmann in my Hands*, Masada Publishers, Tel Aviv, 1987, pp. 144–200 (H)
Malkin, Peter Z. & Stein, Harry, *Eichmann in my Hands*, Grand Central Publishers, April 1991 (Kindle edition), chapters 19–20
Klein, Aaron, *Mike Harari, The Master of Operations*, Keter publishers, Jerusalem, 2014, p. 25 (H)
Melman, Yossi & Raviv, Dan, *Spies Against Armageddon*, Yedioth Sefarim, Tel Aviv, 2012, pp. 115–117 (H)
"The Only Woman in the Operational Team", Itai Ascher, *Maariv*, 17.8.2003 (H)
"Yehudit Nissiyahu is Dina Ron, The Woman Who Kidnapped Adolf Eichmann", Uri Blau, *Haaretz*, 19.9.2008 (H)
"A Jewish soul", The TV movie about Yehudit Nissiyahu, *documentary division, Israel Broadcasting Authority (IBA), Channel 1*, 22.2.2017 (H)
『モサド・ファイル』（ハヤカワ文庫）
"My Dark Bureau" (Photographer Sara Eyal), Ofer Aderet, *Haaretz*, 15.2.2019 (H)
"Yael Pozner, a Woman at the Top of the Mossad", Talma Admon, *Maariv*, 28.11.1990 (H)
"I Am Not a Superman", Yochi Weintraub, *Mabat*, (*IICC*) no. 51, February 2008, p. 8 (Yael Pozner) (H)
"Silence suits them", Yochi Weintraub, Limor Klipa, *Mabat*, (*IICC*) no.51, February 2008, p. 4–7 (H)
"Aliza Magen – A Confidante", Asaf Liberman, Tali Ben Ovadia, research Mali Kempner, *Real time, TV* chapter 6, Kan 11 (H)
"Super Heroines", Carmit Sapir-Weitz, *Maariv*, 1.5.2017 (H)
"Things You See from There" – Minister Rafi Eitan 'Identity-Card', Ephraim Lapid, Yochi Erlich, *Mabat*, (*IICC*), no. 51, February 2008, p. 4–7 (H)
Interviews with Aliza Magen by Michael Bar-Zohar
Interviews with Moti Kfir by Michael Bar-Zohar
Interviews with Isser Harel for the book *Spies in the Promised Land*, by Michael Bar-Zohar
Interview with Malka Braverman for the book *Spies in the Promised Land*, by Michael Bar-Zohar
Conversations with Yaacov Meidad (Mio) By Michael Bar-Zohar
Interviews with Rafi Eitan for the book *Mossad* by Michael Bar-Zohar and Nissim Mishal（『モサド・ファイル』）

第八章　イサベル・ペドロ——カイロのハイヒール

"Our Woman in Cairo: The story of an Israeli Spy who Penetrated Egypt in Nasser's Times", Shlomo Nakdimon, *Haaretz*, 1.9.2011 (H)
Interview with Isabel's sons: Eilon and Asaf Kaplan and her niece, Ruth Aner, by Michael Bar-Zohar
"Her Michael: Yitzhak Shamir's Mossad Agent", Dalia Mazori, *Maariv NRG*, 2.7.2011 (H)
"Alone in a Strange City", Jacki Hugi, *Galei Zahal*, 27.4.2012 (H)
"Unknown Affairs, presentation about Isabel Pedro", Gideon Mitchnik, *Cinema City*, November 2018 (H)

第九章　ネイディーン・フレイ――悲しい愛の物語

Caroz Ya'acov, *The Man with Two Hats*, Defense Office publishing House, Tel Aviv, 2002, pp. 239–246 (H)
"Double Identity", Marina Golan, *Israel Defense*, 30.8.2013 (H)
Interviews with Sami Moriah, Isser Harel and Ya'acov Caroz, by Michael Bar-Zohar

第三部　マイク・ハラリと女たち

第十章　マイク――一九六八年

Klein, *Mike Harari, The Master of Operations*, op.cit.
Conversations with Mike Harari, by Michael Bar-Zohar

第十一章　シルビア・ラファエル（1）――悪名高き女

Oren, Ram with Kfir, Moti, *Sylvia, the Life and Death of a Mossad Warrior*, Keshet publishers, Tel Aviv, 2010 (H)
Oren, Ram & Kfir, Moti, *Sylvia Rafael: The Life and Death of a Mossad Spy*, (Foreign Military Studies) The University Press of Kentucky, Kindle edition, 2014
Palmor, *The Lillehammer Affair, an outsider's diary*, op.cit.
『モサド・ファイル』第12章〈赤い王子をさがす旅〉（ハヤカワ文庫）
マイケル・バー＝ゾウハー＆アイタン・ハーバー『ミュンヘン――オリンピック・テロ事件の黒幕を追え』（横山啓明訳、ハヤカワ文庫）
Shavit, Shabtai, *Head of Mossad*, Eulogy for Sylvia, 1.9.2010, Yedioth Sefarim, Rishon LeZion, 2018, p. 311 (H)
Dan, Uri, *Terror Incorporated*, Masada, Tel Aviv, 1976, pp. 138–148 (H)
"Sylvia Rafael", *Mabat, (IICC)*, no. 41, June 2005, p. 42 (H)
"A Foreign Woman", Gad Shimron, *Bamahane*, 29.8.2008 (H)
Klein, *Mike Harari, The Master of Operations,* op.cit.
Bergman, Ronen, *Rise and Kill First*, Random House, New York, 2018, pp. 110–112, 179,183
"Terrorists Threatened to Murder the ex-Mossad Agent, Sylvia Rafael", Esther

Edelstein, *Maariv*, 9.5.1989 (H)
"Fresh-faced, I fell into the Honey trap laid by Israel's Mata Hari", Jon Swain, *The Sunday Times*, February 21, 2010
"Israel's legendary spy Sylvia Raphael returns to the spot life", *The Jerusalem Post*, November 4, 2016
"The spy who fell into a trap", Stephen Appelbaum, *the Jewish Chronicle*, August 18, 2016
Interviews with Moti Kfir by Michael Bar-Zohar
Conversations with Aaron Scherf by Michael Bar-Zohar

第十二章　ヤエル――イギリス人女性冒険家の物語を脚本に

Mass, Efrat, *Yael, The Mossad Combatant in Beirut*, Hakibbutz Hameuchad, Tel Aviv, 2015 (H)
"The first digger in the Holy Land, did what women were not supposed to do at that time", Shirly Sydler, *Haaretz*, 22.5.2015 (H)
"An interview", Yuval Malchi, Historical chapters, podcast, The Mossad, chapter 189 (H)
"Eileen – A Mossad Warrior who took part in Operation: Spring of Youth", Hadar Peri, *View-Point*, 27.4.2019 (H)
"Our Woman in Beirut", Amira Lam, *Yedioth Ahronoth*, 3.9.2015 (H)
"Yael – The story of a Mossad warrior", Mina Berman, *Mabat*, (*IICC*), no. 74, April 2016 (H)
"First time in the History of Israel, 5 Mossad Women Warriors are interviewed", Vered Ramon-Rivlin, *Lady Globe's*, 11.9.2012 (H)
"Operation Spring of Youth, the untold story", Ronen Bergman, *Yedioth Ahronoth*, 10.5.19 (H)
"Lady Hester: Queen of the East by Lorna Gibb", Paula Byrne, *The Telegraph*, (BST) 30 April, 2005
Conversations with Mike Harari by Michael Bar-Zohar
Conversations with Yael and John by Michael Bar-Zohar

第十三章　シルビア・ラファエル（2）――大失態

第十章の参考文献も参照。

Bird, Kai, *The Good Spy: The Life and Death of Robert Ames*, Crown Publishers, Broadway Books, New York 2014, (Kindle edition), pp. 93–94, 173, 180–182, 198
"The warrior who left the Mossad to grow flowers, looked for Ali Hassan Salameh", Ofer Aderet, *Haaretz*, 6.8.2015 (H)
"The Protocols of the Fiasco in Lillehammer Uncovered", Yossi Melman, *Maariv online*, 2.7.2013 (H)
"Not Yet the Time to Reveal the Historical Truth", eulogy for Sylvia Rafael, Yossi Melman, *Haaretz*, 16.2.2005 (H)

"Marianne Gladnikoff", in a TV interview by Amnon Levi, *True Face, Channel 13*, 16.2.2017 (H)
"Marianne Gladnikoff, details emerge in Boushiki Murder Trial", *Jewish Telegraph*, 9.1.1974

第十四章　ダニエール――恋に落ちた二人のスパイ

Interview with Danielle by Michael Bar-Zohar
"First time in the History of Israel, 5 Mossad Women Warriors are interviewed", Vered Ramon-Rivlin, *Lady Globe's*, 11.9.2012 (H)
"Coming Home the Hard way, From the Mission to Egypt to Despair", Yossi Melman, *Walla News*, 25.9.2012 (H)
"Dead End, a Blue and White story about Espionage", Yossi Melman, *Israel Forbes*, 3.6.2017 (H)

第十五章　エリカ――二人の女とテロリスト

"Hit List", The killing of Hassan Salameh – (interview with D, and Anna) Alon Ben David, *Channel 13, Israel TV*, 22.12.2019 (H)
"The Mossad for Special Services", Amir Shoan, Amira Lam, *Yedioth Ahronoth*, 15.12.2017 (H)
『ミュンヘン』（ハヤカワ文庫）
Dietl, Wilhelm, *A Mossad Agent, Operation Red Prince*, Bitan, Tel Aviv, 1997 (H)
"Erika Chambers, The story of a Mossad Warrior", Hadar Peri, *View-Point*, 16.5.2019 (H)
"The top QC, his Vanished Sister and the Mystery of Mossad's First British Hitwoman", Tom Rawstorne, *The Mail*, (BST) 20 February, 2010
Bergman, *Rise and Kill First*, op.cit., pp. 214–224
『モサド・ファイル』（ハヤカワ文庫）
Klein, *Mike Harari, The Master of Operations*, op.cit.

第四部　澄みきった水と手つかずのビーチ――の秘密

第十六章　ヨラ、ヒラ、イラナ――はるかなるダイバーの聖地

Interview with Yolanta Reitman by Michael Bar-Zohar
『モサド・ファイル』第21章〈シバの女王の国から〉（ハヤカワ文庫）
Shimron Gad, *Mossad Exodus* (Bring Me the Ethiopian Jews), Hed Arzi Tel Aviv, 1998 (H)
"The Mossad – Cover Story", Duki Dror, Yossi Melman, Chen Shelach, chapter 3 (Women) *Israel TV, Channel 8*, 2017 (H)
"Desert Queen", Yishai Hollander, *Makor Rishon*, 5.8.2016 (H)
"The Mossad Ran a Fictitious Diving Site in Sudan. The Story Behind It". Alison Kaplan-

Somer, *Haaretz*, 14.5.2018 (H)
"The Mossad Agent and the Resort in Sudan, The Secret Operation to bring the Ethiopian Jews", Oren Nahari, *Walla news*, 16.4.2017 (H)
"Heritage Story, The Rescue of Mossad People in The Middle of the Desert", Shai Levi, *Pazam, MAKO*, internet site, 18.6.14 (H)
"Sudan's Secrets", Ronen Bergman, *Yedioth Ahronoth*, 26.7.2019 (H)
"Operation Brothers: Diving Site in the Red Sea", Rabi Shraga Simons, *AISHRAEK*, Internet site, 1.10.2017 (H)
Interview with Gila Waksman by Michael Bar-Zohar
Interview with Ilana Peretzman by Michael Bar-Zohar
Interview with Dani Limor by Michael Bar-Zohar
Interview with Yariv Gershoni by Michael Bar-Zohar
Conversations with Aaron Scherf by Michael Bar-Zohar

第五部　アライザ・マゲンと仲間たち

第十七章　アライザ、ライロン、サイジェル、リナ——ガラスの天井を破った女の子

Interviews with Aliza Magen, by Michael Bar-Zohar
Interview with "Liron" by Michael Bar-Zohar and Nissim Mishal
Interview with Ilan Mizrachi by Michael Bar-Zohar and Nissim Mishal
"Silence Suits Them", Yochi Weintraub, Limor Klipa, *Mabat*, (*IICC*) no.51, February 2008, p. 4–7 (H)
"Things You See from There" – Minister Rafi Eitan 'Identity-Card', Ephraim Lapid, Yochi Erlich, *Mabat*, (*IICC*), no. 51, February 2008, p. 4–7 (H)
"Aliza Magen – A Confidant", Asaf Liberman, Tali Ben Ovadia, research Mali Kempner, *Real time, TV* chapter 6, *Channel 11* (H)
"Super Heroines", Carmit Sapir-Weitz, *Maariv*, 1.5.2017 (H)
Interviews with former Heads of the Mossad and high officials in the Mossad by Michael Bar-Zohar and Nissim Mishal
Interview with "Sigal" by Michael Bar-Zohar and Nissim Mishal
Conversations with Ram Ben Barak by Michael Bar-Zohar and Nissim Mishal
Interview with Sima Shein by Michael Bar-Zohar and Nissim Mishal
Interview with "Rina", by Michael Bar-Zohar and Nissim Mishal
Interview with Orna Sendler-Klein, by Michael Bar-Zohar and Nissim Mishal
Interview with Mirla Gal, by Michael Bar-Zohar
"Our Woman in Beirut", Amira Lam, *Yedioth Ahronoth*, 3.9.2015 (H)
"The Mossad – Cover Story", Duki Dror, Yossi Melman, Chen Shelach, chapter 3 (Women) *Israel TV, Channel 8*, 2017 (H)
"The Double life of a Mossad Agent (Orna Sandler)", Rina Mazliach, *Mako News, Channel 12*, 26.2.2016 (H)

Sandler-Klein, Orna, *The Woman Among the Shades*, Gaya, Tel Aviv, 2015
"A High official in the Mossad (Sima Shein): "I never thought the Iranian threat was existential", Limor Even, *Globes*, 10.6.2016 (H)
Yossi Cohen, Head of the Mossad, Speech in Herzliya Convention, 1.7.2019, https://www.idc.ac.il/he/whatsup/pages/herzliya-conf-day2.aspx (H)

第十八章　シンディ――ハニーなしのハニートラップ

『モサド・ファイル』（ハヤカワ文庫）
"Sophisticated, Israelis and not so Discreet, the Mossad in the Service of Hollywood", Amir Bogan, *YNET*, 5.10.2017 (H)
"From Australia to being tempted by Cindy, how Vanunu was Kidnapped", Yossi Melman, *Haaretz* 25.8.2011 (H)
"History Catches up with Mossad Seductress Who Trapped Vanunu", Donald Macintyre, *Independent News, World – Middle East*, Wednesday 21 April 2004
"Vanunu Speaks for the First Time after 30 Years to an Israeli Media", Danny Kushmaro, *TV Channel 2*, 2.9.2015 (H)
"Cindy: For me the Vanunu Story is a Black Hole", Anat Talshir & Zadok Yechezkeli, *Yedioth Ahronoth*, 20.4.2004 (H)
"Cheryl Bentov – The Agent Who tempted Vanunu and brought him to Israel", *YNET*, 20.4.2004 (H)
"Wendy Robbins: As a Jewess I could not Understand how Vanunu was Capable to Betray Israel", Yael Arava, London, *Maariv NRG* 6.10.2006 (H)
Interview with Danny Yatom by Michael Bar-Zohar and Nissim Mishal

第十九章　リンダ――長官が泣いた日

Interviews with "Linda" by Michael Bar-Zohar

第二十章　ダイナとサミー――テヘランの夜

"The Movie about the Iranian Archive will be named: Cohen and the Braves", Yossi Melman, *Maariv* 5.5.2018 (H)
"How did the Mossad get the nuclear documents from a neglected storage in Teheran", Ran Dagoni, *Globes*, 1.5.2018 (H)
"Iran is Covered and Buried in Snow", Foreign agencies, *YNET* 28.1.2018
"Armed Forces Ordered to Help in Relief Operations after Heavy Snowfall", *Teheran Times*, 28.1.18
"How the Iranian Archive was Smuggled", Ronen Bergman, *Yedioth Ahronoth*, 1.5.2018 (H)
"The Target is 5 Nuclear Bombs of 10 Kilotons on Shahab 3", Ronen Bergman, *Yedioth Ahronoth*, 6.9.2018 (H)
"Israel Defense Prize to the Mossad Unit which broke into the Iranian Archive", Eli

Faibelzon, *Hidabrut*, 27.5.2019 (H) https://www.hidabroot.org/article/1125339
"In the Middle of the Night with Torchers," *Haaretz*, 15.7.2018 (H)
"More Details about the Operation in Iran", *Srugim*, 2.5.2018 (H) https://www.srugim.co.il/252660
"New Data about the operation in Iran", *YNET* 15.7.2018 (H)
Benjamin Netanyahu's speech, *YNET* 30.4.2018 (H)
"Breaking In – in the Middle of Teheran", "Real Time" (Zman Emet), Documentary, *TV Series, Chap. 16*, 2 episodes, *Channel 11* (H)
"The Nuclear Archive – Only 5 People knew its Location", Shlomo Zezna, *Israel Hayom*, 1.5.2018 (H)
"A Missile Exploded in Iran in a launching attempt", *YNET*, 29.8.2019 (H)
"The Big Exercise: Iran Launched Surface to Surface Missiles, one of them was Shahab", Dudi Cohen, *YNET*, 28.6.2018
"The Shahab-3 Missile Target – is Israel", *YNET*, 3.10.2002 (H)
"What is so Dangerous in the New Iranian Satellite?", Nizan Sadan, *Calcalist*, 9.5.2020 (H)
"How Israel, in the Dark of Night, Torched Its Way to Iran's Nuclear Secrets", David E. Sanger and Ronen Bergman, *New York Times*, July 15, 2018.
"Was Israel Behind a Deadly Explosion at an Iranian Missile Base?", Karl Vick, *Time Magazine*, New York, November 13, 2011.
"Iran Missile Architect Dies in a Blast. But was the Explosion a Mossad Mission?", Julian Borger and Saeed Kamali Dehghan, *The Guardian*, London, November 14, 2011.

エピローグ

二〇一九年七月一日のヨシ・コーヘン長官によるスピーチ in Herzliya Convention, 1.7.2019 (H)　https://www.idc.ac.il/he/whatsup/pages/herzliya-conf-day2.aspx

〈インタビュー〉

モティ・クフィル、マーセル・ニニオ、シャブタイ・シャビット、ダニー・ヤトム、ラム・ベンバラク、サミー・モリア、エフード・オルメルト、イラン・ミズラヒ、タミル・パルド、シューラ・キシク・コーヘン、イツハク・レバノン、イサル・ハルエル、ラフィ・エイタン、マルカ・ブレイバーマン、ヤーコフ・メイダド（ミオ）、オーラ・シュワイツァー、ダン・セグレ教授、ヤコフ・シャレット（コビ）、ヤエルとジョン、アライザ・マゲン、マイク・ハラリ、ヤリフ・ゲルショニ、オルナ・センドラークライン、〝リアット〟、〝リンダ〟、〝ダニエール〟、〝リナ〟、〝リロン〟、〝サイジェル〟、ペドロ家（エイロンとアサフ・カプラン、ルシー・アネル）、ダニ・リモール、ミルラ・ガル、ヨランタ・ライトマン、ヒラ・ワクスマン、イラナ・ペレツマン、シマ・シェイン、ヨチ・エルリッヒ、サラ・エルロン、ヤーコフ・カロス、アーロン・シェルフほか匿名希望者多数。

〈書籍〉

Golan, Aviezer & Pinkas, Dani, *Shula: Code Name the Pearl*, Kinneret Zmora Bitan, Tel Aviv, 1980
Yakhin, Ezra, *The Song of Shulamit, The Story of a Zionist Spy*, Ezri publisher, Jerusalem, 2000
Lapid, Ephraim, *Secret Warriors, the Israeli Intelligence, a look from within*, Yedioth Sefarim, Rishon LeZion, 2017
Avneri, Arie, *Lotz, the Spy on a Horse*, Y. Gutman publishers, Tel Aviv, 1968
Lotz, Wolfgang, *A Mission in Cairo*, Maariv, Shikmona, Tel Aviv, 1970
Oren, Ram with Kfir, Moti, *Sylvia, The Life and Death of a Mossad Warrior*, Keshet publishers, Tel Aviv, 2010
Oren, Ram & Kfir, Moti, *Sylvia Rafael: The Life and Death of a Mossad Spy* (Foreign Military Studies), The University Press of Kentucky, 2014 (Kindle edition)
Palmor, Eliezer, *The Lillehammer Affair, an outsider's diary*, Carmel publishers, Jerusalem, 2000
Mass, Efrat, *Yael, The Mossad Combatant in Beirut*, Hakibbutz Hameuchad, Tel Aviv, 2015
Sandler-Klein, Orna, *The Woman Among the Shades*, Gaya Tel Aviv, 2015
Klein, Aaron, *Mike Harari,The Master of Operations*, Keter, Jerusalem, 2014
Jakonte, Amnon, *Meir Amit the Man and the Mossad*, Yedioth Sefarim, Tel Aviv, 2012
Melman, Yossi & Raviv, Dan, *The Imperfect Spies*, Maariv, Tel Aviv, 1990
Melman, Yossi & Raviv, Dan, *Spies Against Armageddons*, Yedioth Sefarim, Tel Aviv, 2012
Melman, Yossi, *Imperfect Spies*, Tchelet Publishers, 2020
Shavit, Shabtai, *Head of Mossad*, Yedioth Sefarim, Rishon LeZion, 2018
Man, Peter & Dan, Uri, *Eichmann in my Hands*, Masada Publishers, Tel Aviv, 1987 (Hebrew)
Dan, Uri, *Terror Incorporated*, Masada Publishers, Tel Aviv, 1976
Caroz Ya'acov, *The Man with Two Hats*, Defense office publishing House, Tel Aviv, 2002
マイケル・バー＝ゾウハー＆ニシム・ミシャル『モサド・ファイル』（ハヤカワ文庫）
マイケル・バー＝ゾウハー＆アイタン・ハーバー『ミュンヘン——オリンピック・テロ事件の黒幕を追え』（ハヤカワ文庫）
Bar-Zohar, Michael, ed., *100 Men and Women of Valor*, Magal and Defense Office publishing house, 2007
Bergman, Ronen, *Rise and Kill First*, Random House, New York, 2018.
Malkin, Peter Z., & Stein, Harry, *Eichmann in my Hands!* Grand Central Pub, April 1991 (Kindle edition)
Bird, Kai, *The Good Spy: The Life and Death of Robert Ames*, Crown Publishers, Broadway Books, New York, 2014 (Kindle edition)
Navoth, Nachik, *One Man's Mossad*, Kinneret Zmora-Bitan, Tel Aviv, 2015

モサド・ファイル2
イスラエル最強の女スパイたち
2023年11月20日　初版印刷
2023年11月25日　初版発行
＊
著　者　マイケル・バー＝ゾウハー
　　　　ニシム・ミシャル
訳　者　上野元美《うえのもとみ》
発行者　早川　浩
＊
印刷所　中央精版印刷株式会社
製本所　中央精版印刷株式会社
＊
発行所　株式会社　早川書房
東京都千代田区神田多町2―2
電話　03-3252-3111
振替　00160-3-47799
https://www.hayakawa-online.co.jp
定価はカバーに表示してあります
ISBN978-4-15-210282-9　C0031
Printed and bound in Japan
乱丁・落丁本は小社制作部宛お送り下さい。
送料小社負担にてお取りかえいたします。

ハヤカワ・ノンフィクション

ネイビーシールズ
——特殊作戦に捧げた人生

Sea Stories

ウィリアム・H・マクレイヴン
伏見威蕃訳
46判上製

元米海軍大将自らが語る貴重な証言録

特殊部隊を皮切りに、米軍最上層部まで上りつめた元海軍大将の回顧録。日本でも大きく報じられた特殊作戦である、サダム・フセイン捕縛やビン・ラーディン殺害などの舞台裏を詳細に語り、米軍と政権中枢でどのように意思決定がなされたかをスリリングに明かす。